TJAD 建筑工程设计技术导则丛书

新时代基础教育建筑设计导则

同济大学建筑设计研究院（集团）有限公司　组织编写

江立敏　刘灵　等　编著

中国建筑工业出版社

图书在版编目（CIP）数据

新时代基础教育建筑设计导则 / 同济大学建筑设计研究院（集团）有限公司组织编写；江立敏，刘灵等编著. — 北京：中国建筑工业出版社，2019.8
（TJAD建筑工程设计技术导则丛书）
ISBN 978-7-112-23974-0

Ⅰ.①新… Ⅱ.①同…②江…③刘… Ⅲ.①基础教育 — 教育建筑 — 建筑设计 Ⅳ.① TU244

中国版本图书馆CIP数据核字（2019）第141140号

本导则比较全面地阐述了基础教育建筑设计的设计流程、功能设施、机电设备、技术措施等。并且介绍了同济大学建筑设计院与其他兄弟院设计的相关案例。可供建筑及相关专业设计师；学校经营者和管理者；各类办学者，包括教育管理部门和民办学校出资方等参考。

责任编辑：赵梦梅
责任校对：姜小莲

TJAD建筑工程设计技术导则丛书
新时代基础教育建筑设计导则
同济大学建筑设计研究院（集团）有限公司　组织编写
江立敏　刘灵　等　编著
＊
中国建筑工业出版社出版、发行（北京海淀三里河路9号）
各地新华书店、建筑书店经销
北京点击世代文化传媒有限公司制版
北京缤索印刷有限公司印刷
＊
开本：880×1230毫米　1/16　印张：27¼　字数：747千字
2019年10月第一版　2019年10月第一次印刷
定价：289.00元
ISBN 978-7-112-23974-0
（34277）

前言

FORWORD

基础教育是对国民进行的普通文化教育。它是一个有着既定目标、多层次、多因素、多功能的立体结构，通常包括幼儿教育、小学教育、初中教育和普通高中教育。其中特殊教育作为基础教育的一个特殊类型，涵盖了对特殊少年儿童从幼儿园到高中的全时段教育。

基础教育建筑是一类应用广泛，有持续性需求，并随时代不断更新的建筑类型。当下高等教育建筑项目趋于饱和，国家对基础教育建设投入稳步增加，为适应市场的需求，应对基础教育建筑设计做深入研究并应用到设计实践中，提高本领域的设计质量。

由于同济建筑设计研究院（集团）有限公司和教育界的天然关系，以及房产开发项目的配套要求，集团内各建筑设计院都获得过众多的基础教育建筑项目，一般包括幼儿园、小学、初中和高中，另有较少量的特殊教育学校。参加设计工作的各专业同事在设计过程中积累了诸多经验，正需要深入了解和研究基础教育理论和实践现状，以及教育改革的发展方向，在此基础上提升基础教育建筑设计的专业能力。《新时代基础教育建筑设计导则》属建筑设计产品线技术标准之一，是指导基础教育建筑设计工作的标准性、指导性文件，为基础教育建筑设计提供技术支撑。本导则是在符合现行国家技术法规、标准的同时，反映了同济大学建筑设计研究院（集团）有限公司在该领域工程设计的最高水平和最新研发成果，也代表了本学科行业发展的水平。

《新时代基础教育建筑设计导则》以基础教育建筑的技术信息为核心，通过近年来在该设计领域规划和建筑设计专业化方向积累的大量工程实践经验，结合专业理论和研究方法，进行系统的整合分析。它比较全面地阐述了基础教育建筑设计的设计流程、功能设施、机电设备、技术措施等方面，并且介绍了同济大学建筑设计院与其他兄弟院设计的相关案例。导则的编制对提升集团在基础教育建筑设计的总体技术水平、进一步加强设计人员对基础教育建筑设计的理解和掌握、提升产品线核心竞争力等方面，将具有较高的实用参考价值。读者对象包括：建筑及相关专业设计师；学校管理者，包括校长、中层管理者和一线教师；各类办学者，包括教育管理部门和民办学校出资方等。

全书共分为十六章。第一章介绍了基础教育和基础教育建筑的相关概念，对指标和造价作了分析，并做了一个简略的国际借鉴。第二章详述了托儿所、幼儿园建筑设计并附案例。第三章至第七章对普通中小学建筑设计做了详尽介绍并附大量案例分析，其中第三章为中小学总体设计，第四章为增量标准下中小学教育区设计，第五章为增量标准下中小学体育区设计，第六章为中小学生活区设计，第七章为中小学环境设计。第八章专门为特殊学校设计所做章节。第九章为物理性能设计。第十章为结构设计。第十一章为电气与智能化设计。第十二章为给排水设计。第十三章为供暖空调通风设计。第十四章为整合各专业内容的绿色建筑设计。第十五章为校园防灾减灾设计。第十六章详列各类设计案例。

《新时代基础教育建筑设计导则》主编人为江立敏、刘灵，第一章编写人为刘灵、刘力、翁晓红、周致芬、王飞，第二章编写人为连津、何冰玉、韩羽嘉，第三章编写人为刘力，第四章编写人为巢静敏、李唱、曹昌宇，第五章编写人为巢静敏、余小枫，第六章编写人为邱筱懿，第七章编写人为曹昌宇，第八章编写人为李唱，第九章编写人为林琳、李唱，第十章编写人为朱亮、沈晓伟，第十一章编写人为代鹏，第十二章编写人为徐钟骏，第十三章编写人为秦卓欢，第十四章编写人为林琳、陈畅、沈晓伟、徐钟骏、代鹏、秦卓欢，第十五章编写人为巢静敏，第十六章编写人为姚震、陈畅、刘惠惠。

我院编著的这本《新时代基础教育建筑设计导则》的内容，与中国建筑工业出版社出版的《建筑设计资料集》（第三版）第四分册中"幼儿园""中小学校""特殊教育学校"三个章节，在适用建筑类型上是一致的，但在细化后的具体应用范围上有一定差异。

由于教育行业内部主导的教育改革、国际先进教育理念的引入、非政府资本办学的兴起等多种原因，带来公立学校和民办学校并行，且民办学校的勃兴之势在全国趋于明显。其中民办学校可分为按国家和各地教育系统发布的"公立指标"建设的一般学校，和以超出"公立指标"的"增项指标"建设的国际学校和双语学校，其中后者有相当比例为12年或15年一贯制，即拥有自己的幼儿园、小学、初中乃至高中。而对应地，在公立学校体系内部，除了大量按"公立标准"建设的学校外，还有相当数量的"重点学校""示范学校"是按"增量标准"在建设的，比如导则中引用的若干范例。同时，新高考改革在全国的逐步推行正对各地高中的"公立指标"带来改变，其基本趋势是根据走班制的需求，生均建筑面积扩大，教室种类和数量增多。

《建筑设计资料集》（第三版）着重关注的是以"公立指标"建设的一般幼儿园和学校，提供了详尽的设计依据和案例。而《新时代基础教育建筑设计导则》则更关注以"增项指标"建设的各类学校，因为我们认为在近几年这将是我国基础教育建设的重点。

因此，我们建议读者将两本书结合起来阅读，并指导设计实践。

特别鸣谢阿科米星建筑事务所、空格建筑、山水秀建筑事务所、OPEN Architecture、TAO迹建筑事务所授予本书案例版权，在编写过程中参阅和摘引了诸多文献、资料，也一并向这些文献和资料的著作者致谢。鉴于编写时间有限、编者水平不足以及教育模式与需求不断发展变化等客观情况，《导则》中涉及的内容会有需要改进、更新之处；另外，文件编写中的错漏也需要读者给予批评指正，编写组会认真听取，及时总结，并在合适的时候通过修订版的方式予以补充、修改和完善。

《新时代基础教育建筑设计导则》编制组

二○一八年十二月

CHAPTER

CHAPTER

[第二章]　托儿所幼儿园建筑设计

[第三章]　中小学总体设计

CHAPTER

[第四章] 增量标准下中小学教育区设计

CHAPTER

[第五章] 增量标准下中小学体育区设计

CHAPTER

[第六章]　中小学生活区设计

CHAPTER

[第七章]　中小学环境设计

CHAPTER

[第八章] 特殊学校设计

CHAPTER

[第九章] 物理性能设计

CHAPTER

[第十章] 结构设计

CHAPTER

[第十一章] 电气与智能化设计

CHAPTER

12

[第十二章] 给排水设计

CHAPTER

13

[第十三章] 供暖空调通风设计

CHAPTER

14

CHAPTER

15

[第十四章]　绿色建筑

[第十五章]　校园防灾

CHAPTER

[第十六章]　设计案例

[第一章] 概述

基础教育的定义 [1]

基础教育是对国民进行的普通文化教育。它是一个有着既定目标、多层次、多因素、多功能的立体结构。

基础教育的分类

基础教育通常包括幼儿教育、小学教育、初中教育和普通高中教育。其中特殊教育作为基础教育的一个特殊类型，涵盖了对特殊少年儿童从幼儿园到高中的全时段教育。

基础教育的本质特点 [2]

我国基础教育的本质特点可以概括为基础性、普及性和人本性。基础教育的基础性强调其实施的是最起码、最必需的教育，是终身学习的基础。基础教育的普及性决定其面向每一个适龄儿童，在当今中国已经基本实现九年义务教育的情况下更是如此。基础教育的人本性强调以学生为主体，关注每一个学生，确保所有受教育者都得到发展，使他们成为具有自主性、能动性的人。

基础教育在教育系统中的特殊地位

基础教育是科教兴国的奠基工程，对提高中华民族素质、培养各级各类人才、促进社会主义现代化建设具有全局性、基础性和先导性作用。[3]

国家的法律文本确立了基础教育的三种基本使命：一是进行国民素质教育，面向全体国民，旨在提高整个民族的科学文化素质；二是对学生进行基础文化知识的教育，向高一层次的各级各类教育提供生源，为学生生活、就业打下坚实的文化基础；三是作为培养社会主义国家的合格公民的重要时期，是受教育者的道德品质和法治意识形成与发展的关键阶段。[4]

中国基础教育改革的主体构成 [5]

在基础教育管理制度的改革过程中，形成了中央、地方政府和学校三级管理主体，政府、学校、社区、学生及家长五类主体共同管理的格局。在办学方式上逐步建立了以政府办学为主体、社会各界共同办学的体制。

传统上，政府是决策者、投入者和管理者的统一体，学校是执行者、实施者。现在，政府变身为决策者、监督者与评估者，学校则加上了自主发展策划者的身份。

基础教育的办学主体主要由政府、个人和社会三类组成，其中政府主要是公办基础教育的办学主体，而个人和社会力量一般作为民办学校的办学主体，近年来有了显著增长。

中国近四十年基础教育改革 [6]

第一阶段　以教育体制改革为中心的宏观改革（1985～1996年）；
第二阶段　以推进"素质教育"为中心的教育改革（1997～2003年）；
第三阶段　以提高质量、均衡发展和制度系统创新为重点的教育改革（2004年至今）。

[1][2][4][5][6]《中国基础教育改革发展研究》，2008年，主编 叶澜。
[3]《关于基础教育改革与发展的决定》，2001年，国务院。

第一章
概述
基础教育
特殊教育
基础教育建筑
基础教育建筑·校园
类型
基础教育建筑·建筑
类型
国家指标
地方性指标
指标对比与变革趋势
建设流程与周期
造价经济
基础教育建筑的
国际借鉴

中国基础教育改革的问题和展望[1]

1. 地区区域之间、学校之间的差异仍然巨大，实现真正均衡发展的任务仍十分艰巨。
2. 免费政策有待进一步完善，"起点公平"尚未实现，而之后的"过程公平"则更为关键。
3. 衡量基础教育质量的科学合理标准欠缺，合格学生、学校的评价标准亟待建立。
4. 公共教育资源配置机制尚需进一步完善，政府需要承担更多的责任。

中国教育阶段划分　　　　　　　　　　　　　　　　表 1.1-1

基础教育阶段	学前教育	托儿所
		幼儿园
	义务教育	小学校
		初级中等学校
	高级中等学校	
	特殊教育学校	托儿所 至 初级中等教育
		中等职业教育学校
非基础教育阶段	中等职业教育学校	
	高等教育学校	
	成人教育机构	

中国基础教育办学主体类型[2]　　　　　　　　　　表 1.1-2

办学主体类型	以上海为例细分类型
公办学校	政府办学
民办学校	个人或团体办学
	公办学校"转制"
	企业办学
"公民联办"学校	企业与公立学校联办
	乡镇政府依托本地区公校兴办民校
	公立学校另行办民校

中国民办学校分类[3]　　　　　　　　　　　　　　表 1.1-3

民办学校	出资人要求取得合理回报
	出资人不要求取得回报

中国基础教育师资配置标准[4]　　　　　　　　　　表 1.1-4

学段	教职工与学生比
高中	1∶12.5
初中	1∶13.5
小学	1∶19

注：城乡统一教师配置标准。合理配置各学科教师，配齐体育、音乐、美术等课程教师。

[1] 《中国基础教育改革发展研究》，2008 年，主编 叶澜。
[2] 《上海民办中小学的办学主体类型》，互联网。
[3] 《中华人民共和国民办教育促进法实施条例》，2004 年，国务院。
[4] 《关于统一城乡中小学教职工编制标准的通知》，2014 年，中央编办、教育部、财政部。

中国基础教育事业发展情况[1]

据 2017 年基础教育发展调查报告显示，截至 2016 年底，学前教育阶段，全国共有幼儿园 23.98 万所，园长和教师共 249.88 万人。在园儿童 4413.86 万人，毛入园率 77.4%。

义务教育阶段，全国共有该阶段学校 22.98 万所（含职业初中 22 所），专任教师 927.69 万人。在校生 1.42 亿人，九年义务教育巩固率 93.4%。校舍面积 128792.7 万 m^2。

高中阶段，全国共有普通高中 1.34 万所，专任教师 173.35 万人。在校生 2366.65 万人。校舍面积 49142.31 万 m^2。特殊教育，全国共有特殊教育学校 2080 所，专任教师 5.32 万人。在校生 49.17 万人，其中 27.08 万人为普通小学、初中随班就读和附设特殊班的学生。民办教育情况：全国共有民办幼儿园 15.42 万所，在园儿童 2437.66 万人；民办普通小学和初中 11060 所，在校学生 1289.15 万人；民办普通高中 2787 所，在校学生 279.08 万人。

从表格统计数据可见，普通各学段学校数量与在校人数发展趋势基本一致，自 2000 年后除幼儿园因大量民营资本的进入增长趋势明显外，小学、初中和高中学校受移民搬迁进城和"撤点并校"影响，学校数量明显减少，但校园规模相应增加，教育资源有集中趋势。

自 1978 年以来，我国特殊教育稳步发展，特殊教育招生人数逐年增长，越来越多的残疾儿童平等的接受义务教育，40 年来，已超过 150 万人受惠于此。2016 年全国共招收特殊教育学生 9.15 万人，同比增加 0.82 万人。虽然特殊教育已得到长足发展，但仍有不少问题亟待解决。如：残疾儿童、普通儿童接受义务教育的比例差距需进一步缩小，师资队伍专业化水平需进一步提高，教师数量、教学设备等问题也有待进一步提高。具体变化趋势见图 1.1-1。

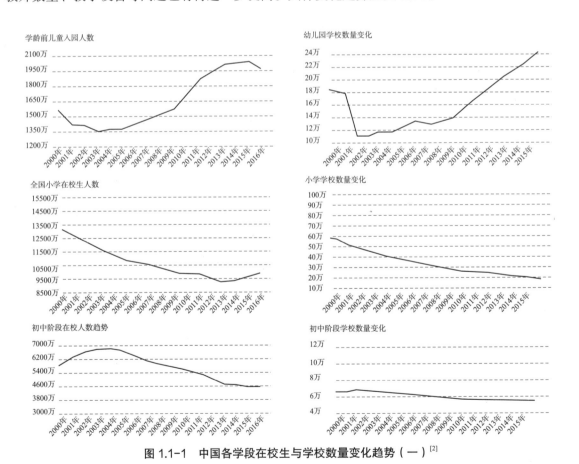

图 1.1-1　中国各学段在校生与学校数量变化趋势（一）[2]

---

[1]　2017 年基础教育发展调查报告 / 中国教育在线。

[2]　数据来源于 2017 年基础教育发展调查报告 / 中国教育在线，图表作者自绘。

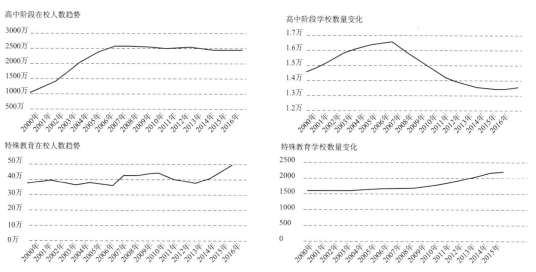

第一章

概述

基础教育
特殊教育
基础教育建筑
基础教育建筑·校园
类型
基础教育建筑·建筑
类型
国家指标
地方性指标
指标对比与变革趋势
建设流程与周期
造价经济
基础教育建筑的
国际借鉴

图 1.1-1　中国各学段在校生与学校数量变化趋势（二）[1]

---

[1]　数据来源于 2017 年基础教育发展调查报告 / 中国教育在线，图表作者自绘。

特殊教育概述[1]

特殊教育是基础教育的组成部分，其对象是特殊少年儿童。

特殊儿童有广义和狭义两种理解。广义的理解，是指与正常儿童在各方面有显著差异的各类儿童，这些差异表现在智力、感官能力、情绪和行为发展、身体或言语等方面。狭义的理解专指障碍儿童，即身心发展上有各种缺陷的儿童。

由于各个国家和地区的教育、经济水平不一致，特殊教育的起步和进程不尽相同，各地就特殊教育对象进行的界定也有差异。我国国家教育部所规定的特殊教育对象主要包括：智力残疾、听力残疾和视力残疾。在此基础上，条件成熟的省市将特殊教育的范围进行了适度的扩展。

特殊教育的内容相对普通基础教育的调整通常有以下几种做法：

1. 替代性课程，如对于全盲儿童而言，盲文、定向与行走是必不可少的；

2. 调整原有的内容，包括改变呈现方式和简化内容；

3. 补充必要的内容，如职业教育内容。

瀑布式安置体系[2]

通过连续的服务体系，有效地满足各种儿童的教育需求，详见图1.2-1。

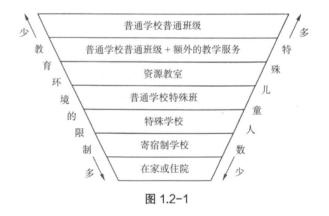

图 1.2-1

全纳教育

全纳教育是通过增加学习、文化和社区参与，减少教育系统内外的排斥，应对所有学习者的多样化需求，并对其作出反应的过程。以覆盖所有适龄儿童为共识，以常规体制负责教育所有儿童为信念，全纳教育涉及教育内容、教育途径、教育结构和教育战略的变革和调整。[3]

全纳教育对21世纪的特殊教育有着积极的影响和指导作用。世界范围内常见的全纳教育的支持模式有巡回指导、资源中心、资源教室和合作学习模式，我国现阶段的全纳教育模式主要为随班就读，其学习策略包括合作学习、同伴辅导、个别教育和差异教学。[4]全纳教育通过提供满足不同层次需求的教育让学生之间的差异最小，将特殊教育归入普通教育的一个分支，因为每个学生本身就有其成长的特殊性。

[1][2][4] 《特殊教育概论》，2008年，主编 刘春玲 江琴娣。
[3] 《全纳教育指南：确保全民教育的通路》，2005年，联合国教科文组织。

中国特殊儿童主要分类 [1]

智力障碍儿童——智力障碍是智力显著低于一般人水平，并伴有适应行为的障碍。可提供的学习环境有：融合的普通班级、资源教室、特殊班、特殊教育学校和在家教育。

听觉障碍儿童——听力障碍指人由于各种原因导致双耳不同程度的永久性听力障碍，以致影响日常生活和社会参与。可提供的学习环境有：普通学校随班就读和聋校就学，早期教育中的家长参与非常重要。

视觉障碍儿童——听觉障碍是指由于各种原因导致双眼视力低下并且不能矫正或视野缩小，以致影响日常生活和社会参与。可提供的学习环境有：普通学校随班就读、特殊班、盲校和低视力学校。

沟通障碍儿童——沟通障碍是指接收、发送、处理以及理解概念、口头及书面信息、图形符号系统等方面的能力出现障碍。其最主要的表现形式是听觉障碍、言语障碍和语言障碍。可提供的学习环境有：普通学校随班就读、普通班＋资源教室。

情绪与行为障碍儿童——情绪和行为障碍是指行为表现与一般学生应有的行为明显偏离，具有一种或多种影响教育的、明显而持续的行为特点。可提供的学习环境有：普通学校随班就读、资源教室、特殊班和特殊教育学校。

学习障碍儿童——学习障碍是指智商在70以上，有适当学习机会的学龄期儿童，由于环境、心理、素质等方面的问题，致使学习技能的获得或发展中存在障碍，表现为经常性的学业不良。可提供的学习环境有：普通学校随班就读和特殊班。

肢体障碍儿童——肢体障碍是指人体运动系统的结构、功能损伤凿除的四肢残缺或四肢、躯干麻痹、畸形等，导致人体运动功能不同程度的丧失，以及活动与参与的局限。可提供的学习环境有：普通学校随班就读、特殊班、特殊学校和在家学习。

病弱儿童——病弱是指患慢性疾病或体质虚弱的状态，患者由于慢性或急性的健康问题而出现力量、活力或机敏度的限制。可提供的学习环境有：养护学校、特殊班、普通班和家庭学习小组。

自闭症儿童——自闭症是一种发展性障碍，会对言语性和非言语性的交流以及社会互动产生显著的影响。主要表现在：社会交往障碍、语言交往障碍、兴趣和行为异常。可提供的学习环境有：学龄前孩子进入康复机构、普通幼儿园中的特殊班、特殊学校中的学前班和在家教育；学龄孩子进入特殊学校和普通学校。

超常儿童——超常儿童是智力和才能高度发展，表现为智力、创造力及良好的个性特征相互作用构成的统一体。可提供的学习环境有：普通学校随班就读、特殊班和特殊学校。

与特殊教育设计相关的主要法律法规

《中华人民共和国残疾人保障法》2008年；

《残疾预防和残疾人康复条例》2017年；

《特殊教育学校暂行规程》1998年；

《关于开展残疾儿童少年随班就读工作的试行办法》2012年；

《特殊教育学校教学用房的设计》2007年，中国残疾人联合会；

《特殊教育学校建筑设计规范》JGJ 76—2003。

---

[1] 《特殊教育概论》，2008年，主编 刘春玲 江琴娣。

基础教育建筑的定义

基础教育建筑广义上讲涵盖所有基础教育机构的各个功能建筑。包括托儿所幼儿园、中小学等校园内的教学用房、办公用房、体育用房、生活用房及其他配套用房。

基础教育建筑的功能类型

1. 托儿所、幼儿园 表1.3-1

根据《托儿所、幼儿园建筑设计规范》JGJ 39-2016 功能分类（公立标准）		根据实际要求有可能增加的功能类型（增量标准）
托儿所生活用房	托儿班生活单元	
	乳儿班生活单元	
	喂奶室、配乳室	
幼儿园生活用房	幼儿生活单元	室内运动场
	多功能活动室	各类专项活动室
		图书室
服务管理用房	晨检室	
	保健观察室	
	教师值班室	
	警卫室	
	储藏室	
	园长室	
	财务室	
	教师办公室	
	会议室	
	教具制作室	
供应用房	厨房	
	消毒室	
	洗衣间	
	开水间	
	车库	

注：规范要求的为该类型建筑的公立标准，即最低标准配置，属于必选项。"根据实际要求有可能增加的功能类型"相当于增量标准的要求，各建筑功能类型可结合本校的定位、需求、条件选择性设置。

2. 普通小学 表1.3-2

根据《中小学设计规范》GB 50099—2011 功能分类（公立标准）		根据实际要求有可能增加的功能类型（增量标准）	建筑类型
普通教学	普通教室	教师、学生、师生交流室	教学楼
	合班教室	各类公共教育用房	
专用教学用房	科学教室、实验室	探究实验室、机器人实验室	实验楼
	史地教室	语言实验室	
	计算机教室	辅房、资料室及网络相关实验室	
	语言教室	语言资料室	
	劳动教室、技术教室	各类家政教室、综合实践活动室	
	美术教室、书法教室	各类设计教室	艺术楼

续表

根据《中小学设计规范》GB 50099-2011 功能分类（公立标准）		根据实际要求有可能增加的功能类型（增量标准）	建筑类型
专用教学用房	音乐教室	各类琴房	艺术楼
	舞蹈教室	各类表演、排练用房	
公共教学用房	图书室	网络中心	图书馆
	体育建筑设施	游泳馆、羽毛球馆、篮球馆、器材室	体育馆
	学生活动室	各类小型体育活动用房	
	体质测试室		辅助用房
	心理咨询室		
	德育展览室		
	任课教师办公室		
行政办公用房	行政、教务办公室		行政楼
	档案室		
	总务办公室及仓库、维修车间		
	网络控制室		
	卫生室（保健室）		
	会议、接待		
生活服务用房	学生宿舍	宿舍自习室、活动室	宿舍
	教工宿舍		
	食堂		食堂
	浴室		
	开水房		
	设备用房		

3. 普通中学（含初级中学及高级中学）　　　　　表 1.3-3

根据《中小学设计规范》GB 50099—2011 功能分类（公立标准）		根据实际要求有可能增加的功能类型（增量标准）	建筑类型
普通教学	普通教室	教师、学生、师生交流室	教学楼
	合班教室	各类公共教育用房	
专用教学用房	物理实验室/探究室/仪器室/准备室	实验员室	实验楼
	化学实验室/探究室/仪器室/准备室	语言实验室	
	生物实验室/探究室/仪器室/准备室	辅房、资料室及网络相关实验室	
	培养室（生）	语言资料室	
	化学药品室/危险药品室		
	计算机室/辅房/资料室		
	机器人实验室/准备室		
	语言实验室		
	美术教室、书法教室	各类设计教室	科学艺术楼
	音乐教室	各类琴房	
	舞蹈教室	各类表演、排练用房	
公共教学用房	图书室	网络中心	图书馆
	体育建筑设施	游泳馆、羽毛球馆、篮球馆、器材室	体育馆
	学生活动室	各类小型体育活动用房	

第一章

概述
基础教育
特殊教育
基础教育建筑
基础教育建筑·校园
类型
基础教育建筑·建筑
类型
国家指标
地方性指标
指标对比与变革趋势
建设流程与周期
造价经济
基础教育建筑的
国际借鉴

续表

根据《中小学设计规范》GB 50099—2011 功能分类（公立标准）		根据实际要求有可能增加的功能类型（增量标准）	建筑类型
公共教学用房	体质测试室		辅助用房
	心理咨询室		
	德育展览室		
	任课教师办公室		
行政办公用房	行政、教务办公室		行政楼
	档案室		
	总务办公室及仓库、维修车间		
	网络控制室		
	卫生室（保健室）		
	会议、接待		
生活服务用房	学生宿舍	宿舍自习室、活动室	宿舍
	教工宿舍		
	食堂		食堂
	浴室		
	开水房		
	设备用房		

4. 特殊学校

4.1　培智（智力障碍）学校

表 1.3-4

根据《特殊教育学校建筑设计规范》JGJ 76—2003 功能分类（公立标准）	根据实际要求设置的功能类型（增量标准）		建筑类型
普通教室	基础教学区	阅览室	教学楼
语言教室		唱游教室	
地理教室		心理疏导个训室	
微机教室		律动教室及辅房	
直观教室		语训教室	
音乐教室		计算机教室	
实验室		美工教室及教具室	
手工教室	艺术技能康复区	家政训练室	
多功能活动室		劳技教室	
语训教室		语训小教室	
美术教室		乐器室	
科技活动室		情景教室	
律动教室		职业技术教室	
视听教室		个别训练室	
音乐及唱游教室		手工室	
生活与劳动		缝纫室	
劳技教室		陶艺室	
康复训练		奥尔夫音乐治疗室	
体育康复训练教室		打击乐室	
智力测验		琴房	

续表

根据《特殊教育学校建筑设计规范》JGJ 76—2003 功能分类（公立标准）	根据实际要求设置的功能类型（增量标准）		建筑类型
	认知康复区	水疗室	教学楼
		视觉感知训练及评测室	
		场景式生活适应训练及评测室	
		触控式注意力评测及互动训练室	
		手眼协调控制训练与评估室	
		地板时光训练室	
		社交沟通及语言评测训练室	
	体育康复区	体育康复训练室	体育馆
		感觉统合训练室	
		体育器材室	
		盲人乒乓球室	
	生活区	学生宿舍	宿舍楼
		教养员值班室	
		家长接待室	
		自修室	
		食堂	食堂
行政办公			

4.2 培音（听觉障碍）学校

表 1.3-5

根据《特殊教育学校建筑设计规范》JGJ 76—2003 功能分类（公立标准）	根据实际要求设置的功能类型（增量标准）		建筑类型
普通教室	语训康复	活动单元	幼儿园
语言教室		教师办公室	
地理教室		多功能活动室	
微机教室		听力检测室	
直观教室		晨检室	
音乐教室		听觉评估与训练室	
实验室		言语评估与训练室	
手工教室		认知评估与训练室	
多功能活动室		律动室	
语训教室		社会实践室	
美术教室		学生宿舍	
科技活动室		陪读家长宿舍	
律动教室		餐厅	
视听教室	义务教育	普通教室	小学、初中教学楼
音乐及唱游教室		集体语训室	
生活与劳动		个训室	
劳技教室		律动教室及辅房	
康复训练		美工教室及教具室	
体育康复训练教室		书法教室	
听力测验		计算机教室	

第一章
概述
基础教育
特殊教育
基础教育建筑
基础教育建筑·校园类型
基础教育建筑·建筑类型
国家指标
地方性指标
指标对比与变革趋势
建设流程与周期
造价经济
基础教育建筑的国际借鉴

续表

根据《特殊教育学校建筑设计规范》 JGJ 76—2003 功能分类（公立标准）	根据实际要求设置的功能类型（增量标准）	建筑类型
	模拟生活情景教室	小学、初中教学楼
	心理咨询室	
	教师办公室	
	义务教育　德育活动室	
	多媒体阶梯教室	
	听力测试室	
	耳模制作室	
	资源中心	
	普通教室	高中、中职教学楼
	教师办公室	
	高中（中职）教育　心理团体辅导室	
	德育活动室	
	交流展示活动室	
	金属加工训练教室	实训楼
	木工训练教室	
	职教实训　服装设计与制作训练教室	
	陶艺训练教室	
	其他技能训练教室	
	公共用房	
	学生宿舍	宿舍楼
	家长陪护宿舍	
	活动室	
	生活用房　自修室	
	活动室	
	烹饪训练教室	食堂
	食堂	
	情景教学超市	
	体育馆	
	行政办公楼	

4.3 培明（视力障碍）学校　　表 1.3-6

根据《特殊教育学校建筑设计规范》 JGJ 76—2003 功能分类（公立标准）	根据实际要求设置的功能类型（增量标准）	建筑类型
普通教室	活动单元	幼儿园
语言教室	教师办公室	
地理教室	多功能活动室	
微机教室	早期康复　听力检测室	
直观教室	晨检室	
音乐教室	智力检测室	
实验室	律动教室	
手工教室	蒙氏教具室	

续表

根据《特殊教育学校建筑设计规范》JGJ 76—2003 功能分类（公立标准）	根据实际要求设置的功能类型（增量标准）		建筑类型
多功能活动室	早期康复	自闭与多动障碍干预仪单训室	幼儿园
语训教室		音乐畅游室	
美术教室		肢体康复作业治疗室	
科技活动室		认知能力测试与训练单训室	
律动教室		情景教室	
视听教室		认知能力测试与训练单训室	
音乐及唱游教室		早期语言评估与干预单训室	
生活与劳动		发声诱导仪语训室	
劳技教室		墙壁玩具训练室	
康复训练		音乐治疗室	
体育康复训练教室		游戏治疗室	
视力测验		蒙台梭利教具训练室	
		触控式听觉感知训练室	
		视觉感知训练及评测室	
		场景式生活适应训练及评测室	
		触控式注意力评测及互动训练室	
		手眼协调控制训练与评估室	
		地板时光训练室	
		社交沟通及语言评测训练室	
	义务教育	普通教室（小学）	教学楼
		普通教室（初中）	
		语言教室	
		计算机教室	
		电教器材室	
		直观教室	
		教师教具制作室	
		视功能训练室	
		低视力教学课堂	
		音乐教室	
		民乐课室 \ 律动室	
		打击乐室 \ 钢琴调律房	
		乐器室	
		小琴房	
		生活与劳动教室	
		劳技教室	
		美工教室	
		陶艺制作室 \ 纸艺制作室	
		木工制作室 \ 金工制作教室	
		物理实验室	
		物理仪器室 \ 物理准备室	

续表

根据《特殊教育学校建筑设计规范》 JGJ 76—2003 功能分类（公立标准）	根据实际要求设置的功能类型（增量标准）		建筑类型
	义务教育	化学实验室	教学楼
		化学仪器室 \ 化学准备室	
		生物实验室	
		生物仪器室 \ 生物准备室	
		历史教室 \ 科学教室	
		地理教室	
		阅览室	
	体育康复区	体育康复训练室	体育馆
		感觉统合训练室	
		体育器材室	
		盲人乒乓球室	
	生活区	学生宿舍	宿舍楼
		教养员值班室	
		家长接待室	
		自修室	
		食堂	食堂
	实训楼		
	行政办公楼		

中国基础教育建筑校园类型

国内基础教育建筑按照学段进行分类大概可分为以下几种校园类型：单学段的有幼儿园、小学、初级中学、高级中学，多学段组合的有九年一贯制学校（小学＋初中），完全中学（初中＋高中），十二年一贯制学校（小学＋初中＋高中），国际学校以及特殊教育学校等，其中部分国际学校和特殊学校会有从幼儿园到高中或者职教的十五年一贯制组合情况。各校园类型示例见图 1.4-1 ~ 图 1.4-10。

幼儿园

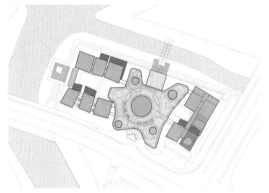

图 1.4-1　宁波北仑区新凯河幼儿园 [1]

初级中学

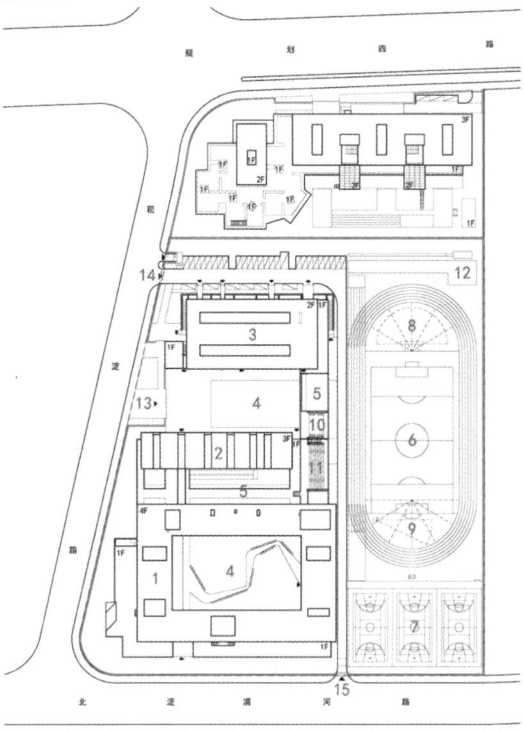

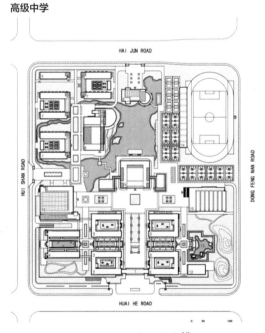

图 1.4-3　上海崧泽路初中学校 [3]

小学

图 1.4-2　杭州古墩路小学 [2]

高级中学

图 1.4-4　泰州中学 [4]

[1] DC 建筑设计事务所，图片来源 http://www.ikuku.cn.

[2] GLA 建筑设计，图片来源 https://bbs.zhulong.com/.

[3] Atelier Z+，图片来源 https://bbs.zhulong.com/.

[4] 华南理工大学建筑设计研究院，图片来源 https://bbs.zhulong.com/.

多学段组合学校——九年一贯制学校
（小学 + 初中）

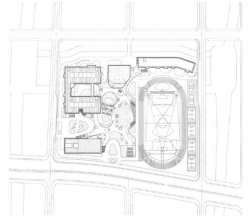

图 1.4-5 浙江宁波效实中学东部校区 [1]

多学段组合学校——完全中学

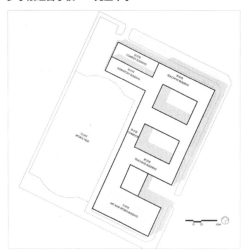

图 1.4-6 天津泰达第一中学 [2]

国际学校

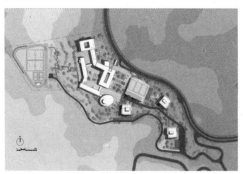

图 1.4-7 惠州华润小径湾贝塞思国际学校 [3]

多学段组合学校——十二年一贯制学校
（小学 + 初中 + 高中）

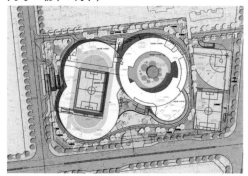

图 1.4-8 青岛金融区教育基地（公办）[4]

图 1.4-9 北京外国语大学附属杭州橄榄树学
校（民办）[5]

特殊教育学校

图 1.4-10 广东省河源市特殊教育学校 [6]

[1] 联创国际，图片来源 https://www.archdaily.cn.

[2] Schneider + Schumacher，图片来源 https://bbs.zhulong.com/.

[3] 筑博设计，图片来源 https://bbs.zhulong.com/.

[4] 同济大学建筑设计研究院（集团）有限公司.

[5] 言川建筑，图片来源 https://bbs.zhulong.com/.

[6] 华南理工大学建筑设计研究院 - 陶郅工作室，图片来源 https://bbs.zhulong.com/.

基础教育建筑的建筑类型

基础教育建筑功能类型多样,组合形式灵活多变,除满足基本的教学、办公、体育活动等功能,对寄宿制学校尚需满足住宿、食堂等生活配套功能。很多学校还会配置礼堂、图书馆等补充功能。具体的建筑类型和组合形式可结合校园规模、特定需求进行灵活的设计和变通。典型的建筑类型示例见图 1.5-1 ~ 图 1.5-9。

图 1.5-1　幼儿园 [1]

图 1.5-2　教学楼 [2]

图 1.5-3　实验楼 [3]

---

[1]　上海金蔷薇幼儿园（曼景建筑）。

[2]　泰州中学（华南理工建筑设计研究院）。

[3]　北京外国语大学附属杭州橄榄树学校（言川建筑）。

图 1.5-4 行政综合楼 [1]

图 1.5-5 教育综合体 [2]

图 1.5-6 共享中心 [3]

图 1.5-7 宿舍 [4]

---

[1] 北京外国语大学附属杭州橄榄树学校（言川建筑）。

[2] 青岛中学中学部（含国际部）（同济大学建筑设计研究院（集团）有限公司）。

[3] 潍坊北辰中学（同济大学建筑设计研究院（集团）有限公司）。

[4] 宁波效实中学东部校区（联创国际）。

图 1.5-8　食堂[1]

图 1.5-9　体育馆[2]

[1][2]　滁州明湖中学（同济大学建筑设计研究院（集团）有限公司）。

本篇通过对国家指标与多个地方指标的对比发现，不同省份会根据当地的发展和用地情况对不同学校指标做出不同的细分标准，除湖北、四川等地的个别指标要求会低于国家《农村普通中小学建筑标准》，辽宁省建筑面积指标高于国家《城市普通中小学校舍建设标准》外，其余大部分省份的相关指标基本在国家城市指标与农村指标的要求范围内浮动。

《城市普通中小学校舍建设标准》2002 年 [1]

学校规模和班额人数　　　　　　　　表 1.6-1

		学校规模				班额人数	
完全小学	班级数	12	18	24	30	45	
	学生数	540	810	1080	1350		
九年制学校	班级数	18	27	36	45	45	50
	学生数	840	1260	1680	2100	小学	初中
初级中学	班级数	12	18	24	30	50	
	学生数	600	900	1200	1500		
完全中学	班级数	18	24	30	36	50	
	学生数	900	1200	1500	1800		
高级中学	班级数	18	24	30	36	50	
	学生数	900	1200	1500	1800		

校舍建筑面积规划指标　　　　　　　　表 1.6-2

		12 班	18 班	24 班	27 班	30 班	36 班	45 班
完全小学	面积合计	5394	6714	8465	-	9689	-	-
	生均面积	10.0	8.3	7.9	-	7.2	-	-
九年制学校	面积合计	-	7774	-	9848	-	13312	16190
	生均面积	-	9.3	-	7.9	-	8.0	7.8
初级中学	面积合计	6802	9084	11734	-	13508	-	-
	生均面积	11.4		9.8	-	9.0	-	-
完全中学	面积合计	-	9207	11865	-	13654	15764	-
	生均面积	-	10.3	9.9	-	9.1	8.8	-
高级中学	面积合计	-	9292	11970	-	13789	15915	-
	生均面积	-	10.4	10.0	-	9.2	8.9	-

表 1.6-1、表 1.6-2 包含内容：

1. 教学及教学辅助用房；

2. 办公用房；

3. 部分生活服务用房（教职工单身宿舍、教师和学生食堂）。

《农村普通中小学建设标准》2008 年

学校规模和班额人数　　　　　　　　表 1.6-3

		学校规模				班额人数
非完全小学	班级数	4	-	-	-	30
	学生数	120	-	-	-	

[1] 城市普通中小学建设用地指标，用地的国家标准无。

第一章
概述
基础教育
特殊教育
基础教育建筑
基础教育建筑·校园
类型
基础教育建筑·建筑
类型
国家指标
地方性指标
指标对比与变革趋势
建设流程与周期
造价经济
基础教育建筑的
国际借鉴

续表

		学校规模				班额人数	
完全小学	班级数	6	12	18	24	45	40
	学生数	270	540	810	1080	近期	远期
初级中学	班级数	12	18	24	-	50	45
	学生数	600	900	1200	-	近期	远期

校舍建筑面积规划指标　　　　　　　　　　　　　　　　表 1.6-4

		4 班	6 班	12 班	18 班	24 班
非完全小学	面积合计	670	-	-	-	-
	生均面积	5.58	-	-	-	-
完全小学	面积合计	-	2228	4215	5470	7065
	生均面积	-	8.25	7.81	6.75	6.54
初级中学	面积合计	-	-	6000	8030	10275
	生均面积	-	-	10.00	8.92	8.56

表 1.6-3、表 1.6-4 不包含校舍内容：

1. 学生宿舍（生均使用面积不小于 $3m^2$）；

2. 车库（自行车存放面积 $1m^2/$ 辆）。

建设用地指标　　　　　　　　　　　　　　　　　　　　表 1.6-5

		4 班	6 班	12 班	18 班	24 班
非完全小学	用地面积	2973	-	-	-	-
	生均用地面积	25	-	-	-	-
完全小学	用地面积	-	9131	15699	18688	21895
	生均用地面积	-	34	29	23	20
初级中学	用地面积	-	-	17824	25676	29982
	生均用地面积	-	-	30	29	25

表 1.6-5 不包含内容：

1. 学生宿舍用地；

2. 实习实验场用地；

3. 自行车存放用地（$1.5m^2/$ 辆）。

《辽宁省九年义务教育学校普通中小学建设标准》2012 年

学校规模和班额人数　　　　表 1.7-1

		学校规模				班额人数	
完全小学	班级数	12	18	24	30	45	
	学生数	540	810	1080	1350		
九年制学校	班级数	18	27	36	45	45	50
	学生数	840	1260	1680	2100	小学	初中
初级中学	班级数	12	18	24	30	50	
	学生数	600	900	1200	1500		

表 1.7-1：

1. 农村宜建九年一贯制学校；

2. 逐渐实现小班化：小学阶段每班 30 人，中学阶段每班 40 人。

校舍建筑面积指标　　　　表 1.7-2

		12 班	18 班	24 班	27 班	30 班	36 班	45 班
完全小学	面积合计	6008	7806	9725	-	10855	-	-
	生均面积	11.13	9.61	9.01	-	8.04	-	-
九年制学校	面积合计	-	10350	-	12882	-	16917	19853
	生均面积	-	12.32	-	10.22	-	10.07	9.45
初级中学	面积合计	8487	10633	13815	-	15402	-	-
	生均面积	14.15	11.81	11.51	-	10.27	-	-

表 1.7-2 包含校舍内容：

1. 教学及教学辅助用房；

2. 办公用房；

3. 生活服务用房（教职工单身宿舍、教师和学生食堂）。

表 1.7-2 不包含校舍内容：

1. 学生宿舍。

2. 车库（自行车和汽车的存放面积分别为 1m²/ 辆和 25 ~ 40m²/ 辆）。

生均建设用地指标　　　　表 1.7-3

	12 班	18 班	24 班	27 班	30 班	36 班	45 班
完全小学	25	17.23	16.14	-	15.34	-	-
九年制学校	-	16.75	-	13.95	-	10.94	10.64
初级中学	27.83	19.03	14.80	-	14.51	-	-

表 1.7-3 不包含内容：

1. 学生宿舍用地；

2. 实习实验场用地；

3. 自行车存放用地（1.5m²/ 辆）。

《甘肃省义务教育学校办学基本标准（试行）》2012 年

学校规模和班额人数　　　　表 1.7-4

		学校规模	班额人数
农村小学	班级数	一般不小于 6	45
	学生数	270	
农村中学	班级数	一般不小于 18	50
	学生数	360	

续表

	学校规模	学校规模	班额人数
城市小学	班级数	一般不小于 24	45
城市小学	学生数	1080	
城市中学	班级数	一般不小于 18	50
	学生数	360	

生均校舍建筑面积指标　　　　　　　　表 1.7-5

学校类别	非全寄宿制学校		全寄宿制学校	
	规划要求	基本要求	规划要求	基本要求
完全小学	6.54	5.66	13.13	12.25
初级中学	8.56	6.66	15.31	13.41

表 1.7-5 非全寄宿制中小学指标中，不包括：
1. 学生宿舍的建筑面积（小学生 5m²/ 生，初中生 5.5m²/ 生）；
2. 食堂建筑面积（1.7m²/ 生）。

生均用地面积指标　　　　　　　　　　表 1.7-6

学校类别	中心城区（非全寄宿制）学校		中心城区以外地区（非全寄宿制）学校	全寄宿学校
	主城旧区	主城新区		
完全小学	11.40	15.00	20.00	32.00
初级中学	11.40	20.00	25.00	34.00

表 1.7-6 不包含内容：
1. 学生宿舍用地（仅非全寄宿制学校）；
2. 实习实验场用地；
3. 自行车存放用地（1.5m²/ 辆）。

《山东省普通中小学基本办学条件标准（试行）》2008 年

学校规模和班额人数　　　　　　　　　表 1.7-7

		学校规模		班额人数	
初小（教学点）	班级数	——		30	
	学生数	就近入学			
完全小学	班级数	12	36	45	
	学生数	540	1620		
九年制学校	班级数	12+6	24+12	45	50
	学生数	540+300	1080+600	小学	初中
初级中学	班级数	18	30	50	
	学生数	900	1500		
普通高中	班级数	24	48	50	
	学生数	1200	2400		

（中间列"至"）

校舍建筑面积指标　　　　　　　　　　表 1.7-8

	班级数	12 班	18 班	24 班	30 班	36 班
普通小学	面积合计	4297	5638	7517	9390	10773
	生均面积	7.96	6.96	6.96	6.96	6.65

续表

普通初中	班级数	18 班	24 班	30 班	36 班	
	面积合计	7801	10560	14201	16229	
普通初中	生均面积	8.67	8.80	9.47	9.02	
普通高中	班级数	24 班	30 班	36 班	48 班	60 班
	面积合计	11460	14575	17398	22015	26690
	生均面积	9.55	9.72	9.67	9.17	8.90

表 1.7-8 指标不含选配用房、自行车存放及寄宿生的食堂餐厅、学生宿舍、锅炉房、浴室等建筑面积。

建设用地指标 　　　　　　　　　　　　　表 1.7-9

普通小学	班级数	12 班	18 班	24 班	30 班	36 班
	面积合计	6139	8054	10739	13414	15390
	生均面积	26.01	23.48	23.03	21.46	19.97
普通初中	班级数	18 班	24 班	30 班	36 班	
	面积合计	21884	29260	35297	39640	
	生均面积	24.32	24.39	23.53	22.02	
普通高中	班级数	24 班	30 班	36 班	48 班	60 班
	面积合计	30689	35636	47126	56158	65255
	生均面积	25.58	23.76	26.18	34.40	21.75

表 1.7-9 不包含内容：

1. 校园四周代征土地面积；

2. 选配功能室、寄宿生食堂、餐厅、宿舍、自行车存放用地等占地面积。

《江苏省义务教育学校办学标准》2015 年

学校规模和班额人数 　　　　　　　　　　表 1.7-10

		学校规模					班额人数	
完全小学	班级数	12	18	24	30	36	45	
	学生数	540	810	1080	1350	1620		
九年制学校	班级数	-	-	36	45	54	45	50
	学生数	-	-	1680	2100	2520	小学	初中
初级中学	班级数	12	18	24	30	36	50	
	学生数	600	900	1200	1500	1800		

1. 有条件的地方可推行小班化教学。

生均校舍建筑面积指标

1. 小学不低于 8m²（不含宿舍）；

2. 初中不低于 9m²（不含宿舍）。

生均校舍用地面积指标

1. 小学不低于 23m²；

2. 初中不低于 28m²；

3. 老城区小学不低于 18m²；

4. 老城区初中不低于 23m²。

第一章

概述
基础教育
特殊教育
基础教育建筑
基础教育建筑·校园
　　　类型
基础教育建筑·建筑
　　　类型
国家指标
地方性指标
指标对比与变革趋势
建设流程与周期
造价经济
基础教育建筑的
　国际借鉴

《湖北省义务教育学校办学基本标准（试行）》2011 年

学校规模和班额人数

1. 学校规模根据生源情况设置。完全小学、初中办学规模一般不超过 2000 人。

2. 班额标准：小学近期目标 45 人/班，远期目标 35 人/班；初中近期目标 50 人/班，远期目标 40 人/班。

生均校舍建筑面积指标　　　　表 1.7-11

学校类别	非全寄宿制学校		全寄宿制学校	
	规划要求	基本要求	规划要求	基本要求
完全小学	6.54	5.66	13.13	12.25
初级中学	8.56	6.66	15.31	13.41

表 1.7-11 非全寄宿制中小学指标中，不包括：

1. 学生宿舍的建筑面积（小学生 5m²/生，初中生 5.5m²/生）；

2. 食堂建筑面积（1.7m²/生）。

山区、湖区等特殊地区，学校用地条件在确实受到限制的情况下，该指标可降低 10%。

生均用地面积指标　　　　表 1.7-12

学校类别	中心城区学校		中心城区以外地区学校	全寄宿学校
	主城旧区	主城新区		
完全小学	11.40	15.00	20.00	32.00
初级中学	11.40	20.00	25.00	34.00

表 1.7-12 不包含内容：

1. 学生宿舍用地（仅非全寄宿制学校）；

2. 实习实验场用地；

3. 自行车存放用地（1.5m²/辆）。

山区、湖区等特殊地区，学校用地条件在确实受到限制的情况下，该指标可降低 10%。

《四川省义务教育学校办学基本标准（试行）》2012 年

学校规模和班额人数　　　　表 1.7-13

学校类别	适宜规模			班额人数	
	每年级班数	班级规模	学生规模		
农村非完全小学	1	30	120	30	
完全小学	1-5	6-30	270-1350	45	
九年制学校	2-5	18-45	840-2100	45（小学）	50（初中）
初级中学	4-10	12-30	600-1500	50	

校舍建筑面积指标（农村学校）　　　　表 1.7-14

		4 班	6 班	12 班	18 班	24 班
非完全小学	面积合计	543	-	-	-	-
	生均面积	4.52	-	-	-	-
完全小学	面积合计	-	2120	3432	4655	6117
	生均面积	-	7.85	6.35	5.75	5.66

初级中学	面积合计	-	-	4678	6310	7988
	生均面积			7.80	7.01	6.66

表 1.7-14 不包括学生宿舍的建筑面积（小学生 5m²/生，初中生 5.5m²/生）。

校舍建筑面积指标（城市学校） 表 1.7-15

		12班	18班	24班	27班	30班	36班	45班
完全小学	面积合计	3670	4773	5903	-	7002	-	-
	生均面积	6.80	5.90	5.50	-	5.20	-	-
九年制学校	面积合计	-	5485	-	7310	-	9403	11582
	生均面积	-	6.50	-	5.80	-	5.60	5.50
初级中学	面积合计	4772	6379	7972	-	9572	-	-
	生均面积	7.90	7.10	6.70	-	6.40	-	-

用地面积指标 表 1.7-16

		4班	6班	12班	18班	24班
非完全小学	面积合计	2973	-	-	-	-
	生均面积	25	-	-	-	-
完全小学	面积合计	-	9131	15699	18688	21895
	生均面积	-	34	29	23	20
初级中学	面积合计	-	-	17824	25676	29982
	生均面积	-	-	30	28	25
全寄宿制完全小学	面积合计	-	-	21292	27901	34226
	生均面积	-	-	39	34	32
全寄宿制初级中学	面积合计	-	-	23487	35059	41307
	生均面积	-	-	39	39	34

表 1.7-16：

1. 非全寄宿制学校指标不包括学生宿舍用地面积；

2. 办学规模小于 4 班时，可参照 4 班的生均指标适当提高；办学规模大于 24 班时，可参照 24 班的生均指标适当降低。介于之间的取较大规模指标。

3. 九年制学校按学校规模及对应标准分别计算指标。

《上海市工程建设规范——普通中小学建设标准》2004 年

学校规模和班额人数 表 1.7-17

		学校规模				班额人数	
小学	班级数	20	25	30		40	
	学生数	800	1000	1200			
九年制学校	班级数	27	36	45		40	45
	学生数	1140	1520	1900		小学	初中
初级中学	班级数	24	28	32		45	
	学生数	1080	1260	1440			
高级中学	班级数	24	30	36	48	50	
	学生数	1200	1500	1800	2400		

注：中小学校建设应按小学、初中、高中"五、四、三"和"九年一贯制"学制设置。

校舍建筑面积指标 表 1.7-18

续表

学校类别	名称	学校规模									
		20班	24班	25班	27班	28班	30班	32班	36班	45班	48班
小学	建筑面积	8185	-	10035	-	-	11525	-	-	-	-
	生均指标	10.23	-	10.04	-	-	9.60	-	-	-	-
九年一贯制	建筑面积	-	-	-	11773	-	-	-	14543	17810	-
	生均指标	-	-	-	10.33	-	-	-	9.57	9.37	-
初中	建筑面积	-	12433	-	-	13573	-	14777	-	-	-
	生均指标	-	11.51	-	-	10.77	-	10.26	-	-	-
高中	建筑面积	-	13308	-	-	-	-	-	17625	-	21158
	生均指标	-	11.09	-	-		-	-	9.79	-	8.82

注：本指标不包括学生宿舍的建筑面积。

用地面积指标（一）

表1.7-19

学校类别	名称	学校规模（中心城外）									
		20班	24班	25班	27班	28班	30班	32班	36班	45班	48班
小学	用地面积	21115	-	24616	-	-	27639	-	-	-	-
	生均指标	26.39	-	24.62	-	-	22.95	-	-	-	-
九年一贯制	用地面积	-	-	-	29092	-	-	-	36682	44342	-
	生均指标	-	-	-	25.51	-	-	-	24.13	23.34	-
初中	用地面积	-	27585	-	-	32770	-	33645	-	-	-
	生均指标	-	26.64	-	-	26.01	-	23.36	-	-	-
高中	用地面积	-	31293	-	-	-	35263	-	46403	-	53414
	生均指标	-	26.08	-	-	-	23.51	-	25.78	-	22.26

用地面积指标（二）

表1.7-20

学校类别	学校名称	学校规模（中心城）									
		20班	24班	25班	27班	28班	30班	32班	36班	45班	48班
小学	用地面积	17681	-	20467	-	-	23215	-	-	-	-
	生均指标	22.10	-	20.47	-	-	19.35	-	-	-	-
九年一贯制	用地面积	-	-	-	24380	-	-	-	30520	35405	-
	生均指标	-	-	-	21.39	-	-	-	20.08	18.63	-
初中	用地面积	-	23612	-	-	27844	-	29458	-	-	-
	生均指标	-	21.86	-	-	22.10	-	20.46	-	-	-
高中	用地面积	-	26801	-	-	-	29974	-	33262	-	46934
	生均指标	-	22.33	-	-	-	19.98	-	18.48	-	19.56

《福建省义务教育标准校舍建设基本标准（试行）》2007 年

学校规模和班额人数

表1.7-21

	适宜规模			班额人数
	每年级班数	班级规模	学生规模	
完全小学	1-5	6-30	270-1350	45

第一章
概述
基础教育
特殊教育
基础教育建筑
基础教育建筑·校园类型
基础教育建筑·建筑类型
国家指标
地方性指标
指标对比与变革趋势
建设流程与周期
造价经济
基础教育建筑的国际借鉴

初级中学	4-10	12-30	600-1500	50

校舍用地面积规划指标

校舍用地包括校舍建筑用地、体育运动用地和绿化科技用地。

校舍建筑用地：按照建筑容积率（建筑面积与建设用地之比值）具体测算。建筑容积率完全小学宜为 0.8，初级中学宜为 0.9。

体育运动用地：完全小学每生至少 2.3m²，且不应少于一组 6 条跑道的 60m 直跑道，每 6 个班应有 1 个篮球场或排球场；初级中学每生至少 3.3m²，且不应少于一组 6 条跑道的 100m 直跑道，每 6 个班拥有 1 个篮球场或排球场。

绿化科技用地：完全小学每生不小于 1.5m²；初级中学每生不小于 2m²。

表 1.7-22

学校类别	名称	学校适宜规模				
		6 班	12 班	18 班	24 班	30 班
完全小学	用地面积 / m²	6480	11880	16200	19440	24300
	生均指标	24	22	20	18	18
初级中学	用地面积 / m²	-	14400	19800	25200	30000
	生均指标 / m²	-	24	22	21	20

表 1.7-22 不包括有寄宿学生的学生宿舍和食堂等用地面积。

校舍建筑面积规划指标　　　　　　　　　　　表 1.7-23

		6 班	12 班	18 班	24 班	30 班
完全小学	基本指标 /m²	1992	3453	4448	5470	6462
	生均面积 /m²	7.4	6.4	5.5	5.1	4.8
	规划指标 /m²	2515	4788	6155	7722	8760
	生均指标 /m²	9.3	8.9	7.6	7.1	6.5
初级中学	基本指标 /m²	-	4352	5748	7132	8522
	生均面积 /m²	-	7.3	6.4	5.9	5.7
	规划指标 /m²	-	6172	8138	10473	11933
	生均指标 /m²	-	10.3	9.0	8.7	8.0

表 1.7-23 中建筑面积以墙厚 240 计算，不含学生宿舍及学生食堂面积，如有寄宿学生，另增加相应的面积。

图 1.8-1～图 1.8-11 对典型地区的人均建筑面积和笔者设计的几个实际项目的相关数据进行对比分析：

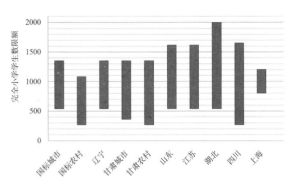

图 1.8-1　完全小学规模对比　单位：人

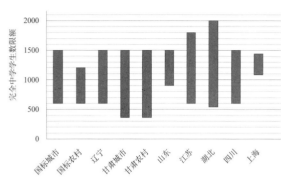

图 1.8-2　初级中学规模对比　单位：人

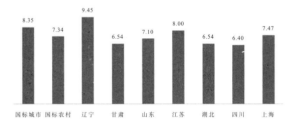

图 1.8-3　完全小学（非寄宿制）人均建筑面积对比

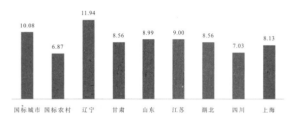

图 1.8-4　初级中学（非寄宿制）人均建筑面积对比

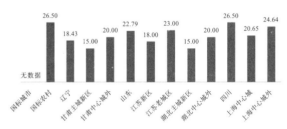

图 1.8-5　完全小学（非寄宿制）人均用地面积对比

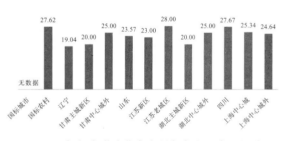

图 1.8-6　初级中学（非寄宿制）人均用地面积对比

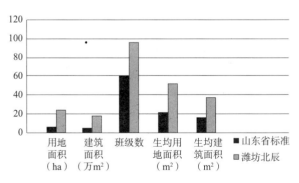

图 1.8-7　山东省标与潍坊北辰中学指标对比

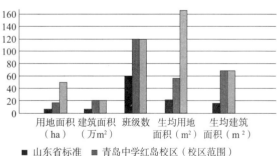

图 1.8-8　山东省标与青岛中学红岛校区指标对比

029

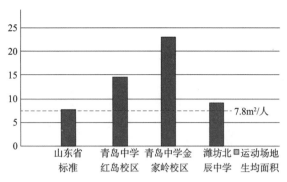

图 1.8-9 山东省标与各校生均运动场地人均面积对比

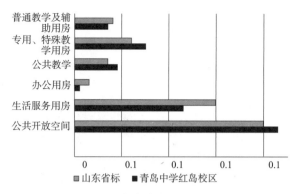

图 1.8-10 各类功能空间配比对比

	400m 田径场	篮球场	排球场	乒乓球台	网球场	足球场	橄榄球场	羽毛球场
山东省指标	1	10	5	20	—	—	—	
青岛中学红岛校区	1	15	10	24	12	1	1	
青岛中学金家岭校区	1	3	2	12	—	1	1	
潍坊北辰中学	1	10	13	30	6	—	—	1

图 1.8-11 山东省标与各校运动场地指标对比

　　由图可见，由于国家和部分地方性指标的编制时间较早，多数情况已较难满足当下的中小学指标需求，导致实际建设中有较多突破指标的情况，主要表现在教学用房、公共开放空间和体育设施的指标提高，这是基础教育发展的大趋势，应在设计初期预留充足的发展余地。

一般学校建设项目工作流程：[1]

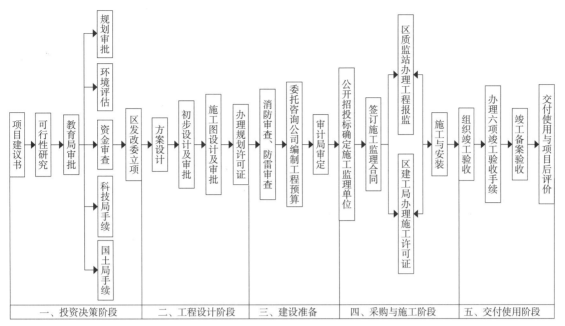

图 1.9-1　一般学校建设项目工作流程图

第一章

概述
基础教育
特殊教育
基础教育建筑
基础教育建筑·校园
类型
基础教育建筑·建筑
类型
国家指标
地方性指标
指标对比与变革趋势
建设流程与周期
造价经济
基础教育建筑的
国际借鉴

一般学校建设流程见图 1.9-1，按照实施工作内容大概可归纳为以下五个阶段：

一、策划决策阶段

决策阶段，又称为建设前期工作阶段，主要包括编报项目建议书和可行性研究报告两项工作内容。

1.项目建议书

对于政府投资工程项目，编报项目建议书是项目建设最初阶段的工作。

其主要作用是为了推荐建设项目，以便在一个确定的地区或部门内，以自然资源和市场预测为基础，选择建设项目。

项目建议书经批准后，可进行可行性研究工作，但并不表明项目非上不可，项目建议书不是项目的最终决策。

2.可行性研究

可行性研究是在项目建议书被批准后，对项目在技术上和经济上是否可行所进行的科学分析和论证。

根据《国务院关于投资体制改革的决定》（国发 [2004]20 号），对于政府投资项目须审批项目建议书和可行性研究报告。

《国务院关于投资体制改革的决定》指出，对于企业不使用政府资金投资建设的项目，一律不再实行审批制，区别不同情况实行核准制和登记备案制。

二、工程设计阶段

一般划分为三个阶段，即方案设计、初步设计阶段和施工图设计阶段，对于大型复杂项目，可根据不同行业的特点和需要，在初步设计之后增加技术设计阶段。

初步设计经主管部门审批后，建设项目被列入国家固定资产投资计划，方可进行下一步的施工图设计。

---

[1] 《在华公立＋私立＋国际学校都绕不开的流程》BEED 必达亚洲 2016-12-27（数据来源于教育部及住建部规定及行业专家调研结果）。

第一章
概述
基础教育
特殊教育
基础教育建筑
基础教育建筑·校园类型
基础教育建筑·建筑类型
国家指标
地方性指标
指标对比与变革趋势
建设流程与周期
造价经济
基础教育建筑的国际借鉴

施工图一经审查批准，不得擅自进行修改，必须重新报请原审批部门，由原审批部门委托审查机构审查后再批准实施。

三、建设准备阶段

建设准备阶段主要内容包括：组建项目法人、征地、拆迁、"三通一平"乃至"七通一平"；组织材料、设备订货；办理建设工程质量监督手续；委托工程监理；准备必要的施工图纸；组织施工招投标，择优选定施工单位；办理施工许可证等。按规定做好施工准备，具备开工条件后，建设单位申请开工，进入施工安装阶段。

四、采购与施工阶段

建设工程具备了开工条件并取得施工许可证后方可开工。项目新开工时间，按设计文件中规定的任何一项永久性工程第一次正式破土开槽时间而定。不需开槽的以正式打桩作为开工时间。

五、交付使用阶段

工程竣工验收是全面考核建设成果、检验设计和施工质量的重要步骤，也是建设项目转入生产和使用的标志。验收合格后，建设单位编制竣工决算，项目正式投入使用。

建设项目后评价是工程项目竣工投产、生产运营一段时间后，在对项目的立项决策、设计施工、竣工投产、生产运营等全过程进行系统评价的一种技术活动，是固定资产管理的一项重要内容，也是固定资产投资管理的最后一个环节。

一般学校建设项目推进流程：[1]

学校建设项目跟其他商业开发项目有共同点也有很大的区别，对于公办学校而言出资方一般是当地政府，而开发业主往往是当地的教育局以及将来学校的管理方，部分项目会找相对专业代建团队，期间的每一步工作都需要投入大量的精力和时间。

不同类别的学校，不同的省市和不同的时期在学校整体建设流程上也会有很大不同，表 1.9-1 仅对一般学校建设流程做出整理供读者参考。

表 1.9-1

序号	审批项目	职能审批部门	常规周期	需提交资料	责任科室	备注
1	决策意见	市政府	每年3月下发	9月底前上报计财科下一年投资项目		未列入计划科提供会议纪要、报告批示、抄告单等代替
2	规划红线图	规划局	半个月	决策意见	综合	由测绘院出具、规划局审批
3	项目建议书	发改委	七个工作日	当年政府年度投资计划表例如新建类项目可免		委托有资质单位编制，认真核定投资估算，报发改委批复
4	选址意见书、规划设计条件	规划局	一个月	1.申请报告；2.经批准的项目建议书及其他批准文件；3.项目拟选址的地形图（选址意向图、区位图）4.相关材料；5.有关部门意见	综合	
5	土地预审意见	国土局	半个月	1.申请表；2.项目建议书批复；3.规划红线图；4.选址意见书；5.农转用相关材料；6.法人代表证书、营业指标等	综合	政府年度投资计划表
6	规划设计招标	教育局、交易中心	一个半月	1.规划设计招标文件；2.设计任务书	综合	公开招标、邀标等方式
7	规划设计方案	规划局	一个半月	1.用地红线图、区位图、规划总平面；2.规划设计条件；3.办学规模等	综合	附日照分析、交通影响评价、面积复核书

[1] 《在华公立＋私立＋国际学校都绕不开的流程》BEED 必达亚洲 2016-12-27（数据来源于教育部及住建部规定及行业专家调研结果）。

续表

序号	审批项目	职能审批部门	常规周期	需提交资料	责任科室	备注
8	环境影响评价	环保局		学校建设项目免		有涉水、涉林的项目需办理相关手续
9	水土保持方案	水务局	半个月	1.申请报告；2.水土保持方案报告书；3.总平面、现状图、区位图；4.学校相关法人资料	综合	委托有资质单位编制并报水务局批准
10	可行性研究报告	发改局	一个月	1.项目建议书批复；2.设计方案；3.规划设计条件、红线图；4.地形图（1:1000）区位图；5.环评、水保批复；6.申请报告	综合	1.确定资金来源及资金数额；2.确定办学规模、建筑面积、用地面积等
11	建设用地、规划许可证	规划局	半个月	1.申请报告；2.立项文件及投资许可证；3.用地红线图、规划平面布置图；4.国有土地出让合及附件；5.建设项目用地预审意见书；6.有关部门意见	综合	
12	初步设计方案及概算	发改局	一个半月	1.申请报告；2.初步设计文本；3.造价和审价中心概算审查意见书		委托设计院编制扩初方案
13	土地划拨	国土局	半个月	1.申请书；2.实地勘探表；3.立项文件；4.环保局审查意见；5.用地规划许可证；6.总平面图；7.红线图；8.农转用材料；9.法人代表证书、营业执照等		在已完成征地基础上报批
14	地址勘探	勘探单位	一个月	平面布置图（有定位坐标）		
15	施工图设计	设计单位	一到两个月		工程	
16	施工图审查	有资质单位	一周	1.立项文件；2.建设用地规划许可证；3.规划设计条件；4.规划红线图；5.总平面图；6.地质勘探报告；7.初步设计批复；8.全套施工图；9.面积计算书；10.节能备案表	综合	1.网上申报；2.总建筑面积超过1.5万m²需委托第三方作节能报告
17	批前公示	规划局	半个月	1.建设工程规划许可审批表；2.批前公示表	综合	人防、防蚁、防雷、散装水泥、墙改费用交清后盖章，公示照片留存
18	建设工程规划许可证	规划局	一周	1.申请报告；2.建设用地规划许可证；3.项目文件及投资许可证；4.建设用地批准材料；5.施工图；6.审批表；7.定位图、面积计算书、复核意见；8.设计审查合格书	综合	需办理节能审批（建设局）测绘院出具定位图规划局审批面积复核报告（有资质单位出具）符合人防工程需人防办办理质监手续
19	批后公示	规划局	至竣工		工程	施工工场门口
20	预算	审价中心	一个半月	施工图全套图纸、项目文件	工程	委托有资质单位编制
21	工程招标	交易中心	一个月	1.立项文件；2.建设工程规划许可证；3.造价审核意见	工程	委托招标代理，发布招标公告
22	监理招标	交易中心教育局	一周	招标文件	综合	邀请招标或公开招标
23	施工许可证	质监站	半个月	1.《建筑工程施工许可证申请表》；2.立项批文和投资许可证；3.土地使用权证和建设工程用地许可证；4.施工现场具备施工条件确认表（原件）。5.建设工程规划许可证；6.中标通知书和洽谈确认单；7.建设工程承包合同副本（原件）；8.资金证明（原件）；9.质量监督委托书；10.建设工程开工安全生产条件备案表；11.监理合同及建立企业资质证、营业指标、本工程监理人员名单、证书复印件、建设单位工程技术人员情况等；12.施工企业安全生产许可证副本、营业执照副本、资质证书副本、企业主要负责人、现场负责人、现场安全生产专职管理人员证书原件；13.施工组织设计；14.图纸审查批准书和审查合格全套施工图纸及技术资料（原件）	综合	委托有资质单位编制，认真核定投资估算，报发改委批复

第一章
概述
基础教育
特殊教育
基础教育建筑
基础教育建筑·校园类型
基础教育建筑·建筑类型
国家指标
地方性指标
指标对比与变革趋势
建设流程与周期
造价经济
基础教育建筑的国际借鉴

续表

序号	审批项目	职能审批部门	常规周期	需提交资料	责任科室	备注
24	消防审核	消防大队	半个月	1.项目文件；2.总平面图；3.各专业施工图；4.面积计算书；5.施工许可证；6.图审意见；7.设计单位，施工图单位营业执照，资质证书正副本，相关职业人员身份证及职业证明文件；8.建设单位营业执照、法人代表、授权委托书；9.审核表	综合	1.按消防审核意见办理材料检测；2.依据当地消防部门要求提交其他材料
25	图纸会审	建设单位 监理单位 施工单位	1～2天		工程	
26	放样、定桩	测绘院	1～2天		工程	按规划局定位放样通知书及定位图，规划执法中队需在场
27	工程档案归档	档案局				
28	竣工验收	建设局	半个月		工程	由建设单位召集并主持
29	决算审计	审计局 审价中心	两个月		工程	

第一章
概述
基础教育
特殊教育
基础教育建筑
基础教育建筑·校园
类型
基础教育建筑·建筑
类型
国家指标
地方性指标
指标对比与变革趋势
建设流程与周期
造价经济
基础教育建筑的
国际借鉴

造价构成

基础教育建筑一般由政府或民营企业投资。其项目总投资由建设投资、建设期贷款利息和流动资金投资构成。

建设投资包括工程费用、工程建设其他费用、学校装备费、预备费。工程费用包括建筑工程费、设备购置费、安装工程费。工程建设其他费用包括建设用地费、与项目建设有关的其他费（如项目建设管理费、前期工作咨询费、环境影响评价费、勘察设计费、工程监理费、招标代理费、场地准备费、配套设施建设费等）及与未来生产经营有关的其他费用（如人员培训费、办公和生活家具及工器具购置费等）。预备费包括基本预备费（在项目实施中用于设计变更、工程洽商等可能发生难以预料的支出，需要预先预留的费用）和涨价预备费（建设工程项目在建设期内由于政策、价格等变化而预留的费用）。

建设期贷款利息指工程项目在建设期间发生并计入固定资产费用，主要是建设期发生的支付银行贷款、出口信贷、债券等的借款利息和融资费用。

流动资金：生产经营性项目为保证投产后正常的生产运营所需，并在项目资本金中筹措的自有流动资金。

造价指标

政府投资的学校应坚持公益性、功能性、实用性、节约型的原则，从建设标准和建设规模开始严格控制，从而达到控制工程造价的目的。表 1.10-1 为上海市普通基础教育学校建安工程费用指标表（不包含工程建设其他费、学校装备费、泳池设备、预制装配式结构、数字化校园、预备费、贷款利息及土地费用）。其他各省市[1][2][3]普通基础教育学校的建安工程造价因各地方建造标准及建造成本不同，其造价指标也有所差异，如地质条件、抗震强度、气候特点及地方人工、材料、机械的价格等。

民营企业投资的基础教育学校根据市场定位和客户定位的不同，建设标准与政府投资的学校不完全相同，造价会有一定的差异，主要是室内外装修标准、机电设备档次及校园智能化系统。民办学校建安造价指标比普通学校造价指标增加 20%~25%。国际学校建安造价指标比普通学校造价指标增加 25%~30%。具体投资构成见图 1.10-1。

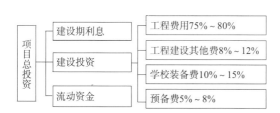

图 1.10-1　基础教育学校项目总投资构成图

---

[1] 北京、天津、江苏、浙江、广州、海口建安工程造价相当于上海的 85%~95%。

[2] 呼和浩特、济南、昆明、西安、兰州、西宁、武汉、长沙的建安工程造价相当于上海的 80%~85%。

[3] 石家庄、太原、成都、重庆、沈阳、长春、哈尔滨、合肥、南昌、郑州、南宁、贵阳、银川、乌鲁木齐的建安工程造价指标相当于上海的 70%~80%。

第一章
概述
基础教育
特殊教育
基础教育建筑
基础教育建筑·校园类型
基础教育建筑·建筑类型
国家指标
地方性指标
指标对比与变革趋势
建设流程与周期
造价经济
基础教育建筑的国际借鉴

上海市普通基础教育学校建安工程造价指标表[1]　　　　　　　　表 1.10-1

序号	项目名称	幼儿园	完全小学	九年一贯制	初级中学	高级中学	完全中学
		指标（元/m²）	指标（元/m²）	指标（元/m²）	指标（元/m²）	指标（元/m²）	指标（元/m²）
1	土建工程	3250～3550	2900～3250	3650～4300	3450～4000	3550～4100	3650～4300
1.1	桩基工程	200～250	200～250	250～300	250～300	250～300	250～300
1.2	建筑结构工程	1750～1800	1700～1800	2200～2500	2200～2500	2200～2500	2200～2500
1.3	室内装修工程	900～1000	650～750	800～1000	650～750	700～800	800～1000
1.4	外立面装饰工程	400～500	350～450	400～500	350～450	400～500	400～500
2	安装工程	850～1050	850～1050	1050～1250	1000～1250	1150～1400	1150～1400
2.1	给排水、燃气工程	130～150	70～80	100～140	80～120	110～150	110～150
2.2	消防工程	100～120	100～130	130～150	150～180	150～180	150～180
2.3	通风工程	100～150	100～150	150～180	150～200	150～200	150～200
2.4	变配电工程	80～100	80～100	80～100	80～100	100～120	100～120
2.5	电气工程	220～250	220～250	250～280	250～300	300～350	300～350
2.6	弱电工程	200～250	250～300	300～350	250～300	300～350	300～350
2.7	电梯工程	20～30	30～40	40～50	40～50	40～50	40～50
一	单体建安工程	4050～4600	3750～4300	4700～5550	4450～5250	4700～5500	4800～5700
二	室外总体工程	400～500	400～500	500～600	450～550	550～650	550～650
三	建安工程合计	4450～5100	4150～4800	5200～6150	4900～5800	5250～6150	5350～6350

专业工程造价指标

1. 基坑围护造价指标

由于各地地质情况不同，基坑开挖围护所采取的技术方案也有较大差别，并且不同城市级别，土地资源的紧缺程度不一样，学校地下室建设层数也有所不同，从而导致基坑围护费用差别很大。[2]

在一线及经济发达的省会城市，为了发挥土地资源的价值，缓解停车难的局面，通常会设置地下室，以上海为例，地下室层数、开挖深度及相应的基坑围护费用经验数据见表 1.10-2。

2. 学校专业工程造价指标

学校作为专业的建设工程，在室外总体工程中需建设运动场地（田径运动场、篮球场、排球场、网球场、沙坑）及泳池系统、旗杆、电动移门等，上述各专业工程造价指标经验数据见表 1.10-3。

3. 中小学数字化校园造价指标

数字化校园是以网络和信息管理为基础，在计算机和网络技术上建立起来的对教学、科研、管理、技术服务、生活服务等校园信息的收集、处理、整合、存储、传输和应用，使教学资源得到充分优化和利用。通过实现从环境（包括设备、教室等）、资源（如图书、讲义、课件）到应用（包括教学、管理、服务、办公等）的全部数字化，在传统校园基础上构建一个数字空间，实现教育过程的全面信息化，达到提高办学质量和管理水平、从而提升核心竞争力。数字化校园系统包括云桌面、网络安全、智能化集成、机房工程、电子巡考、一卡通、图书管理、信息发布、多媒体教学、多媒体会议、精品录播、教室智能控制、电子阅览、智能照明、校园影音

---

[1] 桩基工程费用按 PHC 桩考虑；幼儿园按地上三层建筑考虑，如建地下室，可按地下室面积 6000～6500 元/m² 考虑；中小学按地下一层、地上 5～6 层考虑（其中地下室面积按总面积的 10%～20% 考虑）。估算不包含空调（建安工程造价指标中仅考虑通风工程费用）、泳池设备、预制装配式结构、数字化校园系统费用。

[2] 邻近地铁的基坑围护单价可达 18～25 万/m。

第一章

概述
基础教育
特殊教育
基础教育建筑
基础教育建筑·校园
类型
基础教育建筑·建筑
类型
国家指标
地方性指标
指标对比与变革趋势
建设流程与周期
造价经济
基础教育建筑的
国际借鉴

制作等，造价指标经验数据见表 1.10-4。

上海地区基坑围护工程造价经验数据表　　表 1.10-2

序号	地下室层数	基坑开挖深度	基坑围护单价	备注
1	一层	6m 以内	2 ~ 3 万 /m	此单价为正常情况下的费用，未考虑特殊地质、特殊周边环境等因素（如邻近地铁[1]）
2	二层	约 9 ~ 10m	5 ~ 7 万 /m	
3	三层	约 15 ~ 16m	9 ~ 12 万 /m	

学校特殊专业工程造价经验数据表　　表 1.10-3

序号	项目名称	等级及说明	参考指标
1	田径运动场	包括基层及面层	约 350 ~ 500 元 /m²
2	篮球场	包括基层及面层	约 300 ~ 350 元 /m²
3	排球场	包括基层及面层	约 250 ~ 300 元 /m²
4	网球场	包括基层及面层	约 350 ~ 450 元 /m²
5	沙坑	包括基层及面层	约 150 ~ 200 元 /m²
6	旗杆		约 5 ~ 8 万元 / 个
7	电动移门		约 2500 ~ 3000 元 /m
8	泳池系统	水处理设备及配管	幼儿园 100 ~ 150 万元，中小学 350 ~ 500 万元

中小学数字化校园造价经验数据表　　表 1.10-4

序号	项目名称	参考指标	序号	项目名称	参考指标
1	云桌面系统	10 ~ 15 元 /m²	9	多媒体教学系统	80 ~ 100 元 /m²
2	网络安全系统	5 ~ 10 元 /m²	10	多媒体会议系统	200 ~ 250 元 /m²
3	智能化集成系统	5 ~ 10 元 /m²	11	精品录播系统	50 ~ 70 元 /m²
4	机房工程	40 ~ 50 元 /m²	12	教室智能控制系统	20 ~ 30 元 /m²
5	电子巡考系统	15 ~ 20 元 /m²	13	电子阅卷系统	15 ~ 20 元 /m²
6	一卡通系统	70 ~ 75 元 /m²	14	智能照明系统	10 ~ 20 元 /m²
7	图书管理系统	10 ~ 20 元 /m²	15	校园影音制作系统	10 ~ 30 元 /m²
8	信息发布系统	60 ~ 80 元 /m²	合计		600 元 /m² ~ 800 元 /m²

预制装配式建筑造价指标

小学阶段

近年来上海市政府对于整体装配式建筑的推广导致上海市校园建筑费用增加。根据沪建建材（2016）601 号规定，上海市符合条件的新建建筑需按装配式建筑要求实施，建筑单体预制率不低于 40% 或单体装配率不低于 60%。根据测算，40% 预制率将导致建筑土建成本增加约 400 ~ 500 元 /m²。

装饰工程造价指标

1. 外立面装饰及外门窗工程造价指标

学校外立面工程主要有以各类幕墙为主的高档装修，以外墙面砖或氟碳涂料为主的中档装修，以普通涂料为主的低档装修。各档次外立面的造价指标如表 1.10-5。

---

[1] 邻近地铁的基坑围护单价可达 18 ~ 25 万 /m。

2. 室内装饰工程造价指标

室内装饰工程可以分为高、中、低档，高档装饰地面一般采用石材，墙面采用大理石、面砖、高级涂料，吊顶采用金属吊顶、高档石膏板。中档装饰地面一般采用玻化地砖 /PVC 卷材，墙面采用面砖或中档涂料，吊顶采用石膏板。低档装饰地面一般采用防滑地砖 /PVC 卷材，墙面采用普通涂料，吊顶采用普通涂料，局部采用石膏板。各档次室内装修工程的造价指标如表 1.10-6。

屋顶绿化造价指标

屋顶绿化根据项目的不同建设标准，大致有以种植蕨类植物为主、铺装及简单的苗木植物、灌木及具有较好观赏性的苗木植物等。具体造价指标如表 1.10-7。

暖通工程造价指标

暖通工程根据不同的系统内容，包括通风排烟、集中空调、分体空调、采暖等。具体造价指标如表 1.10-8。

外立面装饰工程造价指标经验数据表 　　表 1.10-5

档次	外墙装饰类型	造价参考指标 [1]	主要材料单价
高档	石材幕墙	800 ~ 1000 元 /m²	石材：300 ~ 500 元 /m²
	玻璃幕墙	1000 ~ 1400 元 /m²	Low-e 中空玻璃：250 ~ 300 元 /m²
	铝板幕墙	700 ~ 900 元 /m²	铝板：300 ~ 400 元 /m²
中档	外墙氟碳涂料	100 ~ 150 元 /m²	
	外墙面砖	200 ~ 300 元 /m²	面砖：100 ~ 200 元 /m²
低档	普通涂料	50 ~ 80 元 /m²	
外门窗	断热型铝合金门窗	850 ~ 1000 元 /m²	断热型材：35 元 /kg，Low-e 中空玻璃：250 ~ 300 元 /m²
	彩色铝合金门窗	500 ~ 700 元 /m²	铝合金型材：25 元 /kg，中空玻璃：100 ~ 150 元 /m²

室内装饰工程造价指标经验数据表 　　表 1.10-6

档次	造价指标	地面材料	墙面材料	天棚材料
高档	1200 ~ 1500 元 /m²	石材	大理石、面砖、高级涂料	金属吊顶、高档石膏板
中档	800 ~ 1200 元 /m²	玻化地砖 /PVC 卷材	中档涂料、面砖	石膏板吊顶
低档	500 ~ 800 元 /m²	防滑地砖 /PVC 卷材	普通涂料	普通涂料，局部石膏板

屋顶绿化工程造价指标经验数据表 　　表 1.10-7

序号	屋顶绿化类型	做法	参考指标
1	屋面绿化	以种植蕨类植物为主	100 ~ 150 元 /m²（屋面绿化面积）
2	屋面绿化	铺装及简单的苗木植物	300 ~ 450 元 /m²（屋面绿化面积）
		灌木及具有较好观赏性的苗木植物	500 ~ 700 元 /m²（屋面绿化面积）

暖通工程造价指标经验数据表 　　表 1.10-8

档次	造价指标	系统说明
地下车库通风工程	150 ~ 180 元 /m²	通风排烟

---

[1] 造价参考指标为综合单价，包括人工、材料、机械、管理费、利润、规费、税金等，见表 1.10-5。

第一章
概述
基础教育
特殊教育
基础教育建筑
基础教育建筑 · 校园
类型
基础教育建筑 · 建筑
类型
国家指标
地方性指标
指标对比与变革趋势
建设流程与周期
造价经济
基础教育建筑的
国际借鉴

续表

档次	造价指标	系统说明
地上通风工程	50 ~ 100 元 /m²	通风排烟
集中空调工程	450 ~ 600 元 /m²	集中空调系统
分体空调	200 ~ 250 元 /m²	分体空调
采暖工程	100 ~ 150 元 /m²	散热器 / 地面辐射供暖系统

造价走势分析

近几年来学校建筑的造价有一定的上涨，主要由于建造标准、结构形式、建筑安全性要求的提升，政策调整（例如装配式建筑要求、营改增等），以及人工、材料相关的建造成本近几年有了大幅上涨。

随着人工成本的大幅上涨，人工费比例将上升，建筑材料费比例将下降，但是近年来及未来，建筑材料费的绝对数值仍将稳步上升。而在工程建设中，建筑材料费用占整个建筑成本的60% ~ 70%。因此，合理使用建筑材料，减少建筑材料消耗，对于降低工程成本具有重要的意义。

针对民营企业投资的校园建筑，近年来新材料、新概念、新技术的引入导致了学校建造成本的上升。可以预见的是未来几年随着人们对学校舒适性的需求和校园智能化的提升，造价还会快速上升。

造价主要影响因素

造价的主要影响因素包括总平面布置、建筑平面布置、空间组合、结构方案、机电系统方案、建筑材料及机电设备档次等。具体如表 1.10-9。

造价主要影响因素表

表 1.10-9

序号	项目内容	造价影响因素	造价影响内容
1	总平面布置	现场条件	基础形式及埋深选择、土方平衡
		占地面积	征地费用、总体道路、硬地、绿化及综合管线成本
		功能分区	减少运输距离和管线长度，项目建成后的运营成本
2	建筑的平面布置	平面形状	建筑物周长系数 K 越低，设计越经济； 同等层高下，周长系数 K 按圆形、正方形、矩形、T 形、L 形依次增大； 由于圆形建筑施工复杂，施工费用比矩形增加约 20% ~ 30%，总造建费用并不低于矩形建筑，且圆形建筑利用率较低，一般较少采用，故一般正方形及矩形建筑最为经济
3	空间组合	层高	经综合测算，建筑层高每增加 10cm，相应造成建安造价增加约 2% ~ 3%
		层数	荷载及基础、占地面积和单位面积造价。 多层建筑 1 ~ 6 层，小高层 7 ~ 14 层，高层建筑 15 ~ 32 层，超高建筑 33 层以上，在确定的范围段内，选择接近临界点的层数最为经济

续表

序号	项目内容	造价影响因素	造价影响内容
4	结构方案	桩基选型	预制桩优于灌注桩； 空心桩优于实心桩； 小直径桩优于大直径桩； 长桩优于短桩； 方桩优于管桩
		地下室埋深及基坑围护方案	埋深越小，越经济； 基坑围护形式，按原状土放坡、土钉墙（喷锚支护）、钢板桩、水平支撑、水泥挡土墙、钢筋混凝土灌注桩、地下连续墙、地连墙＋支撑等造价依次增加
		柱网尺寸	柱间距不变时，跨度越大单位面积造价越低。 对于多跨厂房，当跨度不变时，中跨数量越多越经济
		结构体系	按砖混结构、钢筋混凝土框架结构、钢筋混凝土框架剪力墙结构、钢结构依次增加
4	结构方案	结构面积系数	结构构件占用面积与建筑面积之比越小，建筑有效面积越大，设计越经济
5	机电系统方案	供水、供电、供气、供暖的能源选择和系统方案	设备购置费、管线安装费及后期运营费用
6	建筑材料及机电设备	产地、技术及等级要求、政府宏观调控政策	设备及材料费用约占工程费的 60%～70%，需根据项目性质合理定位

第一章

概述
基础教育
特殊教育
基础教育建筑
基础教育建筑·校园
类型
基础教育建筑·建筑
类型
国家指标
地方性指标
指标对比与变革趋势
建设流程与周期
造价经济
**基础教育建筑的
国际借鉴**

美国基础教育建筑

美国基础教育建筑的特点：

1. 建筑群体间多通过室内连廊联系，相当比例的学校采用综合体建筑的形式，把所有功能整合在一起，见图1.11-1。

2. 运动场馆类型多，数量大；室外场地的面积占比大。一般均设有大面积地上停车场，见图1.11-1。

3. 教室单元形式普遍应用，部分学校采用教室群和全开放教学空间的形式，强调共享空间的核心重要和多功能性，见图1.11-2。

4. 小学阶段为班主任坐班形式，中学阶段为走班制，要求教室的数量增加和专门化设置。

5. 教室种类及公共交流活动空间丰富多样，面积比例较高。见图1.11-3。

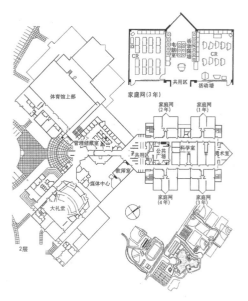

图1.11-1　枚普鲁 谷罗乌高中（Maple Grove High School，Minnesotta）[1]

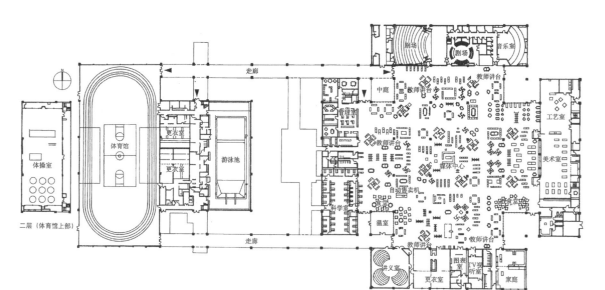

图1.11-2　法尼拓高中（Juanita High School，Kirklan，Washington）[2]

图1.11-3　室内空间形态示例（一）

[1][2]　《建筑设计资料集成——教育·图书编》，日本建筑学会。
[3][4]　美国教育建筑规划设计公司。

图 1.11-3 室内空间形态示例（二）

美国基础教育建筑

混合式学习模式，是正在美国兴起的一种教育模式，被越来越多的特许学校、公立学校和学习中心采用。

混合式学习的定义包括三部分：一、混合式学习是正规的教育项目，学生的学习过程至少有一部分是通过在线进行的，在线学习期间学生可自主控制学习的时间、地点、路径或进度。二、学生的学习活动至少有一部分是在家庭以外受监督的实体场所进行的。三、学生学习某门课程或科目时的学习路径模块，要与整合式的学习体验相关。

通过对既有实践情况的分析，混合式学习可以分为七种模式，详见表 1.11-1。在实际操作中，经常有多种模式并用的情况。

为指导学校根据自身的实际情况选择适宜的学习模式，表 1.11-1 中的问题可作引导。

混合学习模式分类表　　　　　　　　　　　　　　　　　　　　　　表 1.11-1

问题	延续性模式			颠覆性模式
	翻转模式			
	就地转换	机房转换	翻转课堂	个体转换
基本概念	在学习一门课程或科目时，全体学生在一间独立教室或多间教室内转换	在学习一门课程或科目过程中，学生转换至计算机机房进行在线学习	在学习一门课程或科目时，学生在校外参加在线学习而不是完成传统的家庭作业，然后在实体学校里参加有老师面对面指导的练习或项目	在学习一门课程或科目时，每个学生都有一个个性化的任务清单，而且不必在每个工位或学习模块之间进行转换
教学模式示意图				
解决什么问题	面向大规模学生的核心问题	面向大规模学生的核心问题	面向大规模学生的核心问题	非消费问题
需要什么团队	职能性、轻量级或重量级团队	轻量级或重量级团队	轻量级或重量级团队	自治团队
想要让学生控制什么	课程线上部分的进度和路径	课程线上部分的进度和路径	课程线上部分的进度和路径	几乎整个课程的进度和路径

[1][2] PERKINS+WILL 事务所。

第一章
概述
基础教育
特殊教育
基础教育建筑
基础教育建筑·校园
类型
基础教育建筑·建筑
类型
国家指标
地方性指标
指标对比与变革趋势
建设流程与周期
造价经济
**基础教育建筑的
国际借鉴**

续表

问题	颠覆性模式			
	翻转模式	弹性模式	菜单模式	增强型虚拟模式
	个体转换			
基本概念	在学习一门课程或科目时，每个学生都有一个个性化的任务清单，而且不必在每个工位或学习模块之间进行转换	在学习一门课程或科目时，在线学习是主要的学习形式，教师偶尔指导学生进行线下活动。学生根据个性化的、灵活的时间表在各种学习模块之间转换	学生完全通过在线形式学习一门课程，并在实体学校或学习中心进行其他活动	在学习一门课程或科目时，学生必须在教师的监督下完成面对面的课程然后可以在远离教师的条件下自主完成在线学习
教学模式示意图	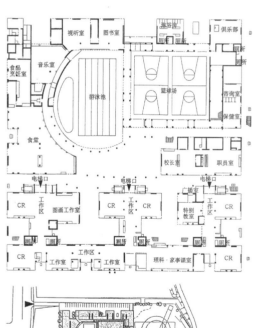			
解决什么问题	非消费问题	非消费问题	非消费问题	非消费问题
需要什么团队	自治团队	自治团队	自治团队	自治团队
想要让学生控制什么	几乎整个课程的进度和路径	几乎整个课程的进度和路径	几乎整个课程的进度和路径，以及有时还可以不参加面授课堂的灵活性	几乎整个课程的进度和路径，以及有时还可以不参加面授课堂的灵活性

日本基础教育建筑

日本基础教育建筑的特点：

1. 学校规模从迷你型到中等为多，带来适宜的室内外空间尺度。

2. 功能综合性强，教学区、生活区和体育区的联系密切，且大量学校都将其组合在一个建筑里，如图 1.11-4。

3. 不强调礼仪性入口空间。多会设置多个入口，让不同年龄段的学生分开出入。由于入室脱鞋的习俗，入口处都会设置专门的换鞋和寄存空间，如图 1.11-5。

4. 共用空间的设计经历了 40 多年的发展，已成为学校空间的必要组成部分。

5. 教室单元和教室组单元的设计形式丰富，充分考虑细节，且和教学模式相契合。如图 1.11-6、图 1.11-7。

6. 由于学生室外活动时间和强度得到保证，对教室朝向没有类似国内的要求，并经常会设置宽大的外廊作为交流空间和辅助逃生通道，形成内外廊并置的空间模式。

图 1.11-4 吉备高原小学（冈山县御津郡加茂川町）[1]

---
[1] 本页图片均引用自《建筑设计资料集成——教育·图书编》，日本建筑学会，天津大学出版社。

7.部分学校的教学功能和社会功能结合，包括居民集会、图书、社会教室、社会图书馆、政府机构等，提高软硬件利用率。

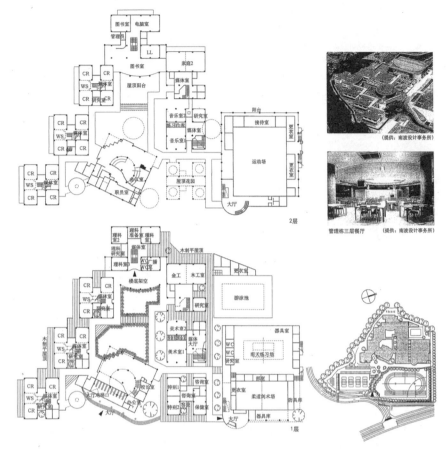

图 1.11-5 上田市立第一中学（长野县上田市）[1]

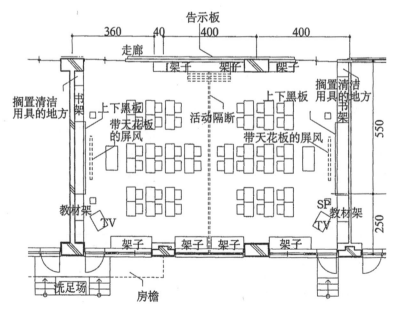

图 1.11-6 时轮松学园目黑校舍（东京都目黑区）[2]

[1][2] 本页图片均引用自《建筑设计资料集成——教育·图书编》，日本建筑学会，天津大学出版社。

第一章

概述
基础教育
特殊教育
基础教育建筑
基础教育建筑·校园
类型
基础教育建筑·建筑
类型
国家指标
地方性指标
指标对比与变革趋势
建设流程与周期
造价经济
**基础教育建筑的
国际借鉴**

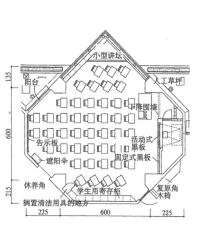

相洋中·高等学校（神奈川县小田原市）[1]

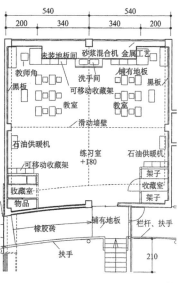

灰塚小学校（广岛县双三郡三良坂町）[2]

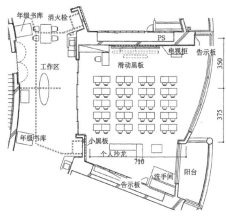

日本女子大学附属丰明小学校（东京都文京区）[3]

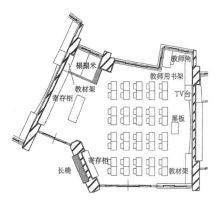

矢野南小学校（广岛市）[4]

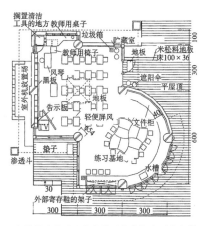

育英学院莎雷基瓮小学（东京都小平市）[5]

图 1.11-7 教室单元示例

[1] ~ [5]　本页图片均引用自《建筑设计资料集成——教育·图书编》，日本建筑学会，天津大学出版社。

芬兰基础教育建筑

芬兰基础教育建筑的特点：

1. 除中心城市外，大量学校规模非常小，但功能完备，如图 1.11-8。

2. 接纳障碍儿童进入普通学校，对有学习障碍的学生专门设置辅导空间。

3. 空间形式多样化，受法规制约少，如图 1.11-9。

4. 与周边社区密切互动，共享运动设施和绿地等。

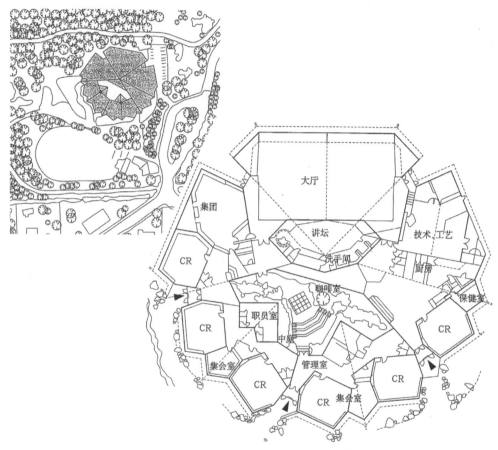

图 1.11-8　芬兰麦茨拉·基里亚小学[1]

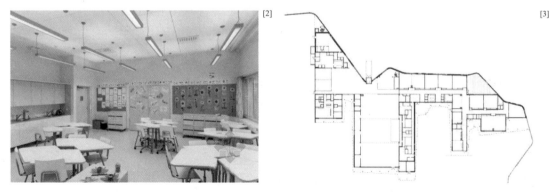

图 1.11-9　空间布局示例（一）

[1] 《建筑设计资料集成——教育·图书编》，日本建筑学会，天津大学出版社。

[2][3] 筑龙网。

第一章
概述
基础教育
特殊教育
基础教育建筑
基础教育建筑·校园
类型
基础教育建筑·建筑
类型
国家指标
地方性指标
指标对比与变革趋势
建设流程与周期
造价经济
**基础教育建筑的
国际借鉴**

图 1.11-9　空间布局示例（二）

马来西亚国际学校建筑

马来西亚国际学校教育建筑的特点：

1. 年级设置从 K 至 13，涵盖幼儿园、小学、中学各个阶段，有部分功能区域共享，如图 1.11-10。

2. 适应当地气候条件，建筑间距小，建筑间庭院利用率很高。设置大量半室外空间供使用，设置各种形式的遮阳设施。

3. 室外场地面积占比根据所处地段有较大的变化。

4. 基础教室内部功能复合化，专业教室种类多，面积大。如图 1.11-11。

图 1.11-10　Nexus 国际学校总平面布局[5]

[1][2]　筑龙网。

[3][4]　ARCHITECTURE DESIGN FOR ELEMENTARY AND SECONDARY SCHOOLS.

[5]　马来西亚 Nexus 国际学校。

图 1.11-11 室内外空间示例

本页图片均为自行拍摄

[1][2] 马来西亚 Nexus 国际学校。

[3] ~ [5] 马来西亚 Garden International School。

CHAPTER

[第二章] 托儿所幼儿园建筑设计

概念阐述

托儿所和幼儿园是"幼儿教育"的主要场所，为幼儿提供健康、安全、多样的生活和活动环境，满足幼儿多方面发展的需要，使他们在快乐的童年生活中获得有益于身心发展的经验，促进幼儿在舒适的建筑环境中得到健康发展，并在游戏中逐步形成良好的行为习惯和个性。

分类和规模

1. 幼儿园

对 3 ~ 6 周岁的幼儿进行集中保育、教育的学前使用场所。

2. 托儿所

用于哺育和培育 3 岁以下婴幼儿使用的场所。包括托儿班和乳儿班。

幼儿园的规模 [1]

幼儿园的规模	表 2.1-1
规模	班数（班）
小型	1 ~ 4
中型	5 ~ 9
大型	10 ~ 12

托儿所、幼儿园的每班人数			表 2.1-2
名称	班别		人数（人）
托儿所	乳儿班		10 ~ 15
	托儿班	小、中班	15 ~ 20
		大班	21 ~ 25
幼儿园		小班	20 ~ 25
		中班	26 ~ 30
		大班	31 ~ 35

托、幼建筑规模的大小除考虑本身的卫生、保育人员的配备和经济合理等因素外，尚与托、幼机构所在地区的居民居住密度、合理的服务半径有关。幼儿园的规模以 3、6、9 班划分为宜，便于幼儿的升班。

设计的一般原则

1. 应提供功能齐全、配置合理、使用灵活的各类幼儿生活用房；

2. 创造适宜幼儿身心健康发展的建筑环境，使之儿童化、趣味化、净化。满足日照通风条件要求。避免不利环境对幼儿的影响；

3. 保证幼儿、教师及工作人员的环境安全，并具备防灾能力；

4. 有利于保教人员的管理和后勤的供应。

---

[1] 《托儿所、幼儿园建筑设计规范》JGJ 39-2016。

第二章
托儿所幼儿
园建筑设计
概述
总体设计
建筑布局
生活用房设计
公共空间设计
服务与供应用房设计
交往空间设计
建筑造型与装饰艺术
设计
安全设计专篇
幼儿园设计趋势
托儿所设计

发展趋势和可能性说明 *

随着学前教育内容的丰富、外延的拓展，幼儿园建筑空间环境的构成也逐渐丰富和完善，从适应保教结合，逐渐拓段，展为适应幼儿全面发展；随着幼儿教育在基础教育中的地位逐渐提升，重要性逐渐增强，人们逐渐认识到幼儿教育的特殊性与重要性。《托儿所、幼儿园建筑设计规范》JGJ39—2016 新规的出台也标志着我国幼儿园设计进入较为成熟阶段，在法律法规上使建筑各方面的品质、安全和适用性有了保障。

幼儿园建筑设计在教学理念、功能更新、空间创新等方面取得了长足进步，虽然核心的功能空间因为各方面的限制没有产生质的变化。这种限制主要来自规范、办学模式、预算控制和土地供给等方面。但面对制约仍有众多优秀的建筑实践努力碰撞边界，探讨可能性，它们通过新的空间环境促进了儿童进行自主选择、关注事实和与他人交流，使他们能够自由地思考、探索、质疑和寻找答案。

本章节基于经典教材及最新的规范图集，在常规的、标准化的幼儿园设计方法论之外，总结了一些创新优秀的实践方向，设计人员可根据具体的空间诉求酌情考虑。幼儿园章节中带"*"字符，即为设计中可视情况优化的附加选项。

第二章
托儿所幼儿
园建筑设计
概述
总体设计
建筑布局
生活用房设计
公共空间设计
服务与供应用房设计
交往空间设计
建筑造型与装饰艺术
设计
安全设计专篇
幼儿园设计趋势
托儿所设计

选址原则

1. 根据《城市居住区规划设计规范》，GB50180—93，我国城市居住区托儿所、幼儿园的服务半径宜为 300 ~ 500m；两班及两班以下的托儿所、幼儿园可混合设置，也可附设于其他建筑中，但应有独立院落和出入口。三班和三班以上的托儿所、幼儿园均应独立设置；

2. 选址应日照充足，场地干燥，排水通畅，环境优美或接近城市绿化地带，避开不利的自然条件和城市设施；

3. 环境应优美卫生，远离各种污染源，并满足有关卫生防护标准的要求；

4. 布点应适中便利，地段应舒畅安全，方便家长接送，避免城市交通的干扰；

5. 用地应达标规整，能为建筑功能分区、出入口、室外游戏场地的布置提供必要条件。

总平面设计原则

托儿所、幼儿园的总平面设计应包括总平面布置、竖向设计和管网综合等设计。总平面布置应包括建筑物、室外活动场地、绿化、道路布置等内容，设计应功能分区合理、方便管理、朝向适宜、日照充足，创造符合幼儿生理、心理特点的环境空间。

出入口

1. 大、中型的托儿所、幼儿园宜设两个出入口，主入口供儿童和家长进出，次入口通向杂务院。小型托儿所、幼儿园可设一个出入口。

2. 托儿所、幼儿园出入口不应直接设置在城市干道一侧；其出入口应设置供车辆和人员停留的场地，且不应影响城市道路交通。

3. 托儿所、幼儿园基地周围应设围护设施，围护设施应安全、美观，并应防止幼儿穿过和攀爬。在出入口处应设大门和警卫室，警卫室对外应有良好的视野。

建筑物的布置

在进行建筑物布置时，儿童生活用房应有安静、卫生的环境，并与室外活动场地有良好联系；生活用房应朝向良好，冬至日底层满窗日照不应小于 3h，避免西向或采取遮阳措施；服务用房宜接近主入口，服务用房宜接近次入口并处于主导风下风向。

室外活动场地

室外场地分各班专用班机室外场地和全园共用的游戏场地两类：
1. 每班室外活动场地满足教学配置要求并相对分隔；
2. 应设人均面积不小于 $2m^2$ 的全园共用活动场地；
3. 地面应平整、防滑、无障碍，并宜采用软质地坪；
4. 室外活动场地应有 1/2 以上的面积在标准建筑日照阴影线之外。

绿化

托儿所、幼儿园场地内绿地率不应小于 30%，宜设置集中绿化用地。绿地内不应种植有毒、带刺、有飞絮、病虫害多、有刺激性的植物。

总体功能关系

功能组成

独立建设的托儿所、幼儿园可分为建筑物和室外场地两部分。

建筑中的使用空间可分为幼儿生活用房、服务用房、供应用房三大部分。室外场地主要分为班级活动场地和全园共用活动场地，内设多种类设施如跑道、沙坑、戏水池等。

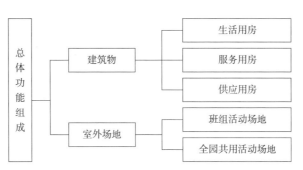

图 2.2-1 总体功能组成

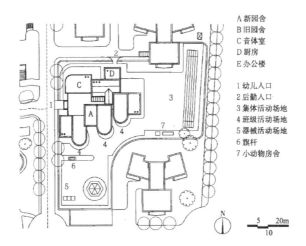

A 新园舍
B 旧园舍
C 音体室
D 厨房
E 办公楼

1 幼儿入口
2 后勤入口
3 集体活动场地
4 班级活动场地
5 器械活动场地
6 旗杆
7 小动物房舍

图 2.2-2 南京聚福园幼儿园 [1]

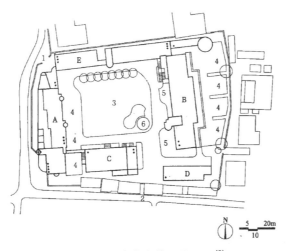

图 2.2-3 南京市第三幼儿园 [2]

[1][2] 图片来源《建筑设计资料集（第三版）》第四分册 教科·文化·宗教·博览·观演。

第二章
托儿所幼儿
园建筑设计
概述
总体设计
建筑布局
生活用房设计
公共空间设计
服务与供应用房设计
交往空间设计
建筑造型与装饰艺术
设计
安全设计专篇
幼儿园设计趋势
托儿所设计

建筑功能用房及面积指标

建筑中的使用空间可分为幼儿生活用房、服务用房、供应用房三大部分。

生活用房：作为"内核"的生活用房有着常规的、标准化的功能模块，包括活动室、寝室、卫生间、衣帽间等。

图2.3-1 生活用房功能组成图

服务用房：包括医务晨检室、保健室、隔离室、办公室、会议室、传达值班室、职工厕所、贮藏室等。

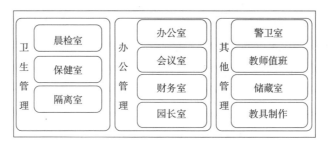

图2.3-2 服务用房功能组成图

供应用房：供应用房是为幼儿和职工提供饭食、用水及洗衣等的配套设施，包括厨房、消毒间、洗衣房、烘干室、锅炉房和浴室等。

图2.3-3 供应用房功能组成图

*扩充的功能：多班公用的专业教室，如图书馆、音乐教师、舞蹈教室等。

图2.3-4 扩充功能组成图

平面功能关系及组合原则

功能组合原则

1.应结合用地条件，合理布置园舍与游戏场地，建筑的空间组合必须与总平面设计和室外场地设计配合，并为形成良好的建筑形象创造条件。

2.空间布置应将生活用房、服务用房、供应用房三大功能分区明确，避免相互干扰，方便使用与管理。

3.活动室、寝室、卫生间每班应为单独使用的单元。活动室、寝室应有良好的日照、采光、通风条件。各主要用房采光窗地比不应小于规范要求。

4.组织好交通系统，并保证安全疏散，除执行国家建筑设计防火规范外，尚应满足幼儿园特殊要求。

5.有利于创造造型的小尺度特征。

功能配比表　　　　　　　　　　　　　　　　　　　　　　表 2.3-1

功能区	房间名称		规模		
			小型	中型	大型
幼儿生活用房	班级活动单元	活动室	70	70	70
		寝室	60	60	60
		卫生间 厕所	12	12	12
		卫生间 盥洗室	8	8	8
		衣帽间	9	9	9
	综合活动室		150	200	230
	* 专用活动室		40/ 每 3 个班		
服务用房	晨检室		10	10	15
	保健观察室		12	12	15
	教师值班		10	10	10
	警卫室		10	10	10
	储藏室		15	18	24
	园长室		15	15	18
	财务室		15	15	18
	教师办公室		18	18	24
	会议室		24	24	30
	教具制作室		18	18	24
供应用房	厨房		厨房应按工艺流程合理布局，面积配比详见《饮食建筑设计规范》JGJ 64 的规定		
	配电室		8	10	12
	洗衣间		12	15	18
	开水间		8	10	12

注：1.根据幼儿园需要与条件，可增设教工餐厅及其厨房；
　　2.带"*"的专用活动室视条件而设置。

第二章
托儿所幼儿园建筑设计
概述
总体设计
建筑布局
生活用房设计
公共空间设计
服务与供应用房设计
交往空间设计
建筑造型与装饰艺术设计
安全设计专篇
幼儿园设计趋势
托儿所设计

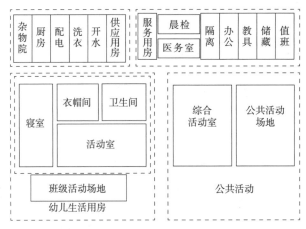

图 2.3-5　标准的总平面功能关系图

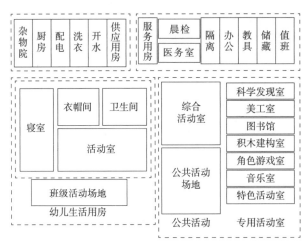

图 2.3-6　可附加的总平面功能关系图

平面组织形式　　　　　　　　　　　　表 2.3-2

组合形式	细分	简图	方法概述	特点	案例
集中式	一体式		所有功能紧凑的组合在一起，周围设计成为室外活动场地和绿化景观	小型、用地局限的幼儿园	1.DANDELION CLOCK 幼儿园； 2.FLOWER+ 幼儿园
	上下叠合式		将服务用房、供应用房整合为综合体置于一层，二层及以上设置生活单元，形成上下叠合的空间组合	1. 底层有利于创造综合的公共空间； 2. 消减建筑体量，有利于在上部形成小体量的建筑形象	1. 上海市江埔镇中福会浦江幼儿园； 2. 新江湾城中福会幼儿园； 3. 南京岱山幼儿园
线式组合	一字形		以部分公共区域将若干个班级单元、活动单元并列连接，形成一字型的排式空间组合	1. 排列的各个单元都有较好的朝向、采光、通风性能； 2. 单元空间隔离较好，相互之间噪声干扰较小； 3. 建筑公共面积和设施利用效率不高，交通面积较大； 4. 班级之间接触面减小，不利于幼儿班级间、同种专业特长活动幼儿的互动交流	1. 嘉定新城幼儿园； 2. 清华大学洁华幼儿园
	鱼骨式		以一条走廊将若干个班级单元、活动单元在两侧串联，形成鱼骨式空间组合		圣菲利斯幼儿园

续表

组合形式	细分	简图	方法概述	特点	案例
辐射式	环形		主要的班级单元、活动单元、管理服务单元等环绕着中心的公共活动区或门厅区成环形布置	1. 构图富有图案美；2. 围合出的中心场地便于班级间交流和共同参与；3. 出现东西向的房间，不宜布置生活单元用房	江苏无锡惠山榭丽花园小区幼儿园
	内院		主要的班级单元、活动单元、管理服务单元等围绕着中心的院落空间布置		苏州高新区实验幼儿园御园分园
	风车型		环绕中心活动区或门厅交通枢纽空间，班级单元、活动单元呈风车形状向不同方向展开		1. 塔尔图幼儿园；2. 华宇锦绣花城幼儿园
网格式	矩形网格		平面成网格状布置，每个网格空间设置建筑物或室外活动场所，形成生活和活动交错的空间组合	1. 在有限的建筑平面与用地内就可以布置众多的班级单元，班组活动场地均可布置前后空地位置；2. 网格式组合的平面构图交叉点上部署班级公共空间与活动空间，连接紧密、使用率高；3. 易于形成丰富的交通空间	夏雨幼儿园
	蜂巢型		平面成蜂窝状六边形构成布置，每个网格空间设置建筑物或室外活动场所的空间组合		上海华东师范大学附属双语幼儿园
自由式			其他空间组合方式		

平面组织形式　　　　　　　　　　　　　　表 2.3-3

生活单元　 其他功能　 屋顶　 室外场地

组合形式		简图	案例
集中式	一体式		St.kristoforus 幼儿园　　 Flower+ 幼儿园
	上下叠合式		上海市江埔镇中福会浦江幼儿园　　 新江湾城中福会幼儿园
线式组合	一字形		嘉定新城幼儿园　　 上海徐汇区盛华幼儿园

第二章
托儿所幼儿园建筑设计
概述
总体设计
建筑布局
生活用房设计
公共空间设计
服务与供应用房设计
交往空间设计
建筑造型与装饰艺术设计
安全设计专篇
幼儿园设计趋势
托儿所设计

续表

组合形式		简图	案例
线式组合	鱼骨式		萨提特幼儿园 · 四川雅安集贤幼儿园
辐射式	环形		江苏无锡惠山榭丽花园小区幼儿园 · 浙江海亮国际幼儿园
	内院		NokkeN 幼儿园 · Gandra 幼儿园
	风车型		塔尔图幼儿园 · 华宇·锦绣花城幼儿园
网格式	矩形网格		夏雨幼儿园
	蜂巢型		上海华东师范大学附属双语幼儿园
自由式			哥伦比亚波哥大幼儿园 · Timayui 幼儿园

幼儿生活用房设计

幼儿生活用房是提供给幼儿活动的主要空间，基本上涵盖了幼儿在园期间学习和生活的各项内容。主要功能包括：班级活动单元、公共活动室。

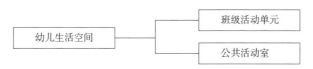

图 2.4-1　幼儿生活空间功能关系

班级活动单元

幼儿园提供给幼儿独立使用的生活与活动的空间称为班级活动单元，它是幼儿园中的基本元素，整个幼儿园都是围绕此元素的组合而展开的。

班级活动单元的组成

班级活动单元空间一般由活动室、卫生间、卧室、衣帽贮藏间等。

班级活动单元功能关系及最小使用面积		表 2.4-1
房间名称		最小使用面积（m²）
班级活动单元	活动室	70
	卫生间　厕所	12
	卫生间　盥洗室	8
	卧室	60
	衣帽贮藏间	9

班级活动单元的组合形式

1. 单组式活动单元

单组式活动单元包含活动室、卧室、辅助部分（卫生间、衣帽储藏室），以一个班为一个完整的教学单位，强调活动单元各自的独立性，我国幼儿园基本为单组式，并以此为单元进行多样组合。

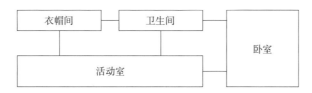

图 2.4-2　单组式活动单元示意图

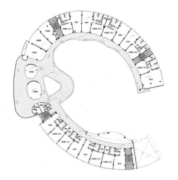

图 2.4-3　浙江海亮国际幼儿园[1]

单组式活动单元有利于按不同年龄特点分别进行针对性的教育，适合我国以固定"班"为单位由教师进行教育的模式。强调卫生隔离、避免交叉感染，各班自成体系。各单元独立性较强，但不利于幼儿间的交流与互动。

2. 多组式活动单元

多组式活动单元包含若干小规模的班组活动区域，当需要进行较大型室内游戏或者各班组进行合组活动时，会在一个面积较大的游戏空间内进行。然后由若干这样的多组式活动单元构成幼儿园建筑的主体。各班级之间使用灵活隔断进行分割。

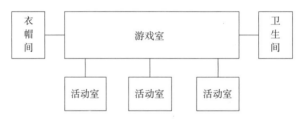

图 2.4-4　多组式活动单元示意图

多组式活动单元不强调单元之间的严格分隔，活动单元之间有较强的开放度，能提供各种幼儿交往的空间。这种组合形式多见于国外幼教模式较为前卫的国家，但我国幼儿园幼儿人数、设计规范、师资力量等限制原因，并不能直接照搬多组式活动单元的组合形式，但活动单元的开放与对交往空间的诉求将是大势所趋。

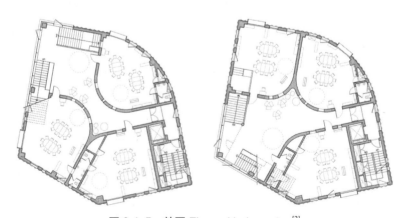

图 2.4-5　韩国 Flower kindergarten[2]

[1][2]　图片来源 https://www.archdaily.com/. 其他图表均为作者自绘。

第二章

托儿所幼儿
园建筑设计

概述
总体设计
建筑布局
生活用房设计
公共空间设计
服务与供应用房设计
交往空间设计
建筑造型与装饰艺术
设计
安全设计专篇
幼儿园设计趋势
托儿所设计

班级活动单元的平面布置

班级活动单元的平面布置关键是要处理好活动室、卫生间、卧室、衣帽贮藏间这四个必备功能区之间的关系。

班级活动单元平面布置 表 2.4-2

	平面布置示意	特点
并列式		- 活动室与卧室日照较好； - 活动室通风欠佳； - 卫生间采光通风欠佳
		- 活动室面宽受限； - 卫生间与卧室距离较远
分列式		- 各房间均好性较好； - 衣帽储藏间开门较多
合并式		- 家具布置灵活； - 通风日照较好
分离式		- 活动室与卧室通风较好； - 各房间独立性较好； - 卧室距离卫生间较远

☐ 活动室　▤ 卧室　▦ 卫生间　■ 衣帽间

图 2.4-6　分列式（上海东方瑞仕幼儿园）[1]

图 2.4-7　分列式（江苏三环幼儿园）[2]

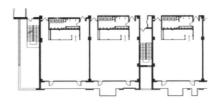

图 2.4-8　合并式（河北莱佛士幼儿园及早教中心）[3]

[1] ~ [3]　图片来源 https://www.archdaily.com/
其他图表均为作者自绘。

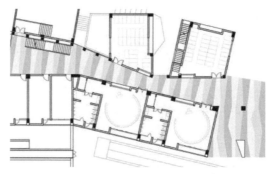

图 2.4-9　分离式（四川集贤幼儿园）[1]

活动室

活动室，是幼儿进行日常活动的主要场所，与幼儿学习、游戏以及生活等息息相关。

设计基本要求

1. 使用面积不应小于 70m²，具备合理的平面形式与尺寸，以满足幼儿多种活动的需要。

2. 必须有良好的朝向、充足的光线、良好的通风条件，冬至日底层日照不少于 3h。

3. 室内净高应符合幼儿园建筑设计规范要求，不应低于 3m。

4. 室内避免出现突出物，阳角必须抹圆，地面采用暖性、弹性材料。

活动室平面设计

活动室功能分区主要由教师组织的集中活动、桌面游戏以及幼儿按自己兴趣进行的活动角游戏两类。

活动室的平面尺寸不像中小学校普通教室常受课桌椅尺寸及其排列方式的制约，主要考虑平面比例应合适，应有利于幼儿能进行多种活动形式的需要，避免狭长的空间形态。

班级活动单元平面布置		表 2.4-3
平面布置示意		特点
一字型	集中活动区 / 活动角	- 活动角采光较好
L 型	集中活动区 / 活动角	- 与集中活动区关系紧密
两翼型	活动角 / 集中活动区 / 活动角	- 活动角可进行动静分区； - 活动角之间联系较弱

紧凑型

活动室使用面积定额指标为 70m²。紧凑型活动室的面宽尺寸一般为 10～12m，进深一般在 6～7m 之间为宜。

---

[1]　图片来源 https://www.archdaily.com/ 其他图表均为作者自绘。

第二章
托儿所幼儿
园建筑设计
概述
总体设计
建筑布局
生活用房设计
公共空间设计
服务与供应用房设计
交往空间设计
建筑造型与装饰艺术
设计
安全设计专篇
幼儿园设计趋势
托儿所设计

紧凑型活动室建议尺寸   表 2.4-4

建议平面尺寸	使用面积
10.8m×6.5m	70.2m²
11.7m×6m	70.2m²
8.4m×8.4m	70.5m²

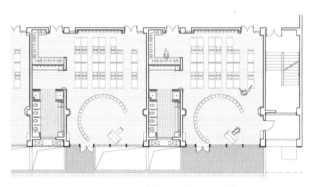

图 2.4-10　南京岱山幼儿园[1]

舒适型

在满足基本的集中教学活动区面积需要，根据面积情况，以及幼儿的数量、年龄、使用状况等实际情况因素，增设多种区域活动区（常见如图书区、美工区、角色游戏区、建构区、科学区、益智区、生活区、音乐区），供幼儿可以根据自身的兴趣，并在教师的协助下进行多样化的游戏活动。

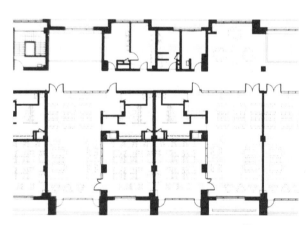

图 2.4-11　上海中福会浦江幼儿园[2]

活动室门窗设计

1. 门的数量应符合《建筑设计防火规范》GB50016—2014 不少于两扇，开启不影响走道疏散通行，净宽不应小于 1.2m。

2. 以半玻木门为宜，透视面兼顾幼儿和教师的视觉范围，门的双面应平滑无棱角。

3. 门拉手形式与安装高度应兼顾成人与幼儿。

4. 窗台距地宜为 0.6m，1.3m 以下应为固定扇，当窗台高度低于 0.9m 时，应采取防护措施。

5. 南向窗台面宜有 0.4m 宽度作为自然角。

---

[1]　图片来源 https://www.archdaily.com/ 其他图表均为作者自绘。

[2]　图片来源《儿童学习空间设计》。

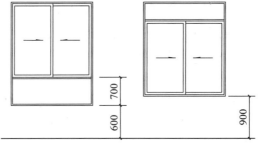

图 2.4-12　幼儿园活动室窗台与一般窗台比较 [1]

活动室家具设计

1. 应按幼儿人体工程学要求进行家具配置与设计。

2. 家具形式宜以固定家具与活动家具相结合，桌椅等宜灵活自由组合。

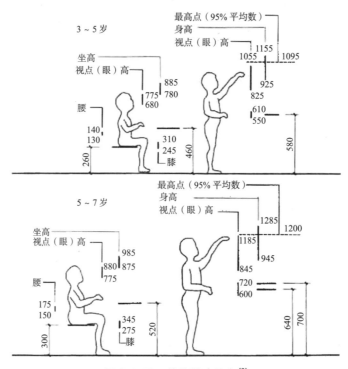

图 2.4-13　幼儿活动尺度 [2]

卫生间

卫生间，是幼儿生活中使用较为频繁的空间，一般由盥洗和厕所两部分组成。

设计基本要求

1. 卫生间应临近活动室和卧室，并应有直接的自然通风或通风换气设施；

2. 幼中班和幼大班的男、女厕位宜合理分隔；

3. 每班卫生间的盥洗池高度宜为 500 ~ 550mm，宽度宜为 400 ~ 450mm，水龙头的间距宜为 550 ~ 600mm。有条件的地区还应设置独立的淋浴设施。

[1][2]　图片来源《建筑设计资料集（第三版）》第四分册 教科 · 文化 · 宗教 · 博览 · 观演。
其他图表均为作者自绘。

每班卫生间卫生设备的最少量　　　　　表 2.4-5

污水池（个）	1
大便器（个）	6
小便器（个）	4
盥洗台（水龙头，个）	6

第二章

托儿所幼儿
园建筑设计
概述
总体设计
建筑布局
生活用房设计
公共空间设计
服务与供应用房设计
交往空间设计
建筑造型与装饰艺术
设计
安全设计专篇
幼儿园设计趋势
托儿所设计

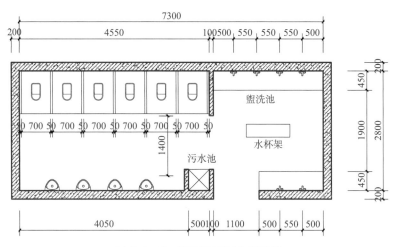

图 2.4-14　紧凑型平面布置示例

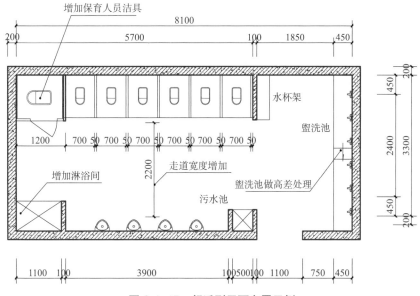

图 2.4-15　舒适型平面布置示例

卧室

幼儿处于身心发育的关键时期，需要比成年人更多的睡眠时间，所以提供一个安静、舒适的睡眠空间尤为重要。

设计基本要求

1. 卧室应每班独立设置，且保证每一幼儿有独立床铺，不应设置双层床。

2. 全日制幼儿园卧室应与活动室赴邻，寄宿制幼儿园卧室应集中布置。

3. 通风良好，寄宿制幼儿园夜室应朝南。

4. 寄宿制幼儿园寝室内应设储藏柜和卫生间，有条件的宜设置设保育员值班室。

5. 在活动单元面积紧张情况下，可与活动室合并，以利灵活有效地利用空间。

卧室布置方式（30床）	表2.4-6
固定式（竖向排列）	
固定式（横向排列）	
推拉式	
堆叠式	

卧室门窗设计

1. 窗台距地不低于 0.9m，距地 1.3m 以下为固定扇。

2. 窗地比为 1∶6，卧室并不需要活动室那样尽量大面积的开窗，光线柔和即可。

3. 寄宿制幼儿园卧室增设纱门、纱窗和窗帘，防治夜间蚊虫侵扰。

卧室家具设计

1. 应按幼儿人体工程学要求进行布置家具。

2. 家具形式宜以固定家具与活动家具相结合，桌椅等宜灵活自由组合。

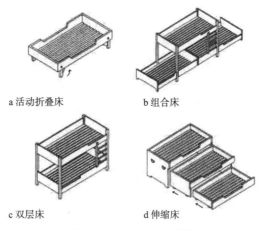

a 活动折叠床　　　b 组合床

c 双层床　　　d 伸缩床

图 2.4-16　床具类型 [1]

―――――――――
[1]　图片来源《建筑设计指导丛书：幼儿园建筑设计》。

班级	长（L）	宽（W）	高（H）
小班	1200	600	300
中班	1300	650	320
大班	1400	700	350

床具尺寸　　　　　　　　　　　　　　　　表 2.4-7

第二章
托儿所幼儿
园建筑设计
概述
总体设计
建筑布局
生活用房设计
公共空间设计
服务与供应用房设计
交往空间设计
建筑造型与装饰艺术
设计
安全设计专篇
幼儿园设计趋势
托儿所设计

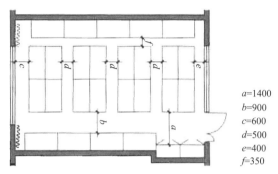

$a=1400$
$b=900$
$c=600$
$d=500$
$e=400$
$f=350$

图 2.4-17　床具布置间距尺寸要求 [2]

衣帽储藏间

衣帽贮藏室实际上包含着两种功能，即存放幼儿进入活动室随身脱下的衣帽和贮藏该班换季卧具及教具、文具等物品。

衣帽储藏平面设计

衣帽贮藏室在功能上总是与活动室紧密相连的。寒冷地区，最好将衣帽贮藏室作为通过式的空间。可起到活动室内外的过渡空间。

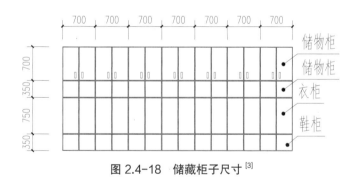

图 2.4-18　储藏柜子尺寸 [3]

对于南方幼儿园，因气候温和或者较炎热，可在活动室入口附近套一间衣帽贮藏室，这样能大大减少衣帽贮藏室的交通面积。

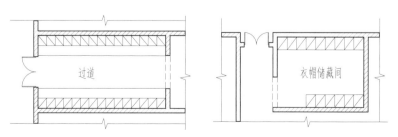

图 2.4-19　通过式衣帽储藏间与独立式衣帽储藏间示例 [4]

公共活动室

幼儿园教育需要幼儿在家庭、社会中已经接触到更多、更丰富的活动实践。仅靠集中教学和桌面游戏往往无法满足，因此，需要增设若干幼儿公共活动室为幼儿提供多样化的学习空间。幼儿公共活动室的内容一般除了一间供集中音乐教学和集会的综合活动室，还可根据需要，设置若干特色专业活动室，作为班级活动单元的延伸。

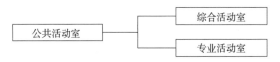

图 2.4-20 公共活动室示意图

综合活动室

幼儿园的综合活动室，实际上是一个多功能的活动空间。在这里可进行音乐教学、体育教学、观摩教学以及全园的节日集会、演出，必要时还可召开家长会等大型活动。

设计基本要求

1. 与各活动单元联系方便，又要有适当距离。

2. 宜接近公共室外活动场地，室内外活动可以形成良好的互动关系。

3. 有良好的通风和朝向。

4. 兼顾对外使用的可能性。

综合活动室布局方式

1. 位于主体建筑内

与各班级活动单元互相联系紧密，节省交通面积；但容易对班级活动单元产生干扰，宜在两者之间加入过渡空间。

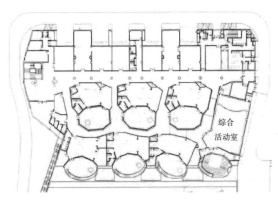

图 2.4-21 上海嘉定新城双丁路幼儿园 [1]

2. 独立于主体建筑

平面与结构的自由度较大；对班级活动单元的影响较小，但两者之间的需要廊道等联系，以免受天气影响。

---

[1] 案例图片来源 https://www.archdaily.com/ .
其他图表均为作者自绘。

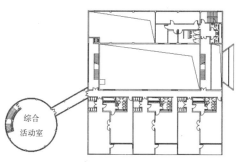

图 2.4-22 北京百子湾小区幼儿园[1]

第二章
托儿所幼儿
园建筑设计
概述
总体设计
建筑布局
生活用房设计
公共空间设计
服务与供应用房设计
交往空间设计
建筑造型与装饰艺术
设计
安全设计专篇
幼儿园设计趋势
托儿所设计

专业活动室

专业活动室是一个专门用于某一项活动的独立空间。它独立于班级活动单元之外，是活动单元的补充和提升。种类丰富如美工室、科学发现室、图书室、陶艺室、形体室、角色游戏室、电脑室等。

设计基本要求

1. 与各活动单元联系方便；

2. 有良好的通风和朝向；

3. 平面布置便于教师环视全场。

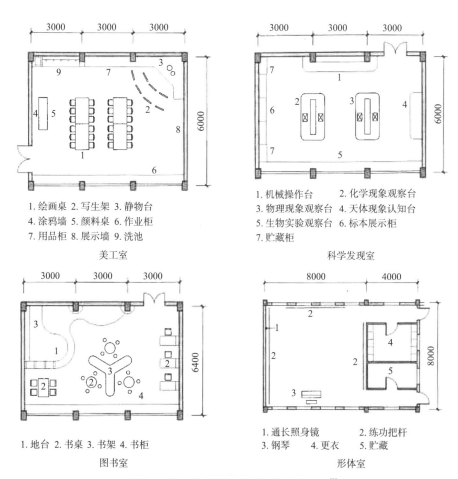

1.绘画桌 2.写生架 3.静物台
4.涂鸦墙 5.颜料桌 6.作业柜
7.用品柜 8.展示墙 9.洗池

美工室

1.机械操作台 2.化学现象观察台
3.物理现象观察台 4.天体现象认知台
5.生物实验观察台 6.标本展示柜
7.贮藏柜

科学发现室

1.地台 2.书桌 3.书架 4.书柜

图书室

1.通长照身镜 2.练功把杆
3.钢琴 4.更衣 5.贮藏

形体室

图 2.4-23 公共活动室平面设计（一）[2]

[1] 案例图片来源 https://www.archdaily.com/.

[2] 图片来源《建筑设计资料集（第三版）》第四分册 教科·文化·宗教·博览·观演。

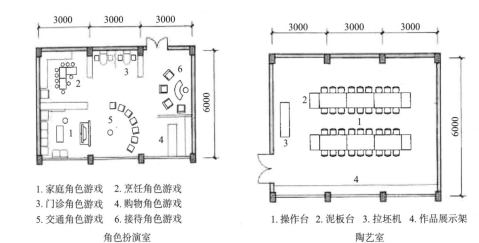

1. 家庭角色游戏　　2. 烹饪角色游戏
3. 门诊角色游戏　　4. 购物角色游戏
5. 交通角色游戏　　6. 接待角色游戏

角色扮演室

1. 操作台　2. 泥板台　3. 拉坯机　4. 作品展示架

陶艺室

图 2.4-23　公共活动室平面设计（二）

门厅

托儿所、幼儿园建筑的门厅是每个儿童进入幼儿园室内空间到达的第一个地方，也是儿童入园后分流进入各班级的转折点，同时是水平和垂直交通的枢纽。设计时应注意：

1. 建筑面积：小型幼儿园为 $30 \sim 40\text{m}^2$；中型幼儿园为 $40 \sim 60\text{m}^2$；大型幼儿园为 $60 \sim 80\text{m}^2$。

2. 门厅内宜附设收发、晨检、展示等功能空间，晨检室（厅）应设在建筑物的主入口处，并应靠近保健观察室。

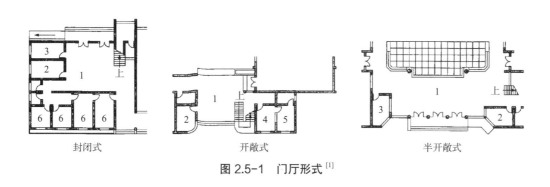

封闭式　　　　　　　　　开敞式　　　　　　　　　半开敞式

图 2.5-1　门厅形式 [1]

走廊

走廊空间包括将各幼儿活动单元串联起来的外走廊以及活动单元与室外活动场地过渡的露台空间。设计时应注意：

1. 幼儿园生活用房区不应采用中廊，可以为幼儿提供更多观察、接触室外活动的机会。北方北廊应做封闭暖廊。

2. 主体建筑走廊净宽度不应小于下表的规定。在幼儿安全疏散和经常出入的通道上，不应设有台阶。必要时可设防滑坡道，其坡度不应大于 1：12。

3. 防护栏杆的高度应满足安全设计要求，详见安全设计专篇。

走廊最小净宽度（m）　　　　　　　　　　　　表 2.5-1

房间名称	走廊布置	
	中间走廊	单面走廊或外廊
生活用房	2.4	1.8
服务、供应用房	1.5	1.3

楼梯

楼梯是一种垂直交通，联系上下层的建筑空间，在满足使用与安全的前提下创造新颖的形式。设计时应注意：

1. 楼梯间应有直接的天然采光和自然通风；严寒地区不应设置室外楼梯；

2. 楼梯的扶手、踏步应满足相关安全设计要求，详见安全设计专篇；

3. 楼梯间在首层应直通室外。

---

[1] 图片来源《建筑设计资料集（第三版）》第四分册 教科·文化·宗教·博览·观演。

室外活动场地

室外活动场地是幼儿亲近自然的活动场所,有着室内活动场所无法替代的重要意义,在室外,幼儿不仅可以接触到阳光、空气、水和土壤,在宽敞的场地上尽情游戏玩耍,还能在游戏中增加与小伙伴们的交往,促进其社会性的发展。室外活动场地主要由公共活动场地和班级活动场地组成。

1 公共活动场地

公共活动场地是供全园幼儿共同游戏、集会、活动的场所,包括集体游戏区、大型游乐器械区、沙池、戏水池等。设计时应注意:

1. 集体游戏区应该设置一组(道)跑道和一个能为合成一个圆形的集体游戏场,长 × 宽不小于 35m×17m,面积不小于规范要求,宜设柔软地面;

2. 为避免太阳光对幼儿眼睛的直射,跑道尽量南北向布置;

3. 秋千、滑梯、跳床、攀岩架等运动器械尽量在活动场地用地边缘布置,并以软地面为宜;

4. 活动场地内根据功能和景观要求,宜点缀若干环境小品(升旗台、伞亭、花架、雕塑);

5. 在以体能训练为主的游乐器械之外,还应结合绿化景观布置一些体验性、探索性或创造性的游戏。如绿篱迷宫、平衡木等。

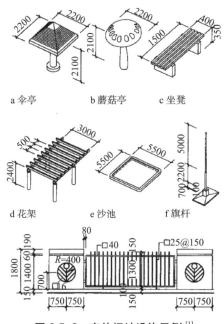

a 伞亭   b 蘑菇亭   c 坐凳

d 花架   e 沙池   f 旗杆

图 2.5-2 室外场地设施示例 [1]

2 班级活动场地

班活动场地是幼儿园各个班级专用,供分班组织户外活动之用。

1. 为了便于管理,分班活动场地接近其相对应的活动室相对独立的位置,且最好与各班活动单元相邻。利用建筑、连廊或绿化围合、分割而成。

2. 场地满足人均指标,一般不小于 60m²。

3. 分班活动场地位于屋顶时,要加强安全设施。

在幼儿园建设用地紧张的情况下,楼层可利用屋顶作为活动场地来需求更多的室外活动空

---

[1] 图片来源《建筑设计资料集(第三版)》第四分册 教科·文化·宗教·博览·观演。

第二章

托儿所幼儿
园建筑设计

概述
总体设计
建筑布局
生活用房设计
公共空间设计
服务与供应用房设计
交往空间设计
建筑造型与装饰艺术
设计
安全设计专篇
幼儿园设计趋势
托儿所设计

间。屋顶活动场地一般利用南向屋顶平台、退台或屋顶平台和阳台结合的形式，也有将整个建筑屋面用作活动场地的形式，在设计中需要注意以下几点：

1. 屋顶平台的护栏净高不应小于 1.2m，内侧不应设有支撑。护栏宜采用垂直装饰，其净空距离不应大于 0.11m。

2. 除安全栏杆外也可设较宽的花台，防止幼儿靠近边缘。

3. 屋顶可设置架空栅板，有利于将屋面排水坡度和幼儿活动场地坡度区分开来，也便于和出屋面楼梯间的楼面平接。

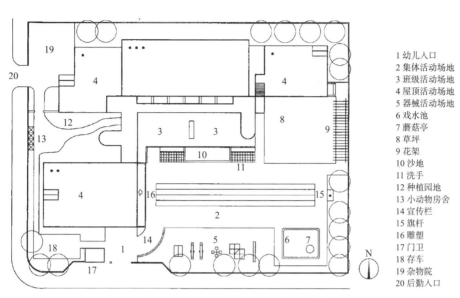

1 幼儿入口
2 集体活动场地
3 班级活动场地
4 屋顶活动场地
5 器械活动场地
6 戏水池
7 蘑菇亭
8 草坪
9 花架
10 沙地
11 洗手
12 种植园地
13 小动物房舍
14 宣传栏
15 旗杆
16 雕塑
17 门卫
18 存车
19 杂物院
20 后勤入口

图 2.5-3 室外场地平面布置示例[1]

器械名称	维护设施范围	器械名称	维护设施范围	器械名称	维护设施范围
秋千	6550 / 2100 3400 2100 / 4700 / 1000 2700 1000	跷跷板	6000 / 1500 3000 1500 / 2750 / 1500 250 1000	硬攀爬架	5000 / 1000 3000 1000 / 5000 / 1000 3000 1000
浪船	5350 / 1800 1750 1800 / 3950 / 1000 1950 1000	平衡木	7000 / 1500 4000 1500 / 4000 / 3000 1000	软攀爬架	3800 / 1000 1800 1000 / 4500 / 1500 1500 1500
滑梯	8200 / 2000 4700 1500 / 3950 / 1000 150 1000	转椅	4800 / 1500 1800 1500	低铁架	5200 / 500 4200 500 / 3500 / 2000 1500

图 2.5-4 室外场地设施示例[2]

[1][2] 图片来源《建筑设计资料集（第三版）》第四分册 教科·文化·宗教·博览·观演。

幼儿园的服务支持空间既有对外联系的功能，更主要的是对内保障幼儿园教学生活的正常运行，在布局和平面设计时应充分考虑其使用合理性及其和生活空间的关系。

服务支持空间按功能性质主要分为对外服务用房、对内服务用房和后勤支持用房。

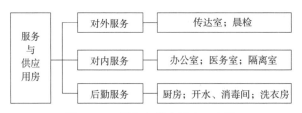

图 2.6-1　服务与供应用房示意图

对外服务

1.传达室—供门卫人员管理大门、夜间值班及日常收发之用。

2.晨检室—担负每日清晨对入园幼儿进行身体检查职责，应设在建筑物的主入口处，并应靠近医务隔离室。

图 2.6-2　对外服务用房一般位置 无锡榭丽花园幼儿园[1]

对外服务最小面积			表 2.6-1
房间名称	规模（m²）		
	小型	中型	大型
晨检	10	10	15
传达室	10	10	10

对内服务

1.办公室—包括行政办公室、会议室和教师办公室两部分。前者供园领导及行政人员管理之用，后者供教师日常教学和备课使用。

2.医务室—以幼儿健康检查、疾病预防为主，同时承担部分幼儿常见的小病、小伤的处理。

3.隔离室—临时收容在托途中的生病幼儿，进行观察、简单治疗或隔离使用，应与保健室相邻，宜朝向良好景观。

4.对内服务应与生活用房接近。

---

[1]　案例图片来源 https://www.archdaily.com/.

第二章

托儿所幼儿
园建筑设计

概述
总体设计
建筑布局
生活用房设计
公共空间设计
服务与供应用房设计
交往空间设计
建筑造型与装饰艺术
设计
安全设计专篇
幼儿园设计趋势
托儿所设计

对内服务最小面积　　　　　　　　　　　　　表 2.6-2

房间名称	规模（m²）		
	小型	中型	大型
园长室	15	15	18
财务室	15	15	18
教师办公室	18	18	24
会议室	24	24	30
教具室	18	18	24
医务隔离室	12	12	15

图 2.6-3　医务室、隔离室平面布置[1]

后勤支持

1. 厨房—为幼儿提供午餐（全日制幼儿园），或三餐（寄宿制幼儿园）以及上、下午点心。

2. 开水、消毒间—供应各班幼儿和教师用，并对餐具、幼儿毛巾等物品进行蒸煮消毒。

3. 洗衣房—洗涤幼儿衣被等用。

厨房设计基本要求

1. 厨房的位置应尽可能布置在幼儿生活用房的下风向，与幼儿生活用房要有适当距离，同时联系应力求便捷。

2. 应设置专用对外出入口，便于货运流线与幼儿活动流线分开，并设置杂物院作为燃料堆放和垃圾存放。

3. 厨房各房间的功能分区应明确，合理。

4. 用餐时，由保育员负责送餐，用餐完毕后，还需将餐具送回厨房消毒。运输沿途不得有台阶，若有高差应做成坡道，垂直运输应在适宜位置设置食梯，并通往各层的小备餐间。

后勤支持最小面积　　　　　　　　　　　　　表 2.6-3

房间名称	规模（m²）		
	小型	中型	大型
主副食加工	30	36	45
主食库	10	15	15
副食库	10	15	15
配餐间	10	15	18
冷藏室	4	6	8

---

[1]　图片来源《建筑设计资料集（第三版）》第四分册 教科·文化·宗教·博览·观演。

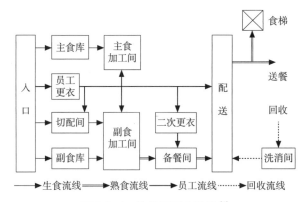

图 2.6-4 幼儿园厨房流线 [1]

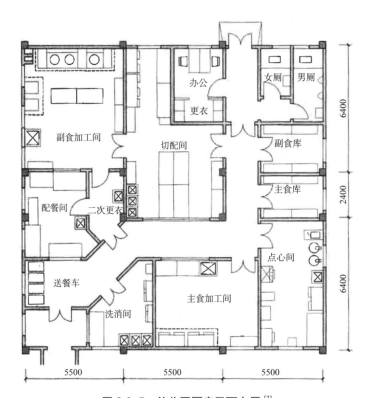

图 2.6-5 幼儿园厨房平面布置 [2]

---

[1] 作者自绘。

[2] 图片来源《建筑设计资料集（第三版）》第四分册 教科·文化·宗教·博览·观演。

076

交往空间概念 *

20 世纪初蒙特梭利教育理念开始传入中国，20 世纪 80 年代在我国的幼儿园掀起了"蒙氏"教育热潮，它提倡现代幼儿园向多功能、自由选择、社会化交往的空间设计发展。近年来，以蒙特梭利教育理念为指导的注重培养幼儿社交、互动能力的幼儿园设计实践愈发成熟，形成了多种多样的以幼儿园公共空间设计为重点的设计理论，即交往空间设计。幼儿园交往空间主要包括廊道空间、活动空间、户外空间等供多班幼儿进行交流活动的空间。

交往空间概念 *

在考虑建筑空间组合时，从平面和剖面两个维度整合交往空间和生活单元空间，不仅使空间更加紧凑、集约，加强各个标高维度的联系，达到空间利用率高、交通快速便捷的效果，更能产生趣味空间增加儿童交往的积极性。

1. 核心交往空间在单元空间之下

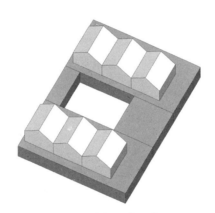

图 2.7-1 空间组合示意图一

将管理用房、供应用房整合为综合体置于一层，二层及以上设置生活单元，形成上下叠合的空间组合。

案例 中福会浦江幼儿园 [1]

中福会浦江幼儿园的基座内布置了各种专业活动室，并用可以用于各种幼儿自主活动的富于变化的宽大的曲折走廊连成一体。所有的日托班都在两栋教学楼的二、三层南侧，北侧除了交通、服务设施之外就是一个带有多处放大空间的走廊系统，每个日托班的活动室外都配有可以延展幼儿活动的放大走廊空间，并配有数个贯通上下楼层的小型共享空间，让每个楼层密集的班级空间在这些地方可以得到释放，同时也加强了楼层间的互动。

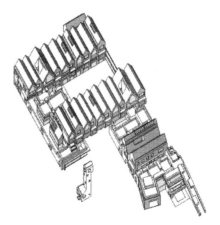

图 2.7-2 中福会浦江幼儿园轴测图 [2]

[1][2] 案例图片来源 https://www.archdaily.com/。

图 2.7-3 中福会浦江幼儿园实景图[1]

2. 核心交往空间在单元空间一侧

1）南北相邻式

图 2.7-4 空间组合示意图二

将主体功能用房布置在向阳南侧，主要的公共空间扩大放置在相邻的北侧。

案例 嘉定新城幼儿园[2]

嘉定新城幼儿园把整个交通空间完全地从主体建筑内分离出来，放在建筑北部。同时把垂直交通与水平交通叠加成一个坡道系统，然后再把它们放宽至 6～9m，它可以当作活动场、展厅、剧场来用，不再单纯的作为交通空间，而是作为交流、集会的积极空间。

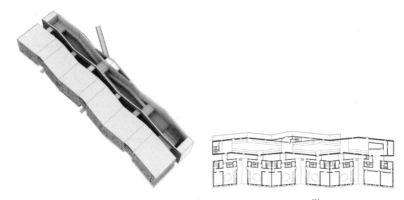

图 2.7-5 嘉定新城幼儿园模型图和平面图[3]

2）退台式

[1] ~ [3] 案例图片来源 https://www.archdaily.com/.

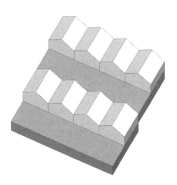

图 2.7-6　空间组合示意图三

每层的建筑形体相较下一层向后退，单元空间前自然的出现退台空间的布局模式。

屋顶平台或退台可以形成楼上的户外活动场地，不用到地面就有大的户外活动空间，创造了把单层建筑的感受带到 2、3 层的机会，让整个聚落呈现出一种均好性的资源分配。

案例 南京岱山幼儿园[1]

南京岱山幼儿园设计利用退台，将二层以上部分退让出大平台，从而使建筑提供更多分班室外活动场地，并保证每班得到充足日照。幼儿园把入口层体积退后，让第二层盒子飘浮在空中，进一步分解体积，让建筑看上去像只有一层的样子。系列处理的目的都是让建筑体积弱化，增加亲切感，减小建筑对幼儿和儿童的压迫感。

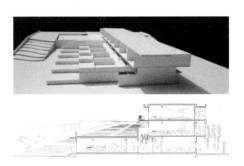

图 2.7-7　南京岱山幼儿园模型图和剖面图[2]

3. 核心交往空间被单元空间环绕

图 2.7-8　空间组合示意图四

---

[1][2]　案例图片来源 https://www.archdaily.com/.

交往空间居中，生活单元环绕其呈向不同方向辐射展开的组合方式。

案例 华宇·锦绣花城幼儿园 [1]

华宇锦绣花城幼儿园将 $11m^2$ 乘 $11m^2$ 全园共用的音体活动室作为公共交流的中心，每个活动单元处于不同角度的围绕这个中心联系在一起，看似独立且分离却共享一个多变的中庭空间。整个幼儿园的公共交通流线也就围绕着音体活动室，提供给孩子们一个可以不断穿梭、不停扩大缩小的中庭空间，而内部第二层的外廊同时还提供了许多趣味性与私密的空间，留给孩子们留足了探索的余地。

图 2.7-9　华宇·锦绣花城幼儿园鸟瞰图 [2]　　图 2.7-10　华宇·锦绣花城幼儿园交往空间实景照 [3]

4. 核心交往空间与单元空间相间布置

平面成网格状布置，每个网格空间设置活动单元或室外活动场所，形成交往空间和生活单元将间隔出现的空间组合模式。

案例 郑州航空港第八安置区幼儿园 [4]

郑州航空港第八安置区幼儿园在圆形的整形中用模数网格划分，格子分别填充生活单元或室外活动场地，使得生活单元与室外活动场地直接联系，上层的儿童通过屋顶平台与室外活动场地

图 2.7-11　空间组合示意图五

联系，空间丰富性和趣味性得到提升；屋顶平台的存在也为儿童从不同于地面的高度来认识环境提供了可能。

---

[1] ~ [4]　案例图片来源 https://www.archdaily.com/.
其他图表均为作者自绘。

第二章
托儿所幼儿
园建筑设计
概述
总体设计
建筑布局
生活用房设计
公共空间设计
服务与供应用房设计
交往空间设计
建筑造型与装饰艺术
设计
安全设计专篇
幼儿园设计趋势
托儿所设计

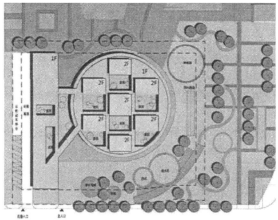

图 2.7-12　郑州航空港第八安置区幼儿园模型图和平面图 [1]

室内公共活动大厅设计 *

平面组合时，单元空间围绕公共区域来组织，这个公共区域可能是门厅、公共活动室等开敞、大尺度的公共活动大厅，大厅的周边围绕走廊交通，大厅内部划分成不同内容的小区域活动场所，可以吸引不同年龄的幼儿走出各自的活动单元，促进多班级幼儿之间的交往、活动，扩大幼儿之间的交往层级和交往范围。

图 2.7-13　塘沽远洋城幼儿园设计 [2]

走廊交往空间设计 *

1. 走廊宽度的拓展

将走廊宽度扩大就能为增强走廊的公共性和场所感预留了可能性。走廊除了交通功能外幼

---

[1][2]　案例图片来源 https://www.archdaily.com/.
其他图表均为作者自绘。

儿活动频繁的中间开阔地带，可在靠近室外的一侧设置幼儿观察、停留的边界区域，塑造更有趣味的走廊空间。

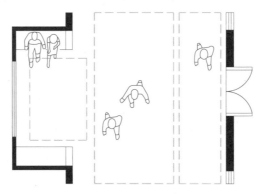

图 2.7-14　拓展的走廊空间

2. 走廊路径的丰富化

过长的走道会令人感到单调乏味，因此尽量使用短过道，必须要用长过道时可通过空间的收放、曲折等手法，将其尽量分成多条短过道，来调整路径和空间体验，去化解传统交通空间的单调性。

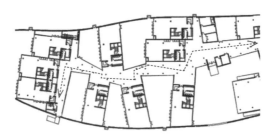

图 2.7-15　夏雨幼儿园走廊路径设计

3. 走廊界面的丰富化

走廊界面的变化也可以降低其单调性，即在一条长过道上开设若干开口，比如班级活动室的入口、开放的走廊室外活动场地的入口、楼梯口以及袋形活动场地等。或是对室外环境开设不同的窗洞口，通过不同室外空间的渗透引发走廊空间的变化。

图 2.7-16　华东师范大学双语幼儿园走廊设计[1]

---

[1]　案例图片来源 https://www.archdaily.com/.
其他图表均为作者自绘。

4.走廊节点的特殊处理

由于幼儿的行为控制力较弱，在幼儿园活动室等出入口经常成为冲突较多的空间，可在出入口和拐角附近设置面积充足的缓冲空间，使得幼儿在紧急碰撞时有回避的可能性，而这种缓冲空间又可以充当捉迷藏等游戏的交往空间。

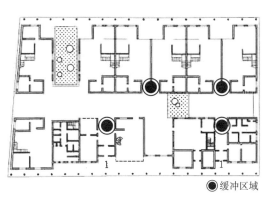

●缓冲区域

图 2.7-17　圣菲利斯幼儿园缓冲区域设计

托儿所、幼儿园建筑的建筑个性不同于成人建筑，在体量、规模、建筑组合规律等诸多方面表现出与其他公共建筑不同的建筑形象。基于幼儿园所服务的对象在生理、心理上的特殊性，决定了建筑的造型蕴含着童真的特性：体量不大，尺度小巧；错落有致，虚实变幻；布局活泼，造型生动；新奇、童趣、直观、鲜明等。

	建筑造型设计的特点和影响因素	表 2.8-1

特点	影响因素
体量小	幼儿园空间单元体量小、间数不多
层数少	按照规范托儿所、幼儿园建筑不应超过四层，有低矮舒展的形体特征
尺度小	造型要适宜幼儿的使用和身心特点
有平面构成模式	以生活单元为基本母题，各班平面功能组合自成一体，都要求日照、通风、室外场地等

建筑造型设计方法

1. 主从造型

活动单元按一定规律组合成幼儿园主体建筑，其他特殊生活用房独立设置，构成体量上两者的主从关系，主体建筑强调整体感，从属建筑作为活跃因素。

图 2.8-1 四川雅安集贤幼儿园[1]

2. 积木造型

用积木中典型体块要素（方、圆、三角等）塑造建筑造型或细部特征。

图 2.8-2 哥伦比亚埃尔波韦尼尔幼儿园[2]

[1][2] 案例图片来源 https://www.archdaily.com/.
其他图表均为作者自绘。

3. 母体造型

运用同一构图要素为主题，在建筑造型上反复运用，并以统一中求变化的原则使母题产生相异性，产生建筑的活泼感。

图 2.8-3　嘉定新城幼儿园[1]

4. 退台造型

为了在有限的用地上扩大室外场地，每层的建筑形体向后退让，产生了层层退后的造型。

图 2.8-4　泉州机关幼儿园[2]

5. 坡顶造型

利用坡顶形态突破单一的屋顶形式，创造出众多"小房子"的形象，以表达建筑的活泼感和小尺度。

图 2.8-5　新凯家园三期 A 块幼儿园[3]

[1] ~ [3]　案例图片来源 https://www.archdaily.com/.
其他图表均为作者自绘。

6.具象造型

从儿童喜爱的事物中提取尖塔、城堡、风车等易产生具体事物联想的元素，用在建筑造型创作中，表达出幼儿园强烈的个性。

图 2.8-6　Boulay 幼儿园 [1]

装饰艺术设计方法

感官教育对幼儿的发育、认知和成长都是非常重要的，幼儿认识客观世界是从感知觉开始的，其中视觉占主导地位。鲜明的色彩和图案有利于幼儿的身心发展，所以托儿所、幼儿园建筑外墙面和内墙面的装饰与美化是整体设计不可分割的部分，它主要色彩设计和细部设计。

幼儿在不同年龄段对色彩的感知程度是不同的，在建筑设计中应针对幼儿感知程度的特点，用科学的色彩设计方法和理念来为幼儿提供一个健康积极的色彩环境。

幼儿年龄对色彩的感知程度　　　　　　　　　　　　　　　　表 2.8-2

年龄	对色彩的感知程度
3 ~ 4 岁	够识别色彩的色相和明度
5 岁以后	能识别全部色相和大部分色彩明度

色彩设计方法

1. 班级活动室

活动室空间需要激发幼儿对各类游戏活动的兴趣，可以采用在浅色的背景下布置颜色明快的家具，即能提高幼儿的兴趣又能避免幼儿活动时的精神不集中。不同班级可采用不同的色彩基调，不仅能使幼儿能够更好地对自己班级空间进行识别，而且能够提高幼儿对空间的场所感。

图 2.8-7　Podgorje TimeShare 幼儿园 [2]

---

[1][2]　案例图片来源 https://www.archdaily.com/.
其他图表均为作者自绘。

第二章
托儿所幼儿
园建筑设计
概述
总体设计
建筑布局
生活用房设计
公共空间设计
服务与供应用房设计
交往空间设计
**建筑造型与装饰艺术
设计**
安全设计专篇
幼儿园设计趋势
托儿所设计

2. 寝室

幼儿寝室可采用能促进睡眠的蓝色发光二极管，寝室的家具应尽量采用木材本色和其他淡雅色彩的搭配，整体周围环境采用避光性的冷色布置。

图 2.8-8　estrella 幼儿园[1]

3. 交通

大厅及走廊等室内活动空间是幼儿的重要交往场所，在这里采用幼儿喜欢的颜色、对比鲜明的颜色及布置多彩的玩具家具可以提高幼儿的兴趣，促进幼儿间的相互交流。

图 2.8-9　Flower+ 幼儿园[2]

4. 餐饮区

餐饮区采用提升幼儿食欲的暖色调布置，例如黄色、橙色等。

图 2.8-10　NFB 幼儿园[3]

[1] ~ [3]　案例图片来源 https://www.archdaily.com/.

5. 建筑外立面

建筑外立面的色彩宜选择清新淡雅的色彩作为整体建筑的基色，局部采用鲜艳的色彩作为入口强调或立面点缀。

图 2.8-11　四川雅安集贤幼儿园[1]

6. 户外活动区

户外活动区主要是在环境然色绿色的基调下布置鲜艳色彩的器械来提高幼儿活动的积极性。整体环境色不宜复杂，利于教师对幼儿活动的监督。

图 2.8-12　江苏无锡惠山榭丽花园小区幼儿园[2]

细部设计

细部设计既是整体造型的补充和加强，又能充分体现幼儿行为特征，提升建筑的可识别性，激发幼儿健康情绪。托儿所、幼儿园的细部设计应注意以下几点：

1. 应符合使用的主体人群的特征，即幼儿的心理特征、行为特征、视觉特征、尺度特征等；
2. 应充分考虑安全措施，防止幼儿的摔伤、碰撞、踩踏、挤伤等；
3. 宜结合具体需求设置，不宜妨碍教师管理，也不宜过于繁杂影响整体造型。

---

[1][2]　案例图片来源 https://www.archdaily.com/.

基于幼儿行为的细部设计方法

1. 营造小领域感的细部设计

幼儿的身材特征决定了其适合小尺度的空间，在设计公共空间时，往往尺度过大，可以通过划分和限定，创造出一些吸引人的小领域。这些小领域的限定可以通过不同颜色、家具分隔、界面处理等方式进行划分，小领域可以通过合理的组合形成满足更多活动要求的大空间。

图 2.8-13 Podgorje Timeshare 幼儿园[1]

2. 诱导观察行为的细部设计

幼儿有感知世界的强烈欲望，很多的行为来自于模仿。建筑中宜设置利于空间渗透的细部，利于幼儿观察周边的人或事物，如在适合幼儿眼睛高度处开设条形长窗，或者设计成不同大小的洞口，通过窥探的方式吸引幼儿的交往行为。或者在公共走廊中有意识地设计符合幼儿身体尺度的台面、柱础和窗台等，通过设置停留空间来促进交往行为。

图 2.8-14 Chroscice 幼儿园[2]

图 2.8-15 日本 DS 幼儿园[3]

[1] ~ [3] 案例图片来源 https://www.archdaily.com/.

3. 可供隐蔽行为的细部设计

幼儿对于隐藏的喜好是出于本能对私密感的需求，他们试图寻找一个特殊的地方能建构自己的世界。该种空间对小龄幼儿尤其重要，隐蔽空间宜设在班级单元中，便于各班教师的管理和与幼儿的独处。

图 2.8-16 Pluchke 幼儿园 [1]

图 2.8-17 Sjötorget 幼儿园 [2]

4. 增加空间设识别和归属感的细部设计

儿童期已经有了相当的"自我意识"这是对自己作为独特存在的个体的认识，在这样的心理基础上用色彩、图案、文字、空间限定等方式将功能空间划分不同性格，强化标识和指示，有利于养成儿童在学、玩、休息、卫生等不同内容的生活用房的不同生活习惯，并增强归属感。

图 2.8-18 Flower+ 幼儿园 [3]

图 2.8-19 Giraffe 幼儿园 [4]

5. 增加自然采光的细部设计

自然光随时间季节在不断变化，这对于幼儿感知环境，认识自然具有重要意义。并且在建

[1] ~ [4] 案例图片来源 https://www.archdaily.com/.

筑中引入适当的自然光，可以改变空间的属性，赋予空间活力。可在公共空间自然采光要求的基础上增设天窗来采集自然光，同时天窗可与建筑造型创作结合，形成趣味化的建筑形象。

图 2.8-20　LEIMOND-NAGAHAMA 幼儿园[1]

6. 可供游乐玩耍的细部设计

幼儿有喜欢玩乐的天性，可适当在局部提供攀爬、躲藏、钻洞的场所，丰富幼儿的室内戏耍活动，注意用软质地面和围栏保护幼儿安全。

图 2.8-21　C.O 幼儿园[2]

---

[1][2]　案例图片来源 https://www.archdaily.com/.

　　安全是幼儿园的基本要求，只有在安全的基础上，才能谈得到教育，因此无论是幼儿园室外环境设计还是室内功能布局都应以幼儿的安全需要作为首要的原则。

　　国内关于幼儿园环境安全性设计研究是从立法和设计规范开始的，2016 年 11 月开始实施的《托儿所、幼儿园建筑设计规范》是目前我国现行的城市幼儿园建筑设计的标准和依据。

　　在幼儿园室内设计中，影响幼儿园室内安全性要素很多，甚至有些原因是不可以预见的，基于幼儿日常行为的原因将安全性因素划分为室外和室外两部分，其中室外包含景观因素、场地因素；而室内则可归纳为流线因素、疏散因素、构造因素、设施因素。

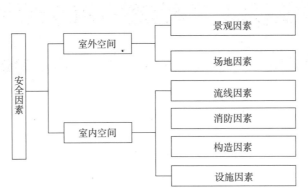

图 2.9-1　安全因素示意图

室外空间

幼儿园室外空间是幼儿进行游玩、锻炼的主要场所，其安全性一定要经过严格、细致的设计。
景观因素
绿地内不应种植有毒、带刺、有飞絮、病虫害多、有刺激性的植物。

对幼儿有危险的植物		表 2.9-1
植物种类	代表植物	伤害隐患
刺激性之物	漆树	过敏
毒性植物	夹竹桃、黄婵、凌霄花	中毒
带刺植物	刺槐、蔷薇、黄刺玫	划伤
絮状植物	杨树雌株、柳树雄株	过敏
易生虫害	钻天杨、垂柳	过敏
浆果植物	桑树	过敏

场地因素

　　1.幼儿园室外活动场地应平整、防滑、无障碍、无尖锐突出物，并宜采用软质地坪，以防幼儿的摔倒损伤。

　　2.健身器材等硬质设施，要尽量远离中心活动地带，确保儿童游戏时的安全。

　　3.塑胶跑道设置应保证使用无害无毒气体释放的健康材料，防止气体污染。

　　4.室外活动场地设计应保持平整。在有高差的地段，避免使用台阶，采用无障碍坡地设计。

室内空间

　　室内空间是幼儿学习、生活以及部分游戏的主要场所，涉及的因素众多，是安全设计的重点。

第二章
托儿所幼儿园建筑设计
概述
总体设计
建筑布局
生活用房设计
公共空间设计
服务与供应用房设计
交往空间设计
建筑造型与装饰艺术设计
安全设计专篇
幼儿园设计趋势
托儿所设计

流线因素

幼儿流线和服务流线尽量避免流线交叉，如果不能避免应尽量扩大交叉区域的尺寸。例如在一些主要的交通空间（门厅、过道），就需扩大重叠区域的宽度，以免人流较多时发生肢体冲突。

后勤供应用房应自成一区，并与幼儿的活动用房保持距离，防止供应流线和幼儿流线产生交叉。

消防因素

安全疏散设计是幼儿园消防安全设计的重点。在紧急疏散时，幼儿容易逃向狭小的角落，以获得安全感，如楼梯角落，房间角落等。设计师可以在保证疏散路线清晰合理的前提下，以空间引导的方式或明确的标识设计，强化正确的疏散路线。

走廊最小宽度 表 2.9-2

房间名称	走廊宽度（m）	
	中间走廊	外廊
生活空间	2.4	1.8
服务支持空间	1.5	1.3

根据《建筑设计防火规范》规定幼儿园、托儿所建筑安全出口不应少于两个，安全出口宽度不宜小于1.1m，安全出口的门应向外开启，同时严禁设置门槛。

耐火等级为一、二级的建筑，幼儿园内的房间门至外部出口最大距离不能超过25m，袋形走道两侧或尽头的，距离不超过20m。

疏散门至安全出口的 大距离 表 2.9-3

耐火等级	疏散门至安全出口的最大距离（m）	
	两个安全出口之间的疏散门	袋形走道两端或尽端的疏散门
一、二级	25	20
三级	20	15

幼儿园的疏散楼梯不应少于两条，如果幼儿园设置在民用建筑内，其疏散楼梯应单独设置。考虑到幼儿的力量比较小，自我保护能力弱等特征，应尽量使用敞开式的疏散楼梯间。疏散楼梯间内应设置采光窗，不能有影响安全疏散的凸出部分，以保证道路的畅通无阻。

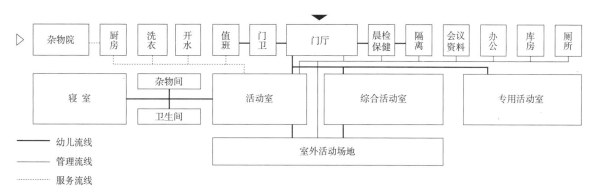

图 2.9-2 幼儿园平面流线关系[1]

---

[1] 本页图表均为作者自绘。

构造因素

室间构造中的建筑配件和界面是幼儿每天必须接触到的物品，对幼儿园室内安全来说，室内空间布局是从宏观上把握室内空间的整体安全性，而保障建筑构件和界面安全则是从细节上防止发生幼儿伤害事故。

1. 门窗

门的安全性设计主要包括几个方面：尺度合理、开关方式合理、是否具有通透性。

（1）门的尺度、开关方式应满足相关需求，《托儿所、幼儿园建筑设计规范》JGJ39—2016中规定幼儿园的班级活动室、音体活动室和寝室应设置双扇平开门，其宽度应大于是 1.2m。

（2）疏散通道中不能采用转门、推拉门和弹簧门。门扇双面要平滑、无棱角，不该加设门槛，在距地面 1.2m 以下部分，当使用玻璃材料时，应采用安全玻璃。在距地 0.6m 处应设幼儿专用拉手。

（3）设计时应在幼儿和成人视觉范围内做 5mm 厚透明玻璃，以便于幼儿和教师进出时能观察门内（外）动静，以防碰撞。

窗的细部从以下几个方面来考虑：

（1）活动室、音体活动室的窗台距地面的高度不宜大于 0.6m。距地面 1.3m 以下的窗户应为固定扇，楼层无室外阳台时应加设护栏，以防止幼儿攀爬逾越。

（2）幼儿园的窗户形式应不同于成人建筑的窗形式，后者窗亮子在上，窗扇在下；而且前者正好相反。

（3）所有的外窗都宜加设纱窗，这不仅能防止幼儿活动的时候碰到窗户棱角，同时还能起到一定的遮阳和防蚊虫功能。

（4）窗的材质可以使用中空隔热玻璃，或将大块窗户分割成几小块，以减小玻璃破碎的可能。

（5）在使用过程中，宜在玻璃上加设可识别的标志或色带，以免幼儿碰伤。

2. 楼梯

（1）幼儿园建筑的楼梯形式应采用普通的折跑楼梯，不宜选用有楼梯井的三跑楼梯或单跑直楼梯。

（2）楼梯尺度适于幼儿的生理特征，踏步宽度不小于 0.26m，踏步高度不大于 0.13m。

（3）幼儿园的楼梯需为幼儿加设小扶手，扶手高度不应大于 0.6m，扶手的断面不应大于 0.04m，以免影响扶手的握紧程度，扶手内侧和墙面的距离应保有 35mm 宽度，楼梯栏杆的垂直杆件间净宽应小于 0.11m。

（4）楼梯井宽度大于 0.2m 时，需要采取防止幼儿攀滑的安全措施。

（5）楼梯的踏步台阶必须做防滑条的处理，在起止处和转折处最好用不同的色彩及材质加以提示。

（6）扶手形状宜选用圆形，材料应选用木质或橡胶等材料，扶手颜色的应与墙面颜色形成一定的对比，方便识别。

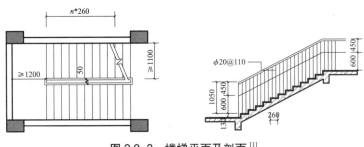

图 2.9-3　楼梯平面及剖面 [1]

---

[1] 图片来源《建筑设计资料集（第三版）》第四分册 教科·文化·宗教·博览·观演。

3.栏杆

外廊、室内回廊、阳台、上人屋面、平台等临空处应设置防护栏杆。防护栏杆的高度应从地面计算，且净高不应小于1.1m。防护栏杆必须采用防止幼儿攀登和穿过的构造，当采用垂直杆件做栏杆时，其杆件净距离不应大于0.11m。

4.地面

（1）室内地面铺地材料应便于清洁，不能够有凸凹不平的花纹或接缝，以免成为幼儿潜在的安全隐患。

（2）单元活动室的地面应采用塑胶、木质这类弹性好且幼儿跌倒时不易受伤的材料，防滑材料是走廊与过道铺装的首选材料，卫生间的铺装材料应选用不渗水且防滑的瓷砖。

（3）幼儿园的入户空间、卫生间入口以及阳台入口等不同功能空间的交接处，因为排水或是变化地面材料的需要，容易产生高差，应考虑用缓坡替代或是在高差处用色彩或材料来进行提示，这样能减少甚至避免危险的发生。

5.墙面

（1）墙面的转角处应做弧形处理。可选择同一材料的圆角过渡也可选用不同的材料做柔化处理。

（2）幼儿多功能活动室中幼儿所能接触到的墙面部分要尽量采用柔性材料，可在幼儿走廊及活动室采用软包墙裙。

（3）还要注意墙面不能出现突出物或悬挂物，如果出现结构柱这样的突出物，应采用包边或将结构柱突出的部分结合家具遮盖起来，以防碰撞。

设施因素

1.卧室内设施主要包括床铺、储物柜等。

（1）床铺的设置不宜过高，其中小班床体高度不应大于40cm，大班为40～44cm左右，便于幼儿上下床。

（2）储物柜的设置最高处不应高于幼儿头顶，可采用多层楼梯平台设计。

（3）电力插销外侧应设置安全隔离，防止幼儿将指头插入。

2.活动室是幼儿室内活动的主要场所。

（1）空间活动设施要保证坚固，可拿动的设施不宜太重，以防幼儿丢玩时砸伤。

（2）同时地面应设置毛毯等减伤措施。

（3）室内家具设施应避免直角。

（4）墙角、窗台、暖气罩、窗口竖边等阳角处应采取防撞措施。

3.卫生间是幼儿使用量较大的场所。

（1）保证盥洗池合理高度（50～55cm），台面下部宜封闭，防止幼儿因钻爬造成危险。

（2）卫生间用水量较大，地面极易湿滑，地面应添加防滑处理，防止摔倒。

（3）蹲厕应设置把手，便于蹲起和防滑倒。

过去由于教学理念，规范等客观因素，幼儿园设计往往都趋于标准化，同质化，忽略了幼儿成长的新需求，而近两年幼儿园设计正逐渐尝试摆脱这种种禁锢，与时俱进，适应新的历史使命和社会需求。而在诸多的实践和理论创新中可以大致总结出未来幼儿园建筑环境设计的若干趋势特征。

开放的园舍

封闭性带来了私密性和安全性的提高，但同时会给幼儿带来压抑感，交流也会受到限制；反之在开放的空间里，幼儿之间的交流、互动得到了加强，然而，管理的难度也进一步增加。而现代幼教理论认为，较为封闭的空间并不适宜幼儿活动，而开放的空间会激发幼儿探索与互动的欲望。

图 2.10-1　霍布森维尔早期学习中心 [1]

相比较于传统走廊联系教室的固化空间格局，开放的园舍更加强调室内各功能之间的联系及室内与室外环境间的交流和互动，幼儿不被限制在封闭在单一的范围内，不同班级、不同年龄的幼儿与幼儿之间能够有更多的机会自由的交流，从而达到促进各年龄段幼儿共同全面发展的目的。

注重交往

近年来，以注重培养幼儿社交、互动能力的幼儿园设计实践愈发成熟，它们往往围绕交往空间组织起整个幼儿园建筑，形成了多种多样的社交空间。不仅如此，传统的交通空间也逐渐成为幼儿活动的中间地带，为幼儿提供适宜交往的空间场所。

传统的使用空间——交通空间——使用空间的模式正在逐渐瓦解，越来越多的交通空间开始承担起交流场所的功能，这主要得益于交通空间属于非正式的活动区域，可以为幼儿的自发式交往提供更好的平台，另外，交通空间的组合变化形式更加多样，可以使所联系的各个使用空间变成一个开放的整体，让空间的利用变得更有效。

[1]　案例图片来源 https://www.archdaily.com/.

第二章
托儿所幼儿
园建筑设计
概述
总体设计
建筑布局
生活用房设计
公共空间设计
服务与供应用房设计
交往空间设计
建筑造型与装饰艺术
设计
安全设计专篇
幼儿园设计趋势
托儿所设计

图 2.10-2　OBAMA 幼儿园 [1]

图 2.10-3　FLOWER+ 幼儿园 [2]

营造体验感

　　未来幼儿园的将更加追求室内空间的体验感和趣味性，可以从空间的形态与界面两个方面入手，首先，通过空间形态的变化，打破传统的空间形式，为幼儿提供层次丰富的空间体验；其次，空间界面的塑造可以在重点空间（如中庭）或边角空间（如楼梯间、走廊尽端）的区域，利用不同材质的触觉和颜色、光的明暗和界面的形式等的变化创造丰富的体验空间。让幼儿能在不同的空间中自由体验、加深其对不同空间形式的认知和感官体验。

图 2.10-4　DAICHI 幼儿园 [3]

———————
[1] ～ [3]　案例图片来源 https://www.archdaily.com/.

绿色幼儿园

绿色幼儿园从建筑环境设计角度来说主要包括两个方面：一是绿色的幼儿园景观环境。包括丰富的绿化、适合的遮阳、通风、雨水回收利用技术措施等。二是绿色的幼儿园建筑环境。幼儿园的建筑、内饰、设备等的设计和选材宜考虑当地的生态环境条件，选用本地的建筑材料，从施工开始的建筑全生命周期内都应符合绿色生态标准。

图 2.10-5　富士幼儿园[1]

---

[1]　案例图片来源 https://www.archdaily.com/.

2.11　托儿所幼儿园建筑设计·托儿所设计

第二章
托儿所幼儿
园建筑设计
概述
总体设计
建筑布局
生活用房设计
公共空间设计
服务与供应用房设计
交往空间设计
建筑造型与装饰艺术
设计
安全设计专篇
幼儿园设计趋势
托儿所设计

乳儿班、托儿班单元设计

在我国,乳婴儿,特别是乳儿都是由家庭抚养和照顾的。因此,独立的托儿所并不是非常普遍,常见的是与幼儿园联合,在幼儿园中独立设置托儿班、乳儿班。

独立托儿所在总体设计、建筑布局等方面与幼儿园类似,只是由于使用对象的特殊性,在生活单元(乳儿班单元和托儿班单元)的设计上与幼儿园存在不同。

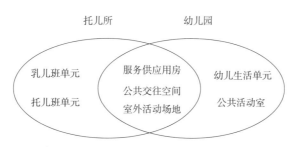

图 2.11-1　托儿所、幼儿园功能拓扑图[1]

乳儿班单元

乳儿班单元应包含:乳儿室、喂奶室、配奶室、收容室、阳光房及配套储藏室、卫生间等辅助用房。

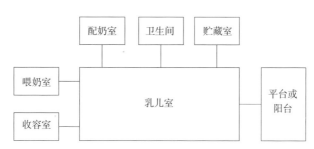

图 2.11-2　乳儿班单元功能组成示意图

1.乳儿室:乳儿室是乳儿班单元的主要房间,供乳儿活动和睡眠用。

(1)乳儿室的位置应位于乳儿室单元的尽端,以便防止母亲或其他人穿越。

(2)乳儿室宜朝南或东南向,室内要有充足的阳光,使室内经常接受紫外线照射。

(3)乳儿卧床时间长,要特别注意夏季的通风,不致在炎热季节因闷热而烦躁不安。

(4)乳儿室要有通向室外平台或阳台的门,以便将乳儿床推到户外进行日光浴等活动。

2.喂奶室:喂奶室是专供母亲给乳儿喂奶用。

(1)喂奶室应位于乳儿班单元入口处,靠近乳儿室,除有门相通外,最好能有固定扇的观察窗,使母亲在喂奶前后能看到乳儿的情况。

(2)喂奶室内应设挂衣钩,供母亲挂外衣用,并设洗手盆,供母亲喂奶前洗手。

3.配奶室:配奶室是专供以人工方法调制乳儿必需的代乳品和辅食之用。位置要能与乳儿室相通。室内应设加热器(如微波炉等)、冰箱、污水池等。

4.收容室:供晨检使用,位于乳儿班入口。

5.阳光室:供乳儿进行日光浴,宜3面采光。

---

[1]　作者自绘。

疏散门至安全出口的最大距离　　　　　表 2.11-1

房间名称	使用面积（m²）
乳儿室	50
喂奶室	15
配乳室	8
卫生间	10
储藏室	8

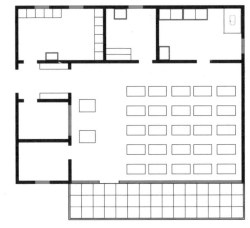

图 2.11-3　乳儿班平面布置[1]

托儿班

托儿班单元应包含：卧室、游戏室、餐室、保育员室、阳光房及配套储藏室、清洁室等用房。

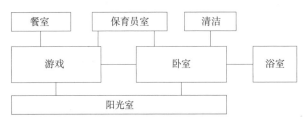

图 2.11-4　托儿班单元功能组成示意图

　　1. 卧室：保证每一婴儿有一个独立的床位，且在布局时最多4床为一组，以便留出足够的过道空间。

　　2. 游戏室：保育人员带领婴儿在室内做一些简单的活动和游戏，应与卧室要分开独立布置。

　　3. 餐室：供婴儿午餐和吃上、下午点心时用。在餐室与游戏室之间宜保证保育员的视野通畅。

　　4. 保育员室：供保育员办公休息用。

　　5. 阳光室：婴儿需要在阳光下进行游戏。因此，托儿班单元在向南一面最好设一通长的封闭式阳台。

　　6. 浴室：婴儿将污物弄在身上时需要进行清洁。浴室应以盆浴为主，并布置一张台面桌，供擦身穿衣。

---

[1]　作者自绘。

　　7.清洁室：婴儿如厕时只能坐痰盂。因此，清洁室主要是为保育员倒便盆、清洗之用，并贮存清洁用品。

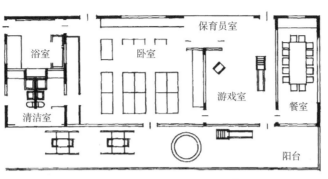

图 2.11-5　托儿班平面布置[1]

第二章

托儿所幼儿
园建筑设计
概述
总体设计
建筑布局
生活用房设计
公共空间设计
服务与供应用房设计
交往空间设计
建筑造型与装饰艺术
设计
安全设计专篇
幼儿园设计趋势
托儿所设计

---

[1]　图片来源《建筑设计指导丛书：幼儿园建筑设计》。

CHAPTER

[第三章]　中小学总体设计

第三章
中小学总体
设计
概述
场地分析
学段组合
功能布局
道路交通
安全设计
消防设计
预留发展

总体设计基本工作内容[1]

中小学的总体设计贯穿项目的始终，包含从前期策划与咨询到施工图设计的全过程，具体流程见图 3.1-1。

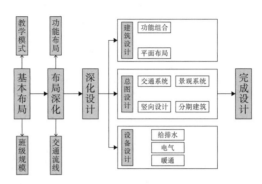

图 3.1-1　总体设计流程图

总体设计基本流程[2]

——设计前准备工作

1. 核实设计任务的必要文件

（1）主管部门的批文。一般任何建设任务均需由建设单位提出报告，经上级主管部门的正式批准及城建管理部门同意后，设计单位方可正式接受委托设计工作。一般小学经区教育局，中学须经省、市教育厅批准。

（2）城建部门同意设计批文。

（3）建设单位向设计单位办理委托设计手续。

（4）建筑设计任务书。根据建筑单位的使用要求，具体确定房间内容、面积及其他要求。结合校方教育理念，配合学校进行前期策划与任务书的细化。

2. 学习有关规定

学习有关方针政策、规范、建设标准等，明确设计指导思想，把握设计原则。

（1）学习有关方针政策及设计任务书。

（2）搜集资料、学习资料及分析资料。

3. 调查研究

一般在设计前及设计过程中应反复进行调研，正确掌握现场实际。

现场踏勘，熟悉建筑基地的地形、地势及周围环境等，征求建设单位设想，必要时进行局部测量。

（1）勘察校园周边环境及校园范围

学校周边单位及设施、学生居住区域情况、噪声及其他污染方位及距离、城市公共设施等。

（2）校园内部情况

校园内部地形地貌、地势高差情况；校园内原有建筑或其他设施；自然条件（树林、山石、水塘）等情况；四邻建筑或设施情况；地下人防或废弃管线、高压电线通过区域等；水、电、煤气（或天然气）管道接线方向和距离等。

拟定同类型建筑调查提纲，并进行同类型建筑考察。

[1] 《中国基础教育改革发展研究》，叶澜 主编。

[2] 《中小学建筑设计》，张宗尧 李志民 主编。

第三章
中小学总体
设计
概述
场地分析
学段组合
功能布局
道路交通
安全设计
消防设计
预留发展

——总体设计步骤

有了前期的调查研究和收集资料等过程，进入设计工作就有了最基本的支撑。建筑设计是一个综合的、复杂的过程，设计方法往往因人而异。像学校这样具有鲜明个性特征的建筑，对开始接触学校设计的设计人员而言，先从总平面布置入手，结合总平面进行建筑单体设计，进而结合建筑单体的设计情况反过来对总体进行必要的调整，是常用的设计方法。即总平面设计——建筑单体设计——总平面设计。

（1）规划校园内大的分区和初步确定学校主要出入口，中小学功能分区示意图见图3.1-2。

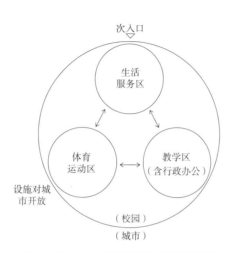

图 3.1-2 中小学总体功能分区示意图

（2）确定运动场地所需范围及面积，明确其规格尺寸。

（3）结合分区研究教学区内校舍空间组合形式及其可能性，这一工作应具体、准确和深入。如在空间组合上必须扩大其范围，则应重新调整学校大的分区或局部调整运动场地的规格，如此反复地研究建筑的空间组合及平面各组成部分之间的关系，最后确定使用功能合理、流线通畅、环境优美、疏密得当、留有发展余地的校园总平面规划设想。

（4）根据设计委托书，设计任务书以及有关规范、建设标准等对校舍单体建筑做深入细致的推敲。

选择校址的基本要点

学校是培育少年儿童健康成长，进行教学活动的场所。选择具有良好环境的校址，是搞好学校建设，办好学校的先决条件，也是学校建设过程中重要的一环。

（1）学校的位置应满足学校布点的要求；学校的校址应有与拟建学校规模相适应的用地面积，适宜建校的和较为规整的地形。

（2）学校的位置应便于学生就近上学，处于交通便利，位置较为适中的地段，就学路线便捷，有合理的就学距离。

（3）新建和迁建的中小学校，校址应选择在交通方便，地势较为平坦开阔，排水通畅，阳光充足，空气清新，周边环境良好，远离各种污染源的地段。

（4）学校校址应有较为良好的自然条件（如地质、地貌等）和周边环境（如安全环境、安静环境、卫生环境、社会环境等）。

（5）学校位置应有利于防灾和安全疏散。

（6）学校校址应具有较为齐全的城市公用设施。

（7）选择校址应注意节约用地，尽量少占或不占农田。

第三章
中小学总体
设计
概述
场地分析
学段组合
功能布局
道路交通
安全设计
消防设计
预留发展

校园内部环境[1]

1.学校用地应有与学校规模相适应的用地面积

（1）我国有关部门在各个时期指定的普通中小学校用地面积指标：

中小学校用地面积指标（单位：m^2/生）　　　　　　　　　　　表 3.2-1

学校类别	教育部《中小学校面积定额》1955 年	建筑工程部《建筑设计规范》1955 年	城建部《初等及中等学校建筑设计规范》《修正草案》1957 年	国家建委《城市规划定额暂行规定》1980 年	教育部《中等师范学校及城市一般中小学校舍规划面积定额》1982 年	国家计委《中小学校建筑设计规范》（条文说明）1986 年
中学	17 ~ 28	30 ~ 40	20 ~ 35	12 ~ 15	13 ~ 16	10.1 ~ 21.1
小学	9 ~ 12	30 ~ 40	15 ~ 30	7 ~ 10	10 ~ 11	9.4 ~ 17.9

注：《中小学校建筑设计规范》GBJ99-86 的参考值为：小学 12 ~ 24 班；中学 18 ~ 30 班，新版《中小学校建筑设计规范》GB50099-2011 未对用地面积做出规定，参见各省市中小学规划建设标准及相关要求。

（2）在学校建设中，位于城市中心区的改、扩建学校，由于条件限制致学校用地往往难以扩展，新建学校更难以取得规定的用地。而在郊区和新建住宅小区等地，则应坚持学校的用地面积指标，并适当预留，以保证良好的校园环境和学生全面发展的需要。

2.学校用地应有适宜建校的地形和地貌。

（1）用地宜考虑能布置长轴为南北向运动场的尺寸。

（2）用地宜规整，以便于充分利用校园用地。

（3）用地应有较好的地质条件。

3.学校用地应有安全的环境。

4.学校用地应具有利于学生健康成长的物理环境。

校园外部环境[2]

1.安全环境

（1）不应将学校选择在有大量车辆频繁出入的建筑周边。

（2）中小学校校址不应选在被高层或多层建筑包围区域内，也不应选在袋状地区之内，以保证在紧急状态时（如地震、火灾等），学生能顺畅地安全疏散，或抢救车辆顺利的进入抢救。

（3）学校校址应与易燃、易爆等危险品或有害物的研制、生产、贮运场所等保持一定的安全距离。

2.适于教育的环境

学校不宜与市场、公共娱乐场所、公安看守所等不利于学生学习和身心健康的场所相毗邻。

3.良好的卫生环境

（1）学校宜选择在公园、绿地、水面（周边应有安全设施）附近或相邻位置，以获得良好的景观及小气候环境。

（2）学校应尽量避开工厂的空气污染源，也不应临近医院的传染病房区、太平间、精神病医院、餐馆的厨房、公厕等。

（3）当学校必须选定在工业企业附近，须根据国家有关规定检测大气中有害物质的浓度，

---

[1]《中小学建筑设计》，张宗尧 李志民 主编。

[2]《中国基础教育改革发展研究》，叶澜 主编。

第三章
中小学总体
设计
概述
场地分析
学段组合
功能布局
道路交通
安全设计
消防设计
预留发展

再行确定校址。

4. 良好的就学环境

（1）学校布点

学校布点应根据城市或农村人口规划指标和总体规划要求，结合城市或县镇人口密度、学生来源、交通、地形地貌、环境等因素综合考虑，实行"规模"办学，合理布点。对新建的住宅区应根据规划的居住人口和实际人口出生率的千人指标，配套建设适宜规模的中小学校。

（2）学校服务半径

学生上下学应以步行不感到疲劳的路程为准，并应结合学校规模和交通情况确定是否设置学生宿舍，以方便学生就近入学的原则确定合理的学校服务半径，详见表3.2-2。

几个国家对中小学校上学距离的规定（单位：m） 表 3.2-2

学校种类		日本			美国		英国	瑞士	荷兰	中国
		适宜值		最大值	推荐值	最大值	推荐值	推荐值	推荐值	推荐值
		市区	村镇							
小学校	低年	400	750	1000	800	1200	400	540 ~ 800	1000	500
	高年	500	1000	2000			800			
初中		1000	2000	3000	1600	2400	1600	800 ~ 1000	2000	1000
高中					2400	3200				

5. 安静环境

办学的重要条件之一是学校用地必须具备有安静的周边环境。影响学校安静的因素：城市交通噪声源（如城市街道行驶的机动车辆、火车、飞机在运行时产生的噪声），社会生活噪声源（人群活动时引起的噪声，如集贸市场、汽车修理站等及商业、娱乐活动、体育活动等产生的噪声），其他如工厂生产及基建施工时产生的噪声等。

在选址时应注意噪声源与学校校园的距离，在学校总平面布置时注意主要教学用房与噪声源的距离，以保证教学用房区内有安静的外部环境。一般：周边噪声到达学校围墙处应低于70dB（A），到达教学用房窗外1m处的噪声应低于55dB（A）。

（1）交通噪声主要是机动车辆、飞机和铁道的噪声。这些噪声的噪声源是流动的，影响面较广。

a. 机动车辆噪声是指机动车在交通干线上运行时所产生的噪声，是城市噪声的主要污染源。一般，市区交通道路干线快车道同侧边沿与校园卫生间距不应小于80m；郊区公路交通干线快车道同侧边沿与校园卫生间距，不应小于120m。

b. 飞机和机场噪声是飞机起飞、飞行、着陆以及地面试机时产生的噪声。机场跑道两侧2km内，跑道两端航迹下方，飞机噪声超过A声级60dB的区域（可根据当地机场噪声影响预测划定），不得设教学及教学辅助用房。

c. 铁路交通噪声包括：信号噪声、机车噪声和轮轨噪声。学校选址应远离铁路线。铁轨沿线近学校一侧的外侧轨道中心与校园卫生间距不应小于300m，校园与列车编组站卫生间距不应小于380m。

（2）社会生活噪声主要为群众集会、人声喧闹、商业宣传等活动产生的噪声。这些活动有时使用扩音设备，因而造成的噪声污染更为严重。故而在选址时，应避免与商业、娱乐、露天市场等设施相邻。

露天贸易市场边缘与校园卫生间距不应小于500m；

商业街口与校园卫生间距不应小于 150m；

露天体育场边缘与校园卫生间距不应小于 120m；

车站、码头边缘与校园卫生间距不应小于 300m；

其他不同噪声级的社会生活噪声源与校园卫生间距，可由其噪声达到教学及教学辅助用房墙外 1m 处的实测或预测噪声级不得超过 55dB 来确定。

第三章
中小学总体
设计
概述
场地分析
学段组合
功能布局
道路交通
安全设计
消防设计
预留发展

学段组合分类:

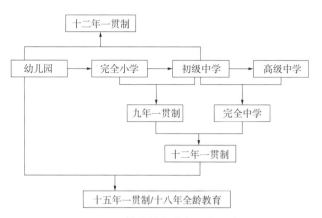

图 3.3-1 基础教育学段组合示意图

国内常见基础教育建筑学段组合形式见图 3.3-1:

单学段学校:[1]

完全小学:对儿童、少年实施初等教育的场所,共有 6 个年级,属义务教育。

初级中学:对青、少年实施初级中等教育的场所,共 3 个年级,属义务教育。

高级中学:对青年实施高级中等教育的场所,共 3 个年级。

注:民办学校和公办民营学校经常在上述组合方式外,再增加学前教育阶段(包括托儿所和幼儿园),从而做到从 1 岁到 18 岁的全龄教育模式。

组合学段学校:

九年一贯制学校:包括完全小学 6 个年级,初级中学 3 个年级,属义务教育。

完全中学:对青、少年实施中等教育的场所,共有 6 个年级,含初级中学和高级中学教育的学校。其中 1 ~ 3 年级属义务教育。

十二年一贯制学校:包括完全小学 6 个年级,初级中学 3 个年级,高级中学 3 个年级,其中 1 ~ 9 年级属义务教育。

不同学段对应的空间要求

1. 小学阶段

小学应该为儿童提供求知和经验积累的空间环境。小学的儿童活泼好动,容易对新鲜事物产生兴趣,因此学校应该给儿童创造发展各种感官、接触新鲜事物的机会。此时期儿童学习的意识性不够强且缺乏系统性,这必然导致儿童在课堂上能够掌握的知识非常有限,所以学校应该提供不同类型的教育空间来满足此时期儿童对求知和经验获取的要求。

小学规模不宜过大,班级规模趋向小班化。规模越小的学校,空间利用率越高,适当规模的校园能使儿童产生责任感和安全感。

建筑体量不宜过大,《中小学校设计规范》(2011 年)规定"小学主要教学用房不应设在四层以上"。而事实上教学楼的高度以三层为宜,在条件允许的前提下尽量减小建筑体量,增强亲

---

[1] 《基于九年制素质教育模式下中小学教育空间设计研究》,硕士学位论文 湖南大学 杨建锋。

第三章
中小学总体
设计
概述
场地分析
学段组合
功能布局
道路交通
安全设计
消防设计
预留发展

切感和社区感，营造温馨、和睦的生活学习氛围。

2. 初中阶段

到了中学阶段，学生的兴趣爱好都有了明确的指向性，学生带有很强的学习目的性。先进教学理念的逐步介入和教学体制的深化改革对教学空间的灵活性提出更高要求。

与小学比较，中学在进行教育体制改革中更重视课程设置的多样化，综合化，给学生创造更多选择的机会。此时，以班级为单位的上课形式当然可以存在，所不同的是，班级变成一个随上课人员、上课内容不同而不同的学习团体。而作为生活团体存在的班级相对作为学习团体的班级更加稳定。表现在学校建筑室内教育空间设计上，在已有的传统的以教室为单元的室内教育空间基础上，应增加大量的开放空间和公共空间。新建校园更应该注重教育空间关系的组合，多样性、丰富性、可变性、开放性的室内教育空间，可促进学生自由和自制的平衡。

3. 高中阶段

到了高中阶段，每个学生都有了较为明确的学习目标与人格倾向。教育空间形式应实现从较低一级的教师行为活动为主导的空间向学生行为为主导的空间的转变。这种教学空间为师生提供双向反馈的结构，强调学生主宰课堂，以学生活动为主，充分发挥学生的主动性，突出学生的主体地位，使学生感受到自己得到了充分的尊重。此时教师则处在观察引导的次要地位，监督学生的行为，及时纠正学生的错误，引导正确的方向，并协助解决学生遇到的问题。更多的开放交流空间、非正式学习空间为学生进行初步的社会行为活动提供必要的场所。

第三章
中小学总体
设计
概述
场地分析
学段组合
功能布局
道路交通
安全设计
消防设计
预留发展

普通中小学功能关系图:[1]

学校总平面的基本组成部分:由各种教学用房（教学楼、实验楼、办公楼等）组成的教学区;由各种体育场、球类场地、体育馆、游泳馆等组成的体育活动区;由学生宿舍、食堂、厨房等组成的生活区、绿化景观区等。

各区的布局，应按师生教学活动规律及便于管理为原则，对各区的功能特点、物理环境的要求，各组成部分相互关系等进行合理安排。还应注意处理:要求安静和产生噪声的关系、方便使用与利于管理的关系，相互联系和分隔的关系，正常使用与紧急疏散的关系等。

结合学校的实际功能关系，归纳出学校的功能分区简图，如图 3.4-1:

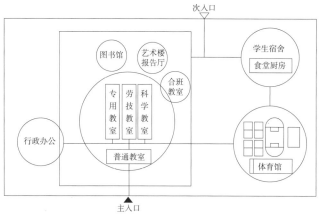

图 3.4-1　普通中小学功能分区简图

总平面布置方式:

在进行学校总平面设计时，应结合学校用地现状，探索学校中各个单体建筑、各种室外活动空间及场地组合的合理性;认真研究动与静在环境上的要求、高与低在层数和部位上的要求、独用与公用的要求、相互关系的聚集和分隔的要求、室内与室外在结合与环境的要求;此外在使用上应考虑流线组织、使用顺序的要求等。

场地出入口与教学区、生活区、体育区的关系见图 3.4-2;

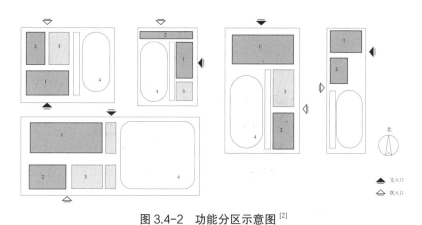

图 3.4-2　功能分区示意图[2]
1- 教学区;2- 生活区;3- 绿化景观;4- 运动场地

传统总平面布置方式主要有以下三种:

1. 教学楼与体育场地前后布置。适用于南北向长、东西向短的地段，对于北方严寒或寒冷地区，体育活动场地宜布置在无遮挡的南侧为佳。

2. 教学楼与体育场地左右布置。适于东西方向宽，南北方向窄的地段。

3. 教学楼与体育场地各据一角布置。如布置得当，教学楼可免受体育场的干扰。

[1]《托幼 中小学校建筑设计手册》张宗尧 赵秀兰 主编。

[2]《中小学建筑设计》张宗尧 李志民 主编。

第三章
中小学总体
设计
概述
场地分析
学段组合
功能布局
道路交通
安全设计
消防设计
预留发展

建筑群整合规划的方法: [1]

对于中小学建筑,尤其是大规模中小学建筑群,在总体设计初期,在规划层面上运用整合化思维,将校园整体思考,合理安排校园各个部分组合,对其进行多方面的优化,保障资源的充分合理利用,实现高效、合理的校园整体状态对实现紧凑集约的校园空间有很大的现实意义和指导意义,为此,我们将常用的集中整合方法进行归类整理,并提取出若干学校案例的图底关系供读者参考,详见表3.4-1。

表 3.4-1[2]

整合方法	细分	方法概述	特点	案例		
组团整合法	单体集合式	将校园内松散无序的建筑整合为一个个功能组团,以某种秩序分布在场地中	1. 适应不规则用地,功能分区明确。2. 有利于形成秩序感。3. 组团内空间集中共享	新北川中学	张家港市梁丰初级中学	苏州吴江中学
	组团连廊式	将分散的组团或单体通过室内外连廊联系起来	分区明确、布局灵活,整体性佳	武汉江夏藏龙学校	苏州实验学校	江苏南菁高级中学
串联整合法	鱼串式骨联	由一条主轴串联两侧功能带	路径清晰,校园结构紧凑,有一定组合灵活性	太湖新城小学	重庆两江新区人民小学	杭州古墩路小学
	网状串联式	由多条垂直于主要功能朝向的连廊将各功能串联	校园整体性强,内部交通网便利快捷,空间层次明确	北仑国际学校	潍坊北辰中学	北京外国语大学附属杭州橄榄树学校

[1] 《城市中小学校园空间集约化设计策略研究》,硕士学位论文 华南理工大学 杜宇昂。

[2] 表中图片均为作者自绘。

第三章

中小学总体
设计

概述
场地分析
学段组合
功能布局
道路交通
安全设计
消防设计
预留发展

续表

整合方法	细分	方法概述	特点	案例
单体整合法	中庭整合法	以中庭来组织主要功能空间，分一字型中庭和大厅型中庭	1.明确的室内公共空间。 2.易于实现功能复合。 3.功能集中，方向感强	天津西青区张家窝镇小学　　青岛中学九年一贯制部
	竖向整合法	垂直方向增加层数，将主要教学功能放在下部	1.用地效率较高，建筑利用率较高。 2.视觉压迫感明显，室外空间压抑	天台赤城二小　　上海北郊高级中学
围合整合法		将建筑空间摆放在场地周边，中央空出或空场地灵活使用，庭院作为校园主要公共空间，同时为教学单元提供采光通风	1.消减建筑高度、增加亲和力。 2.获得整体的校园室外空间。 3.易于融合复杂城市环境	上海黄浦区中心小学　　江苏南通第二中学新校区　城庄学校
立体整合法		在有限的竖向空间进行功能的分类、重组	1.多维度开放空间 2.功能的高度整合 3.立体网状交通系统	北京房山四中　　青岛中学中学部（含国际部）

第三章
中小学总体
设计
概述
场地分析
学段组合
功能布局
道路交通
安全设计
消防设计
预留发展

校内的交通流线[1]

学校学生的活动规律是：上下学时间基本统一；上下课时间几乎一致；全校性集会活动时间及场所既一致又集中；学校多数活动以班为单位居多。

体现在行为流线上：人流活动频繁，每日数次大股人流集散，且时间集中；静与动具有间歇性等。因此在学校总平面设计时，必须重视学校的人流组织与交通路线。原则是学校交通路线应直接、安全、通畅、方便。

——人流

主要为学生活动人流，其次是教师及外来者。

上学的大量人流虽集中但延续时间较短，走读学生上学、放学均属于瞬时高峰时段，时间短，流量大。随即通过门厅分散进入教学区各部分或通过道路分散回家。寄宿学生则主要进入食堂用餐，然后陆续分散到学生宿舍区。

课间一般分布在不同教学区和体育区之间，课外活动时间学生呈离散自由分布，但均属于小范围流动。

教师入校后应能方便而直接地到达办公区，人数虽少亦应直接，不与学生人流交叉相混。

外来访问或联系工作者，人数更少，但其入校后的流线，应能方便而直接到达办公区域，不宜通过教学区。

——车流

校内日常车行流线主要包括教工车流、后勤车流、少量来宾车流、住校教工车流等。

所有车行流线宜靠校园外围设置，尽量避免与学生人行流线的交叉。这一设计要点也对总体布局中行政办公楼、食堂、教工宿舍等校园功能的位置提出了要求。学校后勤车辆主要用作食堂、总务的供应使用。为了不影响教学区的安静和卫生环境，宜设独立次要出入口。在校园内对该类车辆的活动范围予以限制。一般在学生活动范围内，应禁止各种车辆的入内，避免人、车交叉，以保障安全。当学校规模较小，只能设置一个出入口时，应注意校园内的车行路线组织，即应满足学校供应的要求，也应保障安全和创造良好的学习环境。

不论何种规模的学校，应尽量在校园内围绕校舍安排环形的消防车道。

校园内部道路

学校内部的车行道路，必须与城市道路相接；学校内部道路既要与校园出入口相接，又要紧密联通到各栋建筑的出入口、学校各种活动场地及植物园地等，整体构筑安全、方便、明确、通畅的路网。

各级道路的通行宽度、道路及广场的设计应符合国家现行标准的有关规定见表3.5-1。

学校内部道路宽度	表3.5-1
道路用途	宽度（m）
单车道	≥4.0
双车道	≥7.0
人行道	≥1.5

注：利用道路边设停车位时不影响有效通行宽度；

车行道转变方向时应满足车辆最小转弯半径要求；消防车道路应按消防车最小转弯半径要求设置。

---

[1] 《中小学建筑设计》，张宗尧 李志民 主编。

第三章
中小学总体
设计
概述
场地分析
学段组合
功能布局
道路交通
安全设计
消防设计
预留发展

当学校尽端道路超过 35m 时，应留出回车场地。供消防车用的回车场地不应小于 12m×12m。

当学校校舍的组合形式为封闭式庭院，其短边长度超过 24m 时，宜设进入内院或天井的消防车道。

学校出入口的设计[1]

学校出入口是校内外联系的主要通道，其位置的选定对学校总平面布置有极大的制约性，对上下学的方便、安全也有较大影响，故在总平面设计考虑学校出入口时应注意：

（1）中小学校的校园应设置 2 个出入口。出入口的位置应符合教学、安全、管理的需要，出入口的位置应避免人流、车流交叉。有条件的宜设置机动车专用出入口。

（2）中小学校校园出入口应与市政交通衔接，但不应直接与城市主干道连接。校园主要出入口应设置缓冲场地。

（3）学生入校后应能直接的到达主要教学区，而无需跨越运动场地或大片绿化，保证进校后人行流线的便捷、顺畅。

（4）学校出入口作为校园内外的分界点，对内是师生出入和集散的场所，要保证足够的通行宽度、足够的集散场地；对外是家长接送和停留的聚集地，应考虑临时停车区和家长等待区，保证高峰时段的交通安全。

车行道路分析[2]

校园车行的重点是安全，设计时需尽量避免车行流线与学生流线的交叉，所以车行道路往往布置在校园的外围，形成 C 形或者环形车行道路，另外有些学校规模较大或地形较为特殊会结合自身情况采用混合型道路形式。

无论采取何种车流组织方式，其原则都是以满足安全与使用方便为前提。详见表 3.5-2。

表 3.5-2

类型	特点	车行道路设置案例	
		重庆两江新区人民小学	北仑国际学校
C 形	由于场地限制和功能需求将主要车行道路沿建筑（群）外围设置但不环通的道路形式；一般用于校园规模较小，场地较为局促的情况		

[1] 参照《中小学校设计规范》（GB50099-2011）8.3 校园出入口。
[2] 《中小学建筑设计》，张宗尧 李志民 主编。

续表

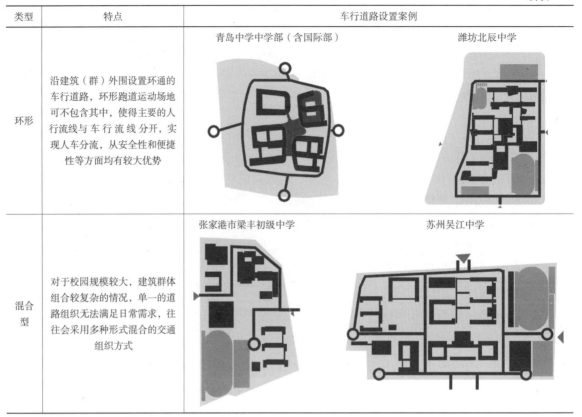

类型	特点	车行道路设置案例	
环形	沿建筑（群）外围设置环通的车行道路，环形跑道运动场地可不包含其中，使得主要的人行流线与车行流线分开，实现人车分流，从安全性和便捷性等方面均有较大优势	青岛中学中学部（含国际部）	潍坊北辰中学
混合型	对于校园规模较大，建筑群体组合较复杂的情况，单一的道路组织无法满足日常需求，往往会采用多种形式混合的交通组织方式	张家港市梁丰初级中学	苏州吴江中学

学校入口形式分析[1]

学校出入口按照具体形态大致分为内凹型、直线型、过街楼型和道路引入型 4 种，具体见表 3.5-3。

表 3.5-3[2]

类型	图示	特点	入口形象案例
内凹型	城市道路　校园主入口	校前区留有一定的缓冲空间，既是学生上下学人流汇集的场所，也是家长接送孩子、接收学校信息的场所。适宜于学校生源分布较广，上下学接送孩子的家长较多的学校	昆山西部高级中学 上海音乐学院附属实验学校

---

[1] 《中小学建筑设计》，张宗尧 李志民 主编.
[2] 图片来自互联网及自行拍摄。

第三章
中小学总体
设计
概述
场地分析
学段组合
功能布局
道路交通
安全设计
消防设计
预留发展

续表

类型	图示	特点	入口形象案例
直线型	城市或社区道路 / 校园主入口	一般设在小区内部，入口区紧邻社区内部道路。学校入口界面由于过于平直，要求学校内部留有一定腹地，满足学生上下学停留	合肥第45中学桐城路校区 / 北京史家小学
过街楼型	城市或社区道路 / 校园主入口	校门位于建筑物下部，应采取一些手段来强调入口空间。要注意避免入口所在建筑的进深过大而在入口区形成压抑感	天台二小 / 名泉小学
引入型	城市道路 / 校园主入口	用一条支路把城市道路与学校连接起来，形成引入型校园入口。应在学校的入口区沿路布置一些富有情趣的空间和景物，形成富有特色的校前区	莆田第一中学（荔城校区） / 张家港市梁丰初级中学

中小学安全设计的原则 [1]

1. 科学性原则

在进行中小学建筑设计的过程中，要做到安全设计，就要严格遵循相应的设计原则，按照标准和规范要求进行设计，才能确保中小学校建筑设计的质量。

2. 细节设计原则

中小学建筑一定要关注细节设计，一定要做到精细化。建筑设计从本质上来说就是一个系统的工程，所以在具体设计的时候一定要把所有的因素都考虑进去，设计的整体效果才会有所提高。

3. 安全性原则

安全性是中小学建筑设计的首要问题。学校建筑内各处都是公共区域。突出安全性，要根据学校属于人流密集场所这个特性，做好全面而细致的设计工作，采取必要的安全措施，防范和消除安全事故的发生。

中小学安全设计常见问题及对策 [2]

就目前来看，在进行中小学的建筑设计时，仍然有很多安全性的问题存在，很多中小学的建筑，在进行设计的时候，忽视了学校这个人口集中场所的特点，没有考虑学生平时活动的因素。相对来说中小学的学生年龄较小较好动，因此，必须考虑交通组织的问题，大多数教学楼建筑内空间狭窄，楼层较多，容易引发踩踏事故。在进行设计的时候要特别关注走道宽度，应尽量扩大建筑活动空间，控制楼层数量等。

1. 校门附近的空间设置

学校的校门附近交通工具、学生家长、小商小贩聚集，在放学时段人流量巨大，造成各种混乱局面，严重的情况还会造成安全事故。根据《中小学校建筑设计规范》规定学校校门不宜开向城镇干道（机动车车流量每小时超过 300 辆），校门的选址，需要考虑诸多因素。

2. 教学楼楼层控制

《中小学校建筑设计规范》规定：小学教学楼不应超过 4 层；中学、中师、幼师教学楼不应超过 5 层。

当下，购地费用高，一般的中小学校教学楼的层数都达到了 6 层左右。学校盲目扩建、招生的同时，不能忽略学生的安全。楼层过高会使学生上下楼过于费力，影响上课效率，同时也会影响紧急情况下学生的疏散进度。所以控制中小学楼层数，也是安全设计的重要组成部分。

3. 走道宽度控制

在《中小学校建筑设计规范》中有关于教学楼走道净宽度的规定；中小学建筑的疏散通道宽度最少应为 2 股人流，并应按照 0.6m 的整数倍增加疏散通道宽度。教学用房内走道净宽不应小于 2.40m；单侧走廊及外廊净宽度不应小于 1.80m。适当扩大交通空间，保持空间畅通。针对教室疏散标准来看，中小学建筑每间教学用房起码需要设置两个疏散门，中小学建筑需要重视疏散和防火能力。除此之外要合理设计校园出入口，尽量不与城市主干道连接，在主要出入口设置适当的缓冲带，保护学生上下学的出行安全。

4. 栏杆的高度限制

学校临空部位需加强防护，包括阳台、外廊、楼梯、屋面、平台等。需注意以下两项，其

---

[1] 《中小学建筑设计》，张宗尧 李志民 主编。

[2] 《中小学校设计规范》GB 50099-2011。

一是防护的高度需大于1.1m，有些地区则要求大于1.2m。其二是宜选用防护栏杆，不宜选用玻璃栏板，尤其是用于外廊、天井、露台等部位，因玻璃栏板的日常维护要求多，用在室外时更容易使钢件锈蚀，最主要是因为学生调皮好动容易造成破坏，从而导致安全性问题。

5. 房间门的设置

在《中小学校建筑设计规范》中有关于房间门设计的规定：教室安全出口的门洞净宽度不应小于0.9m；合班教室的门洞宽度不应小于1.5m。房间门附近不得有障碍物，便于人员疏散。

6. 楼地面安全设计

学校楼地面设计也需考虑安全问题，目的是为了保证通行安全，防止打滑摔跤。容易发生事故的部位包括楼梯间、外廊、室外铺装道路广场等处。在设计中要选择防滑、耐磨的地面材料，避免出现安全问题。

7. 疏散梯和出入口平台的设计

《中小学校建筑设计规范》规定：楼梯间应有直接天然采光；梯段宽度不应小于1.20m，并应按0.6m的整数倍增加梯段宽度。楼梯不得采用螺旋形或扇形踏步；每段楼梯的踏步数不得多于18级，并不小于3级；梯段与梯段之间，不应设置遮挡视线的隔墙；楼梯坡度不应大于30°。设计人员在设计楼梯的时候忽视了校园建筑内人员较为密集的情况，学生在参与课间操等日常活动时，成群经过楼道，这时楼层的高低控制就显得格外重要。为了能够最大程度上降低踩踏情况的发生，不仅需要学校内部组织好学生行动，同时设计人员还需要合理设计楼梯间形式，合理设计疏散楼梯。中小学建筑教学楼应尽量设计部分封闭式楼梯间形式,这种楼梯间有利于防火。出入口净通行宽度不得小于1.40m，门内和门外各1.50m范围内不宜设置台阶。

8. 墙面安全设计

建筑墙面设计也有安全方面考虑，包括外墙和内墙。外墙要关注的是面层材料的选择，要防止出现墙面脱落造成的砸伤事故。根据已有的工程经验来看，面砖类墙面因施工过程中质量不能完全保证，有些建筑在建成几个月之后就会出现墙砖脱落事故。有些则是几年之后，随着风雨侵蚀温差变化等影响导致粘接砂浆和防水层破坏，继而出现空鼓脱落，这会带来很大的安全隐患且不容易排除。因此宜选用耐久性好的外墙涂料，少用或不用面砖类粘贴材料。内墙方面则是要关注墙面突出物，最常见的是消火栓箱的设置。消火栓箱在设计时最好是全埋处理，建筑专业需同给排水、结构等专业进行沟通，对消火栓箱处的墙体加厚处理。若是未做全埋设置则消火栓凸出墙面，其底部高度在0.9m左右,极易发生撞伤事故,需采用软包或其他防护措施。内墙阳角部位、外廊转角处等需做抹圆弧处理。

9. 其他安全措施

安全通道的设计应该保证科学性，应该定期开启检修，保证可以正常使用。锅炉、大型电气设备等，应远离教学区域，活动区域，并且要设置隔离措施，避免意外情况的发生。

第三章
中小学总体
设计
概述
场地分析
学段组合
功能布局
道路交通
安全设计
消防设计
预留发展

第三章
中小学总体
设计
概述
场地分析
学段组合
功能布局
道路交通
安全设计
消防设计
预留发展

消防设计 [1]

中小学校应符合《建筑设计防火规范》GB 50016-2014及《中小学校设计规范》的相关要求，主要的关注点如下：

——总平面消防设计：

1. 校园内道路应考虑消防车的通行，建筑周围环境应为灭火救援提供外部条件。

2. 校园内若有超过3000座的体育馆或超过2000座的会堂，及占地面积大于3000平的多层公共建筑应设置环形消防车道，确有困难时可沿建筑的两个长边设置消防车道。

3. 校园内若有高层建筑（一般为行政、公共教学或宿舍楼），可沿建筑的一个长边设置消防车道，但该长边所在建筑立面应为消防车登高操作面。

4. 有封闭内院或天井的建筑物，当内院或天井的短边长度大于24m时，宜设置进入内院或天井的消防车道；当该建筑物沿街时，应设置连通街道和内院的人行通道（可利用楼梯间），其间距不宜大于80m。（该条虽不是强条，宜结合项目情况与当地消防部门提前沟通，明确具体要求）

5. 消防车道净宽度和净空个高度均不应小于4m；转弯半径应满足消防车转弯的要求；消防车道与建筑之间不应设置妨碍消防车操作的树木、架空管线等障碍物；消防车道靠建筑外墙一侧的边缘距离建筑外墙不宜小于5m；消防车道的坡度不宜大于8%。

6. 环形消防车道至少应有两处与其他车道连通。尽头式消防车道应设置回车道或回车场，回车场的面积不应小于12m×12m；对于高层建筑，不宜小于15m×15m；供重型消防车使用时，不宜小于18m×18m。

预留发展 [2]

当前很多校园改扩建和新建项目中，缺乏远景规划和弹性发展的理念，只是着眼于当前的需要和建设用地、建设费用的限制，同时仅依据目前入学情况而不是以发展的眼光来完成校园设计和建设，导致校园规划缺乏整体性的理念，影响校园未来的发展。

——预留

中小学校规划的预留有两个层次的含义：一方面指通过建筑的高密度规划，采用集约紧凑的布局方式将校园功能集约化设计，为未来发展预留一定的物理空间。另一方面指通过空间的弹性设计，增加各种空间的灵活性和适应性，增强学校功能改变和空间适应的可能性。

——发展

总体而言，城市中小学校大致有三种发展模式：异地新建、建立分校和原地改扩建。

1. 异地新建

异地新建是城市中小学较为常用的一种发展模式，多数身处城市密集区的中小学发展受限，校园建设用地不足影响校园基础设施的更新和完善，不能满足现代化教育的需求，因此学校可通过另外寻找合适的建设用地建设新校园。有的则是通过建设规模较大，功能完善，设施齐全的新学校容纳原来附近几个较小规模学校的功能，实现教育资源的整合和有效利用。

这种方式耗资大，建设周期较长，但能有效解决城市高密度校对学校发展的制约，新建学校在规模、基础设施、校园环境、教学设备等各方面可以得到全面提高。

2. 建立分校区

对于城市中一些校园基础较好、能满足教学需求但在规模上需要较大扩展，为寻求更大的

---

[1] 《建筑设计防火规范》GB50016-2014（2018版）。
[2] 硕士毕业论文《城市高密度下的中小学校园规划设计》天津大学 王欢 2012.12。

发展空间，常常采用在附近适宜地块建立分校区的模式。

这种发展多个相对独立分校的模式，虽然能使学校规模、校园空间在一定程度上扩展，但不同校区的资源不能共享，会因一些配套设施的重复设置造成资源浪费。

3. 原址改扩建

对于大多数中小学而言，原地改扩建这一模式无疑是发展的首选，因为城市中小学的整体规划布局是本着就近为适龄儿童教育服务的，大多数学校承担着附近学生的就学职责，迁址重建和建立分校都在一定程度上给学生就学带来不便，同时增加城市交通压力。学校应结合自身实际情况和远景发展规划，选择是全部拆掉重建或改建和局部增建的不同方式。

原地改扩建的模式是在原建设用地内发展，用地成为突出的矛盾，因此，校园的规划设计必须在节约用地和提高土地利用率上下功夫。这种发展模式符合可持续发展的观念，迫使人们通过寻求多种有效的途径充分利用有限的建设用地，增加宝贵的教学空间。迫使人们主动的整合现有的教学空间和资源，通过多功能复合化，创造更为优越的整体教学功能，从而形成校园空间缝补、布局集约紧凑又人性化、功能高效合理的校园。采用这种模式必须依据规定的生均指标来有限度地控制学校规模，避免因新定的规模太大与校园现有用地不匹配造成校园拥挤和混乱。

第三章
中小学总体
设计
概述
场地分析
学段组合
功能布局
道路交通
安全设计
消防设计
预留发展

［第四章］ 增量标准下中小学教育区设计

第四章
增量标准下
中小学教育
区设计

教育区
功能布局
普通教室
专用教室
图书馆
非正式学习空间
办公空间
辅助空间

教育区概述

教育区作为中小学建筑的核心功能区，是学生与教师活动的最主要区域，涵盖了学习、交流、实践、展示等全方位的教学功能。

功能组成

教育区在传统意义上是由以下三个部分组成：

教学部分：包括普通教室、专用教室、公共教学用房及其各自的辅助用房。它们是教育区的主体部分。

办公部分：包括行政、社团办公室以及教师办公室等。生活辅助部分：包括交通系统、厕所、饮水处、储藏室以及设备用房等。

主要教学用房的使用面积指标（m^2/每座）[1]   表 4.1-1

房间名称	小学	中学	备注
普通教室	1.36	1.39	—
科学教室	1.78	—	—
实验室	—	1.92	力学实验室有所增加
综合实验室	—	2.88	—
演示实验室	—	1.44	若容纳两个半，则指标为 1.20
史地教室	—	1.92	—
计算机教室	2.00	1.92	—
语言教室	2.00	1.92	—
美术教室	2.00	1.92	—
书法教室	2.00	1.92	—
音乐教室	1.70	1.64	安排唱游课时有所增加
舞蹈教室	2.14	3.15	宜和体操教室合用
合班教室	0.89	0.90	—
学生阅览室	1.80	1.90	—
教师阅览室	2.30	2.30	—
视听阅览室	1.80	2.00	—
报刊阅览室	1.80	2.30	可不集中设置

教学理念的革新

信息传递方式的革命导致教学理念的变革。

教育理念的变革起因于科技变革。传统教学方法采用老师在全体学生面前使用黑板传递信息的方式，而当今这种需要传达的信息随处可见并且很容易通过互联网而获得。[2]

这种信息的易获取性与新型的教育方法相互推动，促进了当今教学模式的不断革新。教育者已经不再完全依赖于传统的"反射式学习"（发生于单一受教育者和书本或者老师之间的方式[3]），而是通过多元化的教学模式及教学空间的引入，形成自主高效的以学生为核心的"主动

---

[1] 《中小学校场地与用房》，国家建筑标准设计图集 11J934-2 。
[2][3] 《教育革命带来的英国教育建筑设计转变》，休·安德森。公立标准设计详见《建筑设计资料集》（第三版）。

4.1 增量标准下中小学教育区设计·教育区

第四章
增量标准下
中小学教育
区设计
教育区
功能布局
普通教室
专用教室
图书馆
非正式学习空间
办公空间
辅助空间

式学习"模式。教室所代表的传统方式的"教"与"学"已经不再处于主导地位，建筑环境可以拥有与传统教室迥异的建筑特征。

对应于"主动式学习"的教学模式，教学空间在使用上需要更多的灵活性，这就有别于传统的固定化的教室空间。我们在注重提高传统教室实用性的基础上，可以将那些可转移的教学活动安排在一些多功能的灵活空间，因为这些空间从本质上有更强的可利用性。[1]

这些灵活的、非常规的学习空间可以和交通流动空间相结合，形成群体社交与学生自发学习相融合的空间特质。近来，"非正式学习空间"的引入，正是对这些自主灵活空间的归总。

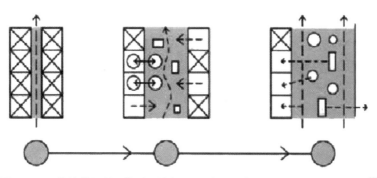

图 4.1-1 传统的沿革：从封闭的教室到封闭与半封闭相结合的学习空间[2]

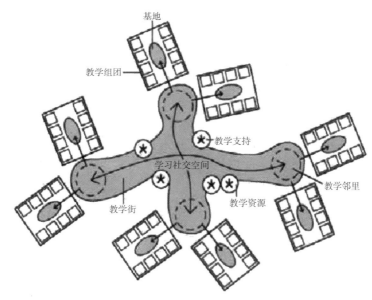

图 4.1-2 "未来校园"："教学组团"通过"教学邻里"与"教学街"相连，教学支持体系存在于本地、邻里和中央等不同等级[3]

教学模式的革新

传统模式：
学生固定，老师走班授课的教学模式。

驻班模式：
教师驻班办公与教学结合。

[1] ~ [3]《教育革命带来的英国教育建筑设计转变》，休·安德森。公立标准设计详见《建筑设计资料集》（第三版）。

走班模式：

学科教室固定，学生自主选择学科。

教师工作室模式：

学生走班，教师定岗模式。

传统教学模式形成较为呆板固定的建筑形式。分班教室沿走廊串联布局，缺少空间特性与可交流的积极空间。

随着驻班教室、走班教室等新教学模式的引入，极大的促进了教学空间设计的创新。教学空间的固定功能正在逐步解放，变得可灵活利用。"正式学习空间"与"非正式学习空间"的边界越来越模糊，联系越来越紧密。这就要求项目设计不再以单独的教室组合来构建空间体系，而是要以"教学社区"的理念来整合各种功能空间，形成互相融合的集体自发学习空间。

第四章

增量标准下中小学教育区设计

教育区
功能布局
普通教室
专用教室
图书馆
非正式学习空间
办公空间
辅助空间

平面布局形式

1. 走廊式组合

①廊式组合：有外廊式、内廊式和内外廊结合等几种，是应用最广的形式。

②走廊式空间排布作为最基本的组合原型，可延伸出丰富多变的组合模式，例如内走廊扩展式布局、阵列式布局和庭院围合式布局等。

2. 单元式组合

①单元式组合：若干教室组成小教学组团，或者一个年级的教室组团。各教室共用卫生间、储藏、交流休息空间。

②各教学单元通过联廊或放大公共空间联系起来，既能保持单元内的独立性，同时有利于各组团之间交流互动。

③单元式组合体，适应地形的能力较强，尤其对于不甚规整或地势起伏较大的校园更为有利。

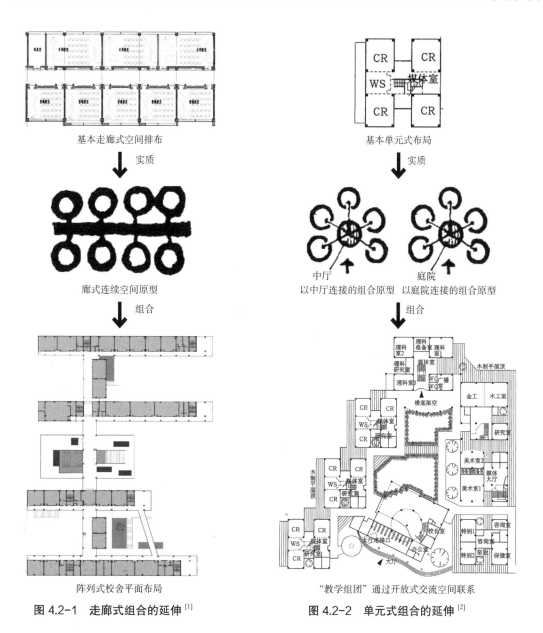

图 4.2-1　走廊式组合的延伸 [1]　　图 4.2-2　单元式组合的延伸 [2]

---

[1]　图片引用谷德网，合肥市第四十五中学。

[2]　图片引用自《建筑设计资料集成——教育·图书编》，日本建筑学会。

走廊式布局延伸

1. 内走廊拓展式布局

内走廊拓展式布局在传统内走廊空间的基础上，或局部设置放大的交流区域，或整体扩展形成开放性的交流中厅，将学生从封闭的教室引入开放的交流空间。中厅空间可通过竖向连接相互贯通，形成立体化的交流体验，激发学生自主交流与学习的活力。

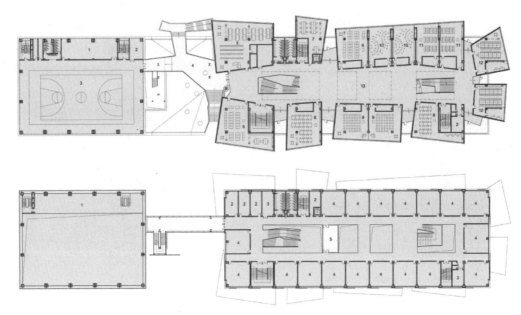

图 4.2-3　中走廊拓展布局：天津华旭小学[1]

2. 行列式布局

行列式布局适用于较大规模的教学组团，具有灵活多变的组合模式。各区域教室组成教学组团，既能保持分区的相对独立，又能通过开放共用空间相互联系。

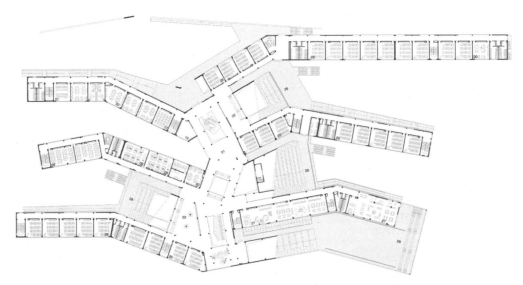

图 4.2-4　行列式布局：山西兴县 120 师学校教学楼[2]

---

[1][2]　图片均来自 https://www.gooood.hk/.

128

第四章

增量标准下
中小学教育
区设计

教育区
功能布局
普通教室
专用教室
图书馆
非正式学习空间
办公空间
辅助空间

3. 双走廊围合式布局

内外双走廊布局的最大特点在于营造"街区式"的交流体验空间。双走廊围绕庭院布置，进一步强化相互之间的联系，形成自由的"教学邻里"空间。

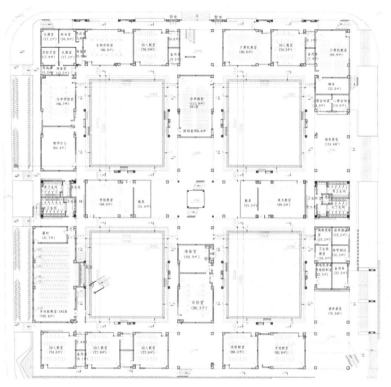

图 4.2-5　双走廊围合式布局：上海德富中学[1]

单元式组合布局——单元班组群

单元班组群由不同年级的普通教室和公共交流空间、共享辅助空间、竖向交通空间组成，具有相对的独立性。同时，组群为不同年级教室的集合，既满足混班教学的需要，又能促进各年龄段儿童的相互交往与学习。单元班组群作为教室单元式布局形式的一种可能性，与教学方式的选择息息相关。

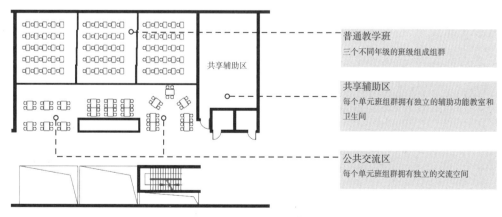

图 4.2-6　分班平面布局

---

[1] 图片来自 https://www.gooood.hk/.

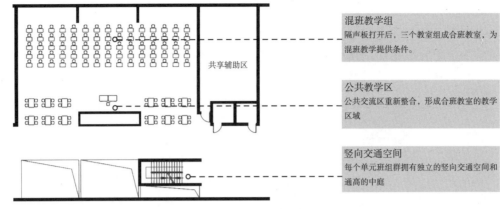

混班教学组
隔声板打开后，三个教室组成合班教室，为混班教学提供条件。

公共教学区
公共交流区重新整合，形成合班教室的教学区域

竖向交通空间
每个单元班组群拥有独立的竖向交通空间和通高的中庭

图 4.2-7 合班平面布局

图 4.2-8 年级普通教室[1]

图 4.2-9 公共交流区[2]

图 4.2-10 共享交流中庭[3]

图 4.2-11 垂直公共交通[4]

三维功能布局

"三明治式功能布局"——莆田一中新度校区

"三明治"式的功能结构将校园的功能空间在垂直方向上进行分层布局，各类功能使用流线能够在集约化的综合体中实现快速便捷的上下层联系，见图 4.2-12。

---

[1] ~ [4] 中关村第三小学，图片均为自行拍摄。

第四章
增量标准下
中小学教育
区设计
教育区
功能布局
普通教室
专用教室
图书馆
非正式学习空间
办公空间
辅助空间

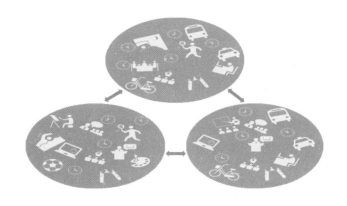

平面到垂直叠放

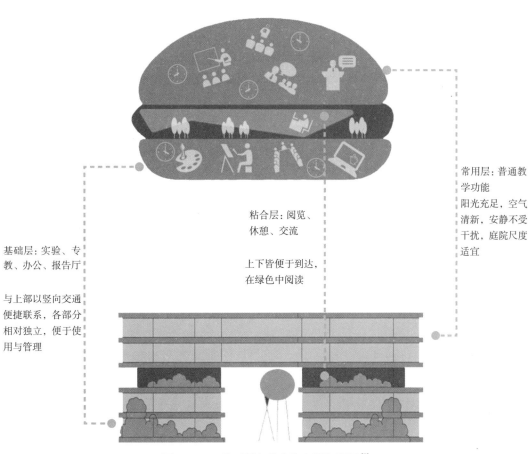

基础层：实验、专
教、办公、报告厅

与上部以竖向交通
便捷联系，各部分
相对独立，便于使
用与管理

粘合层：阅览、
休憩、交流

上下皆便于到达，
在绿色中阅读

常用层：普通教
学功能
阳光充足，空气
清新，安静不受
干扰，庭院尺度
适宜

图 4.2-12　"三明治式功能布局" 图解[1]

---

[1] 该页图片为作者自绘。

131

第四章
增量标准下
中小学教育
区设计
教育区
功能布局
普通教室
专用教室
图书馆
非正式学习空间
办公空间
辅助空间

"走班制"模式

"走班制"是指学科教室和教师固定，学生根据自己的能力水平和兴趣愿望选择适合自身发展的层次班级上课的教学方法。不同层次的班级，其教学内容和程度要求不同，作业和考试的难度也不同。

由于很多学校规模较大，"走班制"模式会加强学生课间流动性，产生人流通行安全问题。设计需着重考虑功能布局的优化，各教学分区相对集中且功能完善，减少学生流动量。走班制教室平面布置见图 4.3-1。

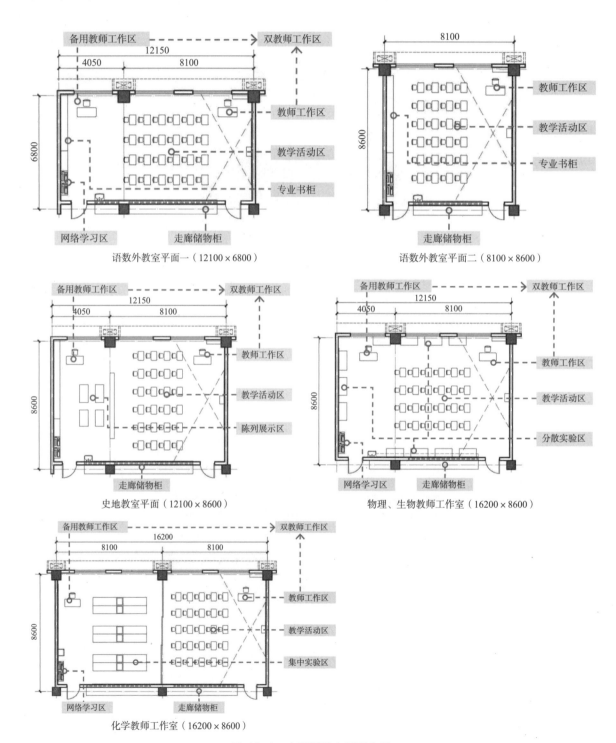

语数外教室平面一（12100×6800）　　语数外教室平面二（8100×8600）

史地教室平面（12100×8600）　　物理、生物教师工作室（16200×8600）

化学教师工作室（16200×8600）

图 4.3-1　走班制教室平面布置

第四章

增量标准下
中小学教育
区设计

教育区
功能布局
普通教室
专用教室
图书馆
非正式学习空间
办公空间
辅助空间

固定储物柜

"走班制"模式需满足学生固定储物柜的使用要求。设计普遍采用功能走廊,在走廊区域设置储物柜及局部休息交流空间。传统的柱网尺寸,进深相对较小,满足功能使用的前提下,需增加教室面宽(一跨半柱跨)。因此,走班教室采用的柱网进深会适当加大,以适应功能走廊的需求。常用进深尺寸一般在 8500 ~ 8900mm 之间。

储物柜数量需根据走班人数确定,保证人均一个储物柜。在教室面宽等限制的前提下,储物柜可在教室周边灵活设置。走廊储物柜根据学生需求可设置双层或三层柜体。柜体高度可结合教室采光高窗设置。实景效果见图 4.3-2。

图 4.3-2 实景储物柜

艺术类教室——美术、书法教室

素描教室设计特点：

1. 主采光为北窗或北顶窗，以取得柔和、均匀、充分的光照。顶光近于室外自然光，效果最好。

2. 上课宜分小组，每组少于10人，便于每生均有较好的观察角度。教室面积不宜小于实验室面积。

书法、绘画教室设计特点：

1. 书法、国画、水彩画等宜在专用教室上课。教室内应安装电教设备及窗帘、水池等。墙面易于清洗。

2. 中学书法桌宜采用700mm×900mm的较大尺寸。教室面积宜近于实验室，较小时可分组上课。

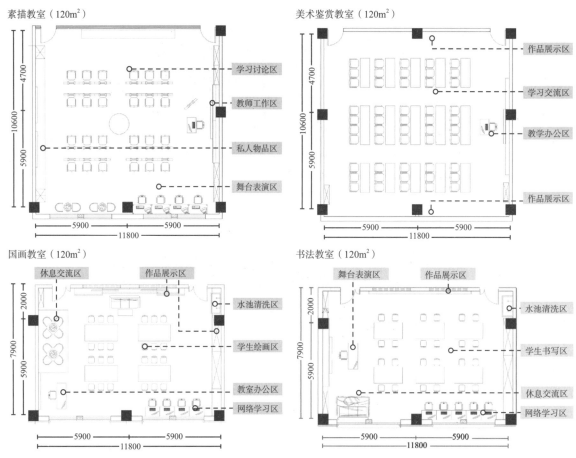

图 4.4-1　美术、书法教室平面布置

素描教室效果

美术鉴赏教室效果

图 4.4-2　美术、书法教室效果展示（一）

该页图片均为作者自绘。

134

4.4　增量标准下中小学教育区设计·专用教室

第四章
增量标准下
中小学教育
区设计
教育区
功能布局
普通教室
专用教室
图书馆
非正式学习空间
办公空间
辅助空间

国画教室效果

书法教室效果

图 4.4-2　美术、书法教室效果展示（二）

艺术类教室——音乐、舞蹈教室

音乐教室设计特点：

1. 音乐教室宜远离教学楼独立设置。必须设在楼内时宜放在尽端或顶层。

2. 小学应设低年级唱游教室和中高年级的乐理兼声乐教室。中学除乐理兼声乐教室外，宜另设器乐排练教室。

舞蹈教室设计特点：

1. 专用舞蹈教室在端墙面应设高 1.8 ~ 2m 的通长照身镜，其他墙面均安装练功把杆。

2. 教室地面应铺装弹性木地面。吊顶应考虑吸声处理。

3. 窗台应抬升至 1.8m，以避免眩光。

现代音乐教室（120m²）
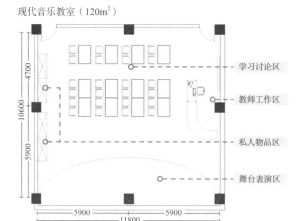

戏剧教室（120m²）
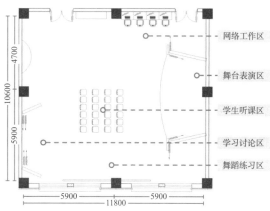

舞蹈教室（120m²）
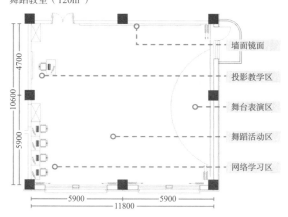

音乐欣赏室（95m²）
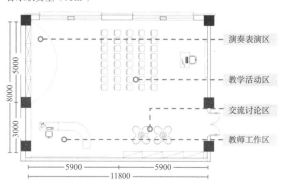

图 4.4-3　音乐、舞蹈教室平面布置

该页图片案例均为作者自绘。

135

第四章
增量标准下
中小学教育
区设计

教育区
功能布局
普通教室
专用教室
图书馆
非正式学习空间
办公空间
辅助空间

现代音乐教室效果

戏剧教室效果

舞蹈教室效果

音乐欣赏室效果

图 4.4-4 音乐、舞蹈教室效果展示

艺术类教室——音乐排练教室

音乐排练教室是满足学生集体教学与排练功能的专用教室，主要包括各类大排练厅、各声部排练教室以及单独的练习琴房。常见的大排练厅有交响乐排练厅、民乐排练厅及合唱团排练厅。分声部排练教室及小琴房作为辅助排练室，满足不同声部分组练习及个人单独练习的需要。

大排练厅设计特点：

1. 排练厅需要有足够大且无遮挡的使用空间，需设置阶梯式的舞台或合唱台，以满足各种乐器及人员的排布使用要求。

2. 排练厅的室内装修需考虑相应的声学要求，同时需要考虑隔音与减震处理。

3. 排练厅需要设置相应的电教设备，以满足教学演示的需求。

合唱团排练厅（300m²）

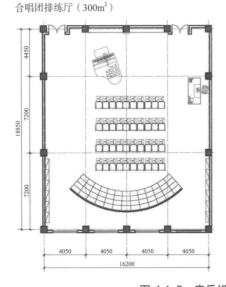

民乐排练厅（300m²）

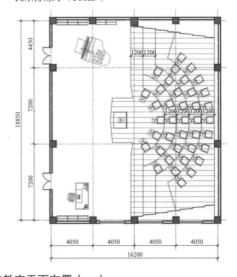

图 4.4-5 音乐排练教室平面布置（一）

该页图片均为作者自绘。

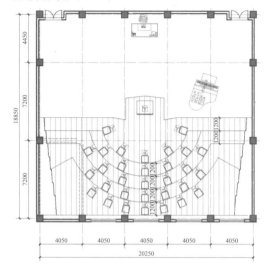

交响乐排练厅（400m²）

图 4.4-5 音乐排练教室平面布置（二）

第四章

增量标准下
中小学教育
区设计

教育区
功能布局
普通教室
专用教室
图书馆
非正式学习空间
办公空间
辅助空间

交响乐排练厅实景图[1]

民乐排练厅实景图[2]

民乐排练厅实景图[3]

合唱团排练厅实景图[4]

图 4.4-6 音乐排练教室实景

技术类教室——设计创意教室

中小学应根据自身需求设置劳动、技术教室，以提高学生的专业设计、手工表达、团队交流合作的能力。技术类教室应根据各专业的具体使用特性，合理安排功能分区，并应设置教学内容所需要的辅助用房、工位设备及水、电、气、热等设施。

[1] ~ [4] 图片引自网络。教室平面案例均为作者自绘。

137

机器人教室（16200×8100）

网络编程区
中控调节区
教室办公区

洗手清洁区　实践测试区　走廊储物柜

平面设计与手工 DIY 教室（16200×8100）

作品展示区
合作实践区
教室演示区

图书资料区　教室办公区　走廊储物柜

网络技术教室（16200×8100）

师生交流区
合作实验区
独立工作区

设备机房区　讨论查询区　洗手清洁区

动漫设计与制作教室（16200×8100）

作品展示区
定格动画区
电脑制作区
手绘动画区

动画摄影区　研修讨论区　手绘涂鸦墙

图 4.4-7　设计创意教室平面布置

机器人教室[1]

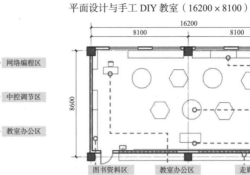

手工 DIY 教室[2]

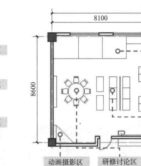

网络技术教室[3]

动漫设计与制作教室[4]

图 4.4-8　设计创意教室实景

[1] ~ [4]　图片引自网络。教室平面案例均为作者自绘。

第四章
增量标准下
中小学教育
区设计

教育区
功能布局
普通教室
专用教室
图书馆
非正式学习空间
办公空间
辅助空间

技术类教室——海洋学科教室

海洋科学的研究领域十分广泛，其主要内容包括对于海洋中的物理、化学、生物和地质过程的基础研究，和面向海洋资源开发利用的应用研究。

海洋物理学教室（12150×8600）

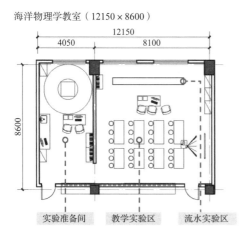

| 实验准备间 | 教学实验区 | 流水实验区 |

海洋生物学教室（12150×8600）

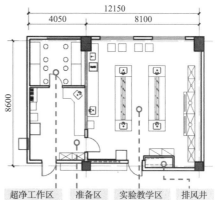

| 超净工作区 | 准备区 | 实验教学区 | 排风井 |

水产养殖学教室（16200×8600）

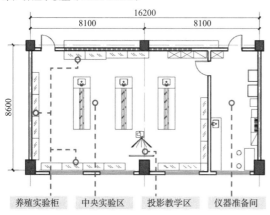

| 养殖实验柜 | 中央实验区 | 投影教学区 | 仪器准备间 |

独立准备室（4050×8600）

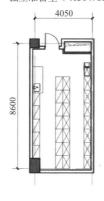

海洋化学教室（16200×8600）

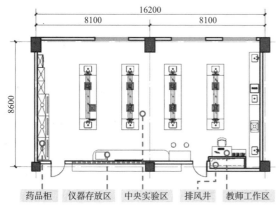

| 药品柜 | 仪器存放区 | 中央实验区 | 排风井 | 教师工作区 |

海洋地质学教室（16200×8600）

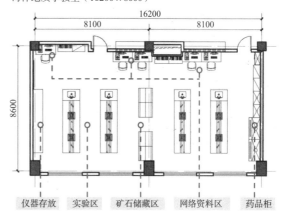

| 仪器存放 | 实验区 | 矿石储藏区 | 网络资料区 | 药品柜 |

图 4.4-9　海洋学科教室平面布置

该页教室平面案例均为作者自绘。

139

第四章

增量标准下中小学教育区设计

教育区
功能布局
普通教室
专用教室
图书馆
非正式学习空间
办公空间
辅助空间

图书馆的空间发展脉络与展望

表 4.5-1

时期		功能	管理	空间特点	案例
早期图书馆	国内	"藏经楼"，顾名思义，用于保存经书	以藏为主，一般不对外借阅	藏书库房	北京皇史宬
	国外	保存文献	以藏为主，藏阅合一	以阅览厅为主	依佛赛斯图书馆 提姆加德图书馆
中世纪图书馆	国外	修道院图书馆，大学图书馆，功能上接近于近代图书馆	以藏为主，藏阅合一，向公众开放	中心大厅式图书馆，孕育着管理方式的变革	英国三一学院图书
近代图书馆	国内	藏-借-阅	闭架管理	水平分区，垂直分层，不大考虑灵活性	北京大学图书馆
	国外	保存文献，提供阅览空间	藏阅并重，藏阅分离	灵活空间、开敞布局，模数式图书馆的雏形	大英博物院图书馆 法国国家老图书馆
90年~00年	国内	藏用结合，以用为主	开架管理，人书靠近，读者自我服务与馆员服务相结合	灵活开放，"三一统"的设计原则[1]。一线藏书向多线藏书发展	……
2000年以后	国内外	数字化图书馆	"零距离""无载体"、人机合作快速检索改变了传统人工服务模式	目录厅淡化、书库空间缩小、阅览空间扩大、入口区综合功能增加	……

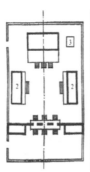  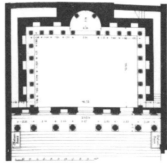 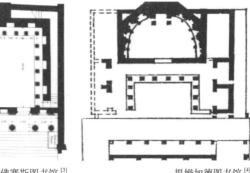

北京皇史宬[2]　　　　依佛赛斯图书馆[3]　　　　提姆加德图书馆[4]

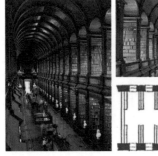 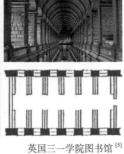  

英国三一学院图书馆[5]　　　　　　　　　　　北京大学图书馆[6]

图 4.5-1　图书馆发展实例（一）

[1]　三一统：统一柱网、统一层高、统一荷载。
[2][4]　《图书馆建筑设计手册》。
[3]　《现代图书馆建筑设计》。
[5]　《信息时代大学图书馆设计》。
[6]　东南大学建筑教学课件。

第四章

增量标准下
中小学教育
区设计

教育区
功能布局
普通教室
专用教室
图书馆
非正式学习空间
办公空间
辅助空间

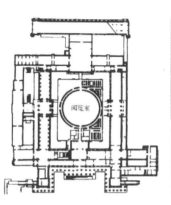

大英博物院图书馆[1]　　　　　　　　　　　法国国家图书馆老馆[2]

图 4.5-1　图书馆发展实例（二）

图书馆建筑的设计原则[3]

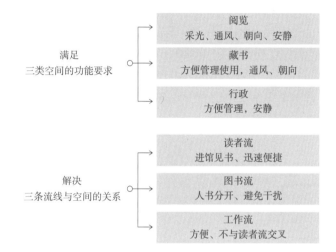

满足
三类空间的功能要求

- 阅览
  采光、通风、朝向、安静
- 藏书
  方便管理使用，通风、朝向
- 行政
  方便管理，安静

解决
三条流线与空间的关系

- 读者流
  进馆见书、迅速便捷
- 图书流
  人书分开、避免干扰
- 工作流
  方便、不与读者流交叉

传统图书馆的空间布局[4]

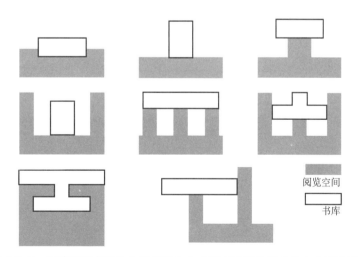

阅览空间

书库

图 4.5-2　传统的图书馆分为以书库为中心和书库阅览室共为中心两种形式

---

[1][2]　《图书馆建筑设计手册》。

[3][4]　东南大学建筑教学课件。

第四章

增量标准下
中小学教育
区设计

教育区
功能布局
普通教室
专用教室
图书馆
非正式学习空间
办公空间
辅助空间

现代图书馆的空间特点

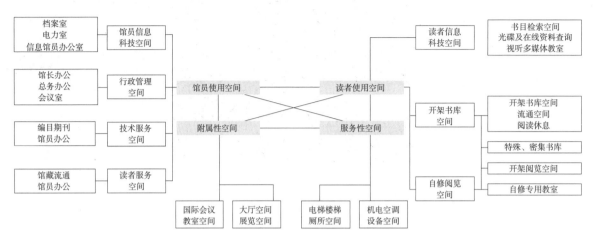

图 4.5-3　图书馆空间分类架构图 [1]

　　建筑空间开敞灵活，模数化设计，形状方整，统一柱距、层高，辅助空间集中布置。以读者为中心，增加服务空间和休息交流空间；开架阅览，开闭结合，提高效率。

　　在从馆藏资源为中心到读者为中心的转变过程中，建筑设计应更加关注人为活动的需求，根据不同的活动类型，提供大小不同，功能不一的空间。图书馆需要对空间进行规划，将不同的空间分隔开，使得不同类型的活动可以同时进行，不同人群可以同时有效地使用图书馆。

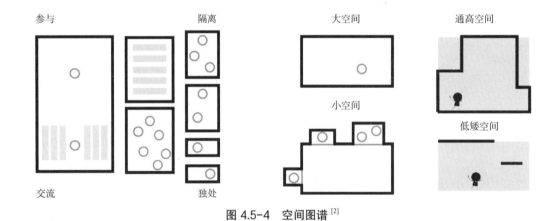

图 4.5-4　空间图谱 [2]

　　相对大空间，小一些的空间，更加吸引个人、小组交谈；而天花板的高度应该迎合空间尺度，否则很难让人产生舒适感。

图书馆建筑向非正式学习空间的转变

　　如今的图书馆将创造更多的学习空间作为第一设计要点。21 世纪初，北卡罗来纳州立大学曾与大学和研究图书馆协会（ACRL）一起制定过一份图书馆设计标准。规划调查发现，在现有图书馆的各项指标中，学生使用空间面积这一项，远低于标准。这意味着，对于新建图书馆而言，其核心目标应转移到为学生提供更多的学习空间上来。

　　亨特图书馆动态流动的内部空间为人们提供一个具有前瞻性的智慧场所，一个多功能和有

[1]　南京工业大学硕士学位论文 刘峰。

[2]　BEED - Media 必达更好的学校建设微信公众号。

第四章
增量标准下
中小学教育
区设计

教育区
功能布局
普通教室
专用教室
图书馆
非正式学习空间
办公空间
辅助空间

趣的学习及创新环境，主要楼层之间拥有开阔的中庭空间，开放式的楼梯连接上下，各种各样的研究室和学习环境并存在"学习共享"的理念之下。高科技也被整合入图书馆的各个系统，互交式高清屏幕为用户提供各种实时数据。利用自动书库压缩出传统书库所占的大量面积，转变为学习场所。

对于低年级的小学生来说，到图书馆借阅图书需要在老师的协助下完成，借阅过程人员耗费大且程序较为繁琐。所以大多数传统的完全小学仅在教学楼中设立图书室，但使用频率也并不理想。

伴随着图书馆建筑向非正式学习空间的转变，传统的图书室也渐渐在校园建筑中消失。取而代之的是校园公共交流平台、班级图书角等。将图书室的功能融入学生们的日常学习活动中去，形成小组团式的非正式学习空间。

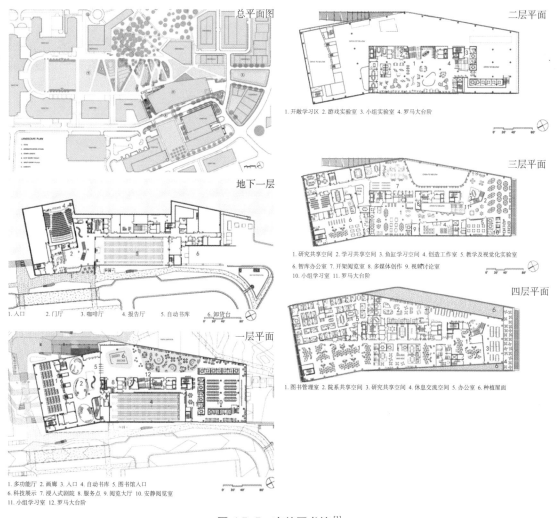

总平面图

地下一层
1. 入口　2. 门厅　3. 咖啡厅　4. 报告厅　5. 自动书库　6. 卸货台

一层平面
1. 多功能厅　2. 画廊　3. 入口　4. 自动书库　5. 图书馆入口
6. 科技展示　7. 浸入式剧院　8. 服务点　9. 阅览大厅　10. 安静阅览室
11. 小组学习室　12. 罗马大台阶

二层平面
1. 开敞学习区　2. 游戏实验室　3. 小组实验室　4. 罗马大台阶

三层平面
1. 研究共享空间　2. 学习共享空间　3. 鱼缸学习空间　4. 创造工作室　5. 教学及视觉化实验室
6. 智库办公室　7. 开架阅览室　8. 多媒体创作　9. 视频讨论室
10. 小组学习室　11. 罗马大台阶

四层平面
1. 图书管理室　2. 院系共享空间　3. 研究共享空间　4. 休息交流空间　5. 办公室　6. 种植屋面

图 4.5-5　亨特图书馆[1]

[1]　本页图片均来源于哈工大图书馆建筑学学科服务博客。

教学理念与教学形式转变

现代教学理念的变化产生了不拘于传统目标的教育需求，教学的性质及形式也发生了巨大的变化，同样也需要越多来越多效的空间实体来满足这种需求，见图 4.6-1。

过去教学的形式普遍为教授式教学，而现在发展为教授、练习、讨论、示范、视听教学、阅读、演讲等多种方式共存的教学形式，见图 4.6-2。甚至部分国际学校的教学活动是完全颠覆此种教学形式的，教授式教学比重远远小于练习、讨论、演讲等强调自主、互相学习的教学模式。中小学建筑学习空间设计策略的展开也应从教学理念的转变开始。

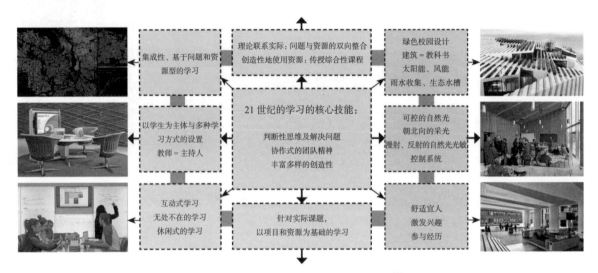

图 4.6-1　新教育理念及其需求的空间 [1]

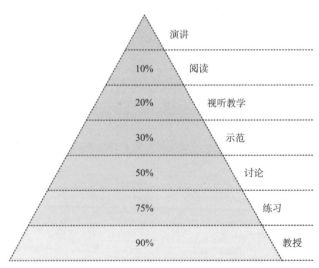

图 4.6-2　现代教育学习形式保留率 [2]

多种学习模式的共存

长期以来学习的产生被认为主要发生在几十人统一而坐的教室里。教学模式从传统"一对多"的教授式学习正转向以学生为中心、以课题为基础、侧重小组学习的"多对多"的互动，不仅让教室内的"正式学习"从被动变成主动，也让教室外的"非正式学习"超越了正式学习陪衬

---

[1][2]　作者根据深圳中学泥岗校区"未来学校"设计竞赛方案改绘。

第四章
增量标准下
中小学教育
区设计

教育区
功能布局
普通教室
专用教室
图书馆
非正式学习空间
办公空间
辅助空间

的角色。

而现代教育理念强调多种学习模式共存的情况：独立的个体学习模式、传统教室授课方式的一对多学习模式、小组学习互相交流的组团学习模式，以及适应不断变化灵活的非正式学习模式，见图 4.6-3。

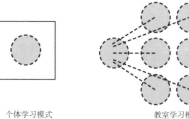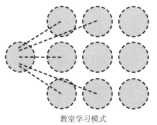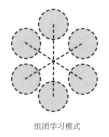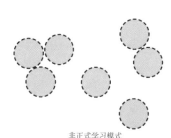

个体学习模式　　　　　　　教室学习模式　　　　　　　组团学习模式　　　　　　　非正式学习模式

图 4.6-3　多种学习模式的共存 [1]

非正式学习空间的含义

传统的教授式教学以教师为中心，主要发生的场所为固定的教学单元，如普通教室，称之为"正式学习空间"。而以学生为中心的自发选择的形式，其发生的场所不固定，包括除了教室之外所有进行有关知识分享和学习活动的场所—如图书馆、资源中心、教室外的休息室、走廊、中庭等空间，称之为"非正式学习空间"。[2]

在西方中小学校里的非正式学习空间是众多的功能复合在一起，功能之间的界限很模糊，平常概念上的走廊、平台、食堂等都是它的范畴，空间十分开放，可满足各种学习活动的开展。不仅仅是学生与学生之间发生交流的场所，教师与学生之间的交流也可以发生在非正式学习空间中。[3]

图 4.6-4　芬兰埃斯波克蔻加尔维综合学校非正式学习空间 [4]

---

[1]　作者根据深圳中学泥岗校区"未来学校"设计竞赛方案改绘。

[2]　Shirley Dugdale、李苏萍，非正式学习图景的规划策略，《住区》，2015 年 02 期。

[3]　苏笑悦，深圳中小学环境适应性设计策略研究，深圳大学硕士学位论文，2017。

[4]　http://www.archdaily.com/.

"非正式学习"与正式学习的区别对比 [1]

以学习者为中心，从知识获取的方式来分类，学习可分为两类：正式学习与非正式学习。它们能够包含所有的学习方式。从时间、地点、情境、动机、目标、周期、方式这六方面将两者进行对比，两者区别如表 4.6-1 所示：

表 4.6-1

	正式学习	非正式学习
时间	固定的学习时间 （如传统课堂教育的课程表）	任意时间，无固定要求 由学习者自我内在需求决定
地点	特点的学习地点 （如传统教室的课堂）	任何地点
情境	与日常生活情境分离	发生在日常生活中
动机	来源于外界 （通常是有组织、计划的集体行为）	来源于学习者本身需求
目标	有固定且明确的学习目标	无明确学习目标，是随意、动态的
周期	连续的长周期 （如课程的课时要求）	短期行为，学习者完成学习目标即结束
方式	教师一对多传授知识	学习者自己主导和控制

"非正式学习"的学习节奏框架 [2]

在"非正式学习"过程中，"参与式"的学习是关键环节，学习可以发生在任何场所，在教室、图书馆等传统学习场所之外，不同的空间支撑提供给不同形式的非正式学习可能。

根据对学习者使用空间时的视觉与听觉的私密度需求，可以将非正式学习空间分成四个类型，通过学习节奏框架表示。四个象限包括私人 / 独处空间，公共 / 独处空间，私人 / 共享空间，以及公共 / 共享空间，见图 4.6-5。

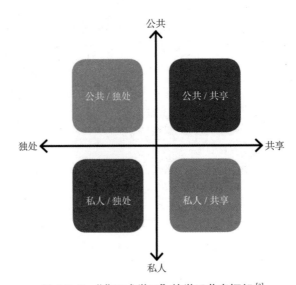

图 4.6-5　"非正式学习"的学习节奏框架 [3]

---

[1]　吴寻，教育建筑非正式学习空间设计研究，同济大学硕士学位论文，2017。

[2][3]　Lennie Scott-Webber，非正式学习场所—常被遗忘但对学生学习非常重要；是时候做新的设计思考，《住区》，2015 年 02 期。

第四章
增量标准下
中小学教育
区设计

教育区
功能布局
普通教室
专用教室
图书馆
非正式学习空间
办公空间
辅助空间

非正式学习空间的使用类型 [1]

1. 私人 / 独处空间：满足个人专注工作的"学习舱"

这一类型的空间被用来满足专注的学习需求，学生喜欢寻找"洞穴"一般的场所，能独处、有助于集中思维及反思冥想。在色彩上运用色谱中最冷并且纯度最高的色调。

"学习舱"和最初的个人阅览间很相似，最大的不同在于每种类型的尺寸，以及隔间侧面有超过书桌深度的"墙"，从而保持隔间需要的视觉私密度。这种场所通常是比较临时的、不需要事先预定的，见图4.6-6。

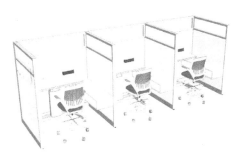 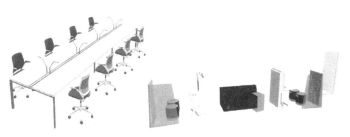

图 4.6-6 私人 / 独处类空间的"学习舱" [2]   图 4.6-7 公共 / 独处空间的"学习长桌"及"巢状空间" [3]

2. 公共 / 独处空间：在人群中独自工作的"学习长桌"和"巢状空间"

基于新近的"星巴克效应"现象可以发现，有他人在场的时候，学生可以感受到与他人的联属感，喜欢在有他人在场的环境中学习。在这种场所下学生可进行长时间的工作，并且在集中思考和发散思维中频繁转换。

很多布局设计需支持这种行为的变化，能够选择和控制身体姿势和学习场所，以及无意识地在集中和发散两种思维模式间转换。例如"学习长桌"、"巢状空间"，见图4.6-7 ~ 图4.6-9。色彩心理学建议在此采用稍暖色系。学生们通常使用耳机来控制声音的干扰。

图 4.6-8 伟谷州立大学皮尤图书馆安静阅览厅的
"学习长桌" [4]

图 4.6-9 布朗大学科学图书馆安静阅览区的
"巢状空间" [5]

3. 私人 / 共享空间：共创小组学习的"浸入式工作室""小组工作室"

随着现代教学愈加侧重小组项目，学生们需要找到能够支持小组共同完成学习任务的空间。

---

[1] Lennie Scott-Webber，非正式学习场所—常被遗忘但对学生学习非常重要；是时候做新的设计思考，《住区》，2015 年 02 期。

[2][3] Lennie Scott-Webber，非正式学习场所—常被遗忘但对学生学习非常重要；是时候做新的设计思考，《住区》，2015 年 02 期。

[4][5] 非正式学习空间的创新 - 超越设计规范，"BEED 必达更好的学校建设"微信公众号。

这类空间可以是多种尺寸的房间，具有一定的私密性，采用可灵活布置的家具，来支持不同规模小组共同工作数个小时的需要，并提供演示白板及相应的电子设备。如"浸入式工作室"、"小组工作室"等，见图 4.6-10 ~ 图 4.6-12。

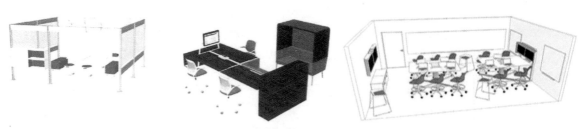

图 4.6-10　私人 / 共享空间的"浸入式工作室"及"小组工作室"[1]

图 4.6-11　密苏里州立大学梅耶尔图书馆半开敞小组学习室 [2]

图 4.6-12　戈切尔学院"神殿"图书馆全封闭小组学习室 [3]

4. 公共 / 共享空间：开放式群体学习的"混合学习体"

这类型空间是解决多种类型的社交行为，从一对一的交流到公共集会。使用行为包含小型会议及辅导互助式的讨论、公共聚会、学习沙龙等，见图 4.6-13。

这种类型的场所必须高度灵活，以便能够支持大型人群参与的报告活动，具有一定的空间连贯性及多功能性。家具的选择也很重要，能满足多种不同的布置需求且具有较高的美学质量。

图 4.6-13　公共 / 共享空间的"协同合作空间""混合学习体"[4]

在许多国外的学校类建筑里，将上述四种空间进行整合，形成了在强调社交行为中创造学习机会的空间。例如咖啡室、展览、画廊、浸入式剧院等，以及休闲放松的设施。布局可灵活多变、并且空间模糊多义。各种集会活动、讲演、汇报、交流、表演可以发生在不同时段，见图 4.6-14、图 4.6-15。

---

[1][4]　Lennie Scott-Webber，非正式学习场所—常被遗忘但对学生学习非常重要；是时候做新的设计思考，《住区》，2015 年 02 期。
[2][3]　非正式学习空间的创新 - 超越设计规范，"BEED 必达更好的学校建设"微信公众号。

第四章
增量标准下
中小学教育
区设计

教育区
功能布局
普通教室
专用教室
图书馆
非正式学习空间
办公空间
辅助空间

图 4.6-14　霍普金斯大学布罗迪学习中心设在
入口处的咖啡室[1]

图 4.6-15　杜克大学帕金斯图书馆的可移动
座椅和白板[2]

非正式学习空间的使用类型特点及设计要点总结[3]　　　　表 4.6-2

私密性 ＼ 空间性	私人	公共	空间性特点	空间性设计要点
独处	私人 / 独处空间	公共 / 独处空间	集中精力、深入思考的学习方式	保证家具及环境的舒适性能够进行长时间的工作需求
共享	私人 / 共享空间	公共 / 共享空间	注重小组联系、协作学习的方式	基础设施如电源、网络的满足，交流、演示设备，并提供小组学习用的家具
私密性特点	私密空间，不受干扰的环境	开放空间，使用者流动性强		
私密性设计要点	此类空间可在任何地点灵活设置，保证一定的私密性以及与公共空间的联系	可满足从全开放、到半封闭、再到完全封闭的空间转换，可设置活动白板及灵活的家具满足空间分割及不同布局的使用需求		

非正式学习空间的存在种类

非正式学习空间可存在于中小学建筑的任何部分，这些流动性、混合功能的空间更能激发学生自主交流、学习、交往等富有活力的行为，并且鼓励学生与周围的现实环境发生互动。

就空间性质来说，在建筑内部，非正式学习空间可分为廊式空间、楼梯 / 中庭等交通集散空间。在建筑外部，则分成风雨连廊、架空层、室外庭院等第一层次非正式学习空间，以及室外活动平台、屋顶平台、大台阶 / 坡道等第二层次空间。而在建筑内部，另一种非正式学习空间的主体是作为具有完整形态的功能房间，例如资源中心、学习社区、图书馆、教研讨论室等具有功能混合性质的空间[4]，见表 4.6-3。

[1][2]　非正式学习空间的创新 - 超越设计规范，"BEED 必达更好的学校建设"微信公众号。

[3]　作者自绘。

[4]　苏笑悦，深圳中小学环境适应性设计策略研究，深圳大学硕士学位论文，2017。

类型	空间类型	
建筑内部	廊式空间	
	楼梯、中庭等流动空间	
建筑外部	风雨连廊、架空层、室外庭院	
	室外活动平台、大台阶、屋顶平台	
完整功能空间	资源中心、学习社区、图书馆等	

非正式学习空间存在种类[1]　　　　　　表 4.6-3

1. 廊式空间

廊式空间是最主要的非正式学习空间之一，这种类型的廊空间具有很强的交通联系性与空间过渡性。传统教育建筑的狭长走道会让学习者感到压抑，不愿意在此停留，更不会有交流互动的非正式学习行为（图 4.6-16）。

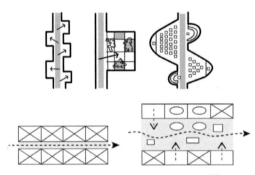

图 4.6-16　廊式空间激活示意图[2]

1）交通性廊式空间

普遍做法是对廊式空间的平面进行收进与突出处理，布置具有交往性质的座椅；还可在一些教学综合区的节点处适当的进行空间放大，布置成提供学生集会、活动的小型开放空间，能有效的提高廊空间的空间品质。将正式教学空间的部分功能释放出来，模糊原有的界限，这样走廊空间变得丰富而有趣，成为可驻足的场所（图 4.6-17）。

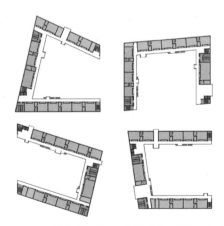

图 4.6-17　深圳中学泥岗校区教学体系楼廊式空间[3]

---

[1]　作者自绘。

[2]　吴寻，教育建筑非正式学习空间设计研究，同济大学硕士学位论文，2017。

[3]　苏笑悦，深圳中小学环境适应性设计策略研究，深圳大学硕士学位论文，2017。

第四章

增量标准下
中小学教育
区设计

教育区
功能布局
普通教室
专用教室
图书馆
非正式学习空间
办公空间
辅助空间

2）融合多功能的廊式空间

融合型廊空间是一种通过结合公共空间将连接性的交通空间扩展为融合多种功能的公共空间，通过布置家居和其他可移动建筑构件实现对空间的围合，实现空间的灵活可变性。能够提供承载学生多种活动的空间，有休息交谈的场所，有游戏聚会的空间，也有读书娱乐的场地。极大程度上满足了开放式教学理念的空间要求（图 4.6-18）。

图 4.6-18　英国 Park Brow 小学融合多功能的廊式空间 [1]

2. 楼梯、中庭等流动空间

楼梯、中庭等空间相较于建筑内的廊式空间来说更加具有灵活性，并且建筑端头及中部可设置各类较大规模的交流、阅览、社交等复合功能空间。由于具有较多的变化，楼梯、中庭还可结合室内外平台及绿化来丰富建筑空间。例如可以加大楼梯的宽度，一边保持通行功能，另一边改变高宽比做成类似看台的形式，即可营造出支持临时集会、展览、交流、阅读等活动的"非正式学习空间"（图 4.6-19）。

图 4.6-19　阶梯空间运用实例 [2]

又如潍坊瀚声国际学校内部中庭，开放宽敞的楼梯间、扩大的连廊、与室外平台结合的中庭、在部分节点处设置公共区域等手法，增加了非正式学习行为的可能性（图 4.6-20）。

[1]　http://www.archdaily.com/.

[2]　吴寻，教育建筑非正式学习空间设计研究，同济大学硕士学位论文，2017。

第四章
增量标准下
中小学教育
区设计

教育区
功能布局
普通教室
专用教室
图书馆
非正式学习空间
办公空间
辅助空间

图 4.6-20　潍坊瀚声国际学校楼梯、中庭非正式学习空间 [1]

3. 风雨连廊、架空层、室外庭院

在建筑外部的非正式学习空间，更加注重室内外空间的连续与交融，特别是在人流量较大的首层，可设置不同层次的院落，并通过风雨连廊相联系。建筑外部的非正式学习空间相较建筑内部来说，更加强调交往、活动属性。这种条件下，设计中应加强改善建筑空间的基本质量，如室外环境的塑造，风雨连廊与建筑内部空间的无缝衔接等。

潍坊北辰中学特教中心，设置了一个中心院落并发散成数个生活、活动、康复等不同功能的小院落，产生了室外庭院—半室外灰空间—室内学习空间的微妙过渡。模糊了学生对室内外空间的边界认知，从而将室外庭院纳入到非正式学习空间体系（图 4.6-21）。

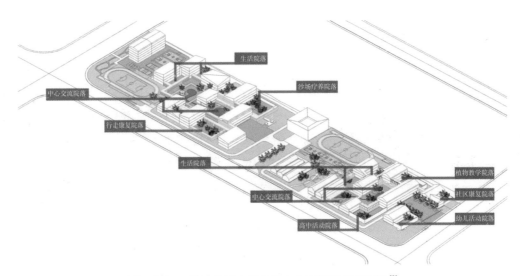

图 4.6-21　潍坊北辰中学特教中心室外庭院式空间 [2]

---

[1]　http://www.archdaily.com/.

[2]　作者自绘。

第四章
增量标准下
中小学教育
区设计
教育区
功能布局
普通教室
专用教室
图书馆
非正式学习空间
办公空间
辅助空间

4.室外活动平台、大台阶、屋顶平台等

室外活动平台、大台阶、屋顶平台等空间的作用不局限于提供较多的非正式学习空间实体，而在于增加非正式学习空间在的联系与整体性，形成校园内以"非正式学习"为主要学习方式的一整套空间系统。

在OPEN事务所设计的北京四中房山新校区以创造多层次的垂直开放空间为理念，教学楼采用流线结构的形式，阶梯空间也突破常态进行设计，在室内外多处结合教学空间设计了集交通、学习、阅读、集体活动、表演为一体的阶梯空间（图4.6-22）。

图 4.6-22　北京四中房山校区室外阶梯空间运用实例[1]

深圳中学泥岗校区设计方案，每栋体系楼首层设置连续的架空层空间，结合公共教室一起，供学生开展活动、休息交流之用；设计引入二层公共活动平台概念，将4个体系楼联系成为一个整体，并在平台上设计大小不一的庭院、共享大台阶等活动空间，为全校师生提供多元的交流舞台。

每层均设置大量开放交流学习空间，形成空间交流网格体系，为学生的非正式学习提供了条件。结合教学单元的正式学习，共同营造一个处处可交往、处处可学习的学校空间,（图4.6-23）。

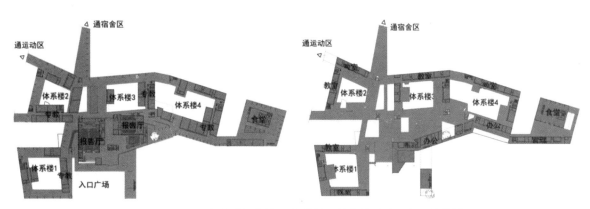

图 4.6-23　深圳中学泥岗校区教学体系楼室外活动平台系统[2] [3]

[1]　吴寻，教育建筑非正式学习空间设计研究，同济大学硕士学位论文，2017。
[2][3]　苏笑悦，深圳中小学环境适应性设计策略研究，深圳大学硕士学位论文，2017。

5. 非正式学习的完整功能空间

非正式学习广义的来说是除去传统教授式教学的学习方式，从空间性质上来说是充分利用各种服务空间、交通空间并赋予其建筑功能的零散空间。但是非正式学习的行为同样可发生在完整大空间内，如图书馆/室及新型的学习社区及资源中心。

如上文所述的亨特图书馆，以及昆士兰科技大学的科学工程中心（图4.6-24），设计考究、人流密集而又温馨舒适。在教室、公共空间、走廊等等多种学校空间类型里，学生想要与同学以及老师获得更多学习反馈，无疑这类完整而又复合的空间是首选。

图 4.6-24　昆士兰科技大学科学工程中心[1]

非正式学习空间的设计策略

通过对上述各类非正式学习空间的分类与总结，可以得出如下四种中小学建筑内非正式学习空间的设计策略：

1. 整合正式与非正式学习空间，并形成良好的过渡用于师生的交流

目前的中小学建筑中，校园内的正式学习空间仍然占据主导地位。对于非正式学习空间的设计，一方面是要将正式学习空间布局逐渐优化，单一形态的普通教室转型为多功能、多形式的学习区。

如欧洲学校联盟2012年成立的未来教室实验室。物理空间上是由一间会议室和一个巨大的开放式空间组成。开放式空间由6个学习区组成，分别为互动区、展示区、探究区、创造区、交换区、发展区。每一个学习空间侧重于特定的教和学领域。如探究区在物理空间上，能够灵活、快速地改装成便于小组学习、配对学习或者独立学习的形式（图4.6-25、图4.6-26）。

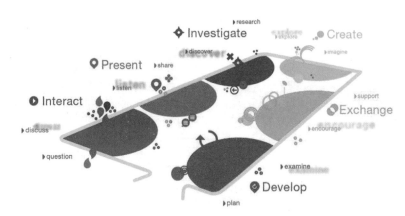

图 4.6-25　欧盟未来教室实验室六个学习区[2]

[1][2]　http://www.baidu.com.

第四章

增量标准下
中小学教育
区设计
教育区
功能布局
普通教室
专用教室
图书馆
非正式学习空间
办公空间
辅助空间

图 4.6-26　欧盟未来教室实验室[1]

　　另一方面，激活现有正式与非正式学习之间的过渡空间，如教室外走廊，门厅中庭等。学生在下课之后，仍能在附近逗留，继续一些非正式的交流与对话。通过设置满足不同需求大小的突出空间以及摆放便于自主学习的家具，容纳更多的空间使用可能性。

　　俄勒冈州立大学新教学楼中的学习创新中心对传统走廊的两侧冰冷的墙面进行处理，在教学空间周边的交通区域设计成"能够占用的立面"——一道凹凸的外墙，非正式学习空间就在高流量区域的一侧（图 4.6-27 ~ 图 4.6-28）。

图 4.6-27　激活的走廊空间[2]

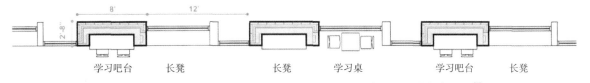

图 4.6-28　俄勒冈州立大学新教学楼中的学习创新中心激活的走廊空间[3]

　　苏黎世联邦理工学院两栋旧院系楼改造项目的设计理念体现了门厅空间激活化设计的策略（图 4.6-29）。两栋旧院系楼改造之前是完全独立的，将原有局促的门厅空间打通释放联系起两栋院系楼，结合交通空间运用错层的手法，置入大台阶、不同类型的桌椅、咖啡吧，成功吸引了教授学生在这里驻足、合作、讨论，激活了原有局促消极的门厅，创造了利于学科交叉的非正式学习空间。

[1]　http://www.baidu.com.

[2][3]　Shirley Dugdale、李苏萍，非正式学习图景的规划策略，《住区》，2015 年 02 期。

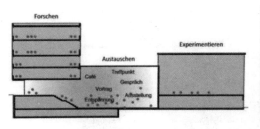

图 4.6-29　门厅空间激活设计 [1]

2. 为混合活动营造混合环境

校园中多种非正式学习空间混合的形式，更能促进社交行为的发生，学生之间能产生更多联系以及基于情感上的交流学习。混合式的空间也使得建筑的形态更加多元，非正式学习的环境更加具有活力。

图书馆其实是校园内最普遍的混合环境之一。不仅产生了各种交往型的大厅、活动室、展览、咖啡厅，还提供了校内大部分的混合型的非正式学习空间，同时，也满足人们对于安静学习的需求。

3. 产生资源中心、学习社区等新型学习空间

现代教学条件改善伴随互联网的普及，促进校园内的现有资源接入互联网，并产生了一个专门整合各类现有资源的空间形式—资源中心。同时传统的计算机实验室等空间也被改变功能用途，形成各类拟真实验、互动教学实验等空间（图 4.6-30）。

这类资源中心的形式，使得校园内学生学习的自主性大大增强。在资源中心内，学生可以在自由的环境中通过各种现代学习手段进行知识的获取，品德的学习，交流的平台。

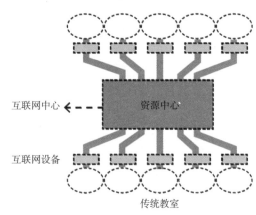

图 4.6-30　资源中心示意图解 [2]

4. 室内外共融的分布式学习空间的塑造

针对非正式学习空间的设计必定会扩散到传统教室之外。教室是课堂，户外也是课堂。创建校园内无处不学习的氛围必须要求室内外都有能发起学习的空间，见图 4.6-31、图 4.6-32。

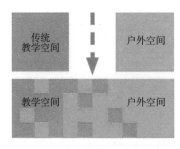

图 4.6-31　室内外融合的分布式非正式学习空间 [3]

[1]　吴寻，教育建筑非正式学习空间设计研究，同济大学硕士学位论文，2017。

[2][3]　作者根据深圳中学泥岗校区"未来学校"设计竞赛方案改绘。

第四章

增量标准下
中小学教育
区设计

教育区
功能布局
普通教室
专用教室
图书馆
非正式学习空间
办公空间
辅助空间

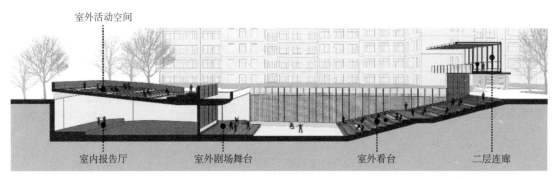

图 4.6-32　山东省实验中学综合教学楼方案室内外空间融合的非正式学习空间 [1]

非正式学习空间设计策略的应用

1. 建筑功能集约化布局产生多维度空间

在青岛中学建筑设计中，运用集约化的设计策略，上层（二至五层）：布置基本教学、宿舍等核心功能单元，保证最佳日照、通风与景观条件；中层（一层）：布置公共教学、体育馆和食堂等相对公共的功能，作为功能、空间和交通流线三方面的中介层；下层（地下一层）：布置专用教学、游泳馆和及体育室等对外部条件要求不高的功能，集约式布局带来对用地面积的极大节约。"三明治"式功能结构将校园的功能空间在垂直方向上进行分层布局，各类功能使用流线能够在集约化的综合体中实现快速便捷的上下联系。各层之间相对独立又便捷联系，可以在多维度上塑造出丰富的非正式学习空间（图 4.6-33）。

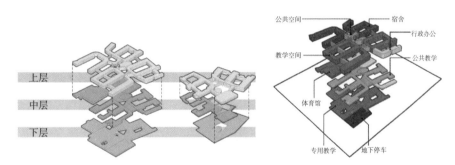

图 4.6-33　"三明治式"功能结构与集约化布局示意 [2]

2. 交织、置入等策略营造不同尺度属性的复合空间

运用交织、置入等策略，营造出不同尺度和属性的学习空间。中学部组团的中轴空间所包括的三个大厅依次为迎向南侧主广场的绿色大厅，联系各层非正式学习空间的红色大厅以及环小剧场的黄色大厅。三个大厅拥有不同的空间层次与尺度，为学生提供丰富的视线交流和非正式合作交流，成为联系各个组团的核心空间。红色大厅运用非正式与正式学习空间交织的设计策略，利用不断错动的中庭空间和楼梯增加空间的丰富性，将非正式和正式学习空间紧密联系并流线清晰。黄色大厅将小剧场和筒状的非正式学习置入在正式学习空间中，让学生在课后的学习得以延续（图 4.6-34）。

[1]　http://www.gooood.hk.

[2]　吴寻，教育建筑非正式学习空间设计研究，同济大学硕士学位论文，2017。

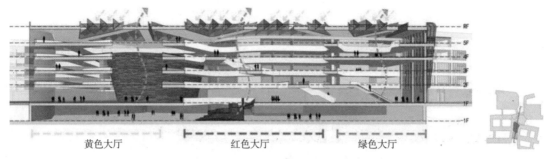

黄色大厅　红色大厅　绿色大厅

图 4.6-34　中学部组团的中轴空间纵剖面 [1]

3.结合便捷交通形成密点式非正式学习空间网络结构

室内非正式学习空间设计了不同的开放程度，有开放、半开放、私密三个层次，相对均匀分布在建筑内部。同时设计若干室外平台、阶梯、廊道作为室外非正式学习空间，加强与自然和场地的对话。通过便捷交通和密点非正式学习空间的结合，建立起贯穿校园、建筑的整体而又充满活力的非正式空间网络（图 4.6-35）。

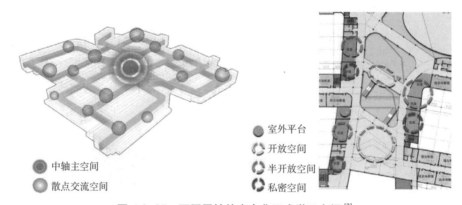

● 中轴主空间
● 散点交流空间

● 室外平台
◐ 开放空间
◐ 半开放空间
◐ 私密空间

图 4.6-35　不同属性的密点非正式学习空间 [2]

4.走班制教学理念带来的班级组织方式进化

走班制的教学理念主要指学生在不同教室流动听课，学生在培养计划范围内自主选课，每次课程的主题、教师、教室都不固定，能够激发学生对课程的期待和思维的开拓。此理念要求各个单元空间也具有进化的灵活性，紧跟教育理念的变化（图 4.6-36）。

教学单元空间中，纯南向的单元数以足以班组班级定额，使得典型的"班主任制"向先进的"导师制"迈进的过程中，可以根据实际情况调节进度，可以再一定时段内布置"班级专属教室"和"教师工作室"结合的方式。

单元班组群模式由普通教学班、公共交流区、竖向交通空间、共享辅助区四部分组成。普通教学班：三个不同班级组成群组；公共交流区：每个单元班组群拥有独立的非正式学习空间；竖向交通空间：每个单元班组群拥有独立的竖向交通空间和中庭；共享辅助区：每个单元班组群拥有独立的艺术教室和卫生间。隔声板打开后，三个教室与公共交流区形成合班教室，为混班教学提供可能，见图 4.6-37。

[1][2]　吴寻，教育建筑非正式学习空间设计研究，同济大学硕士学位论文，2017。

第四章

增量标准下
中小学教育
区设计

教育区
功能布局
普通教室
专用教室
图书馆
非正式学习空间
办公空间
辅助空间

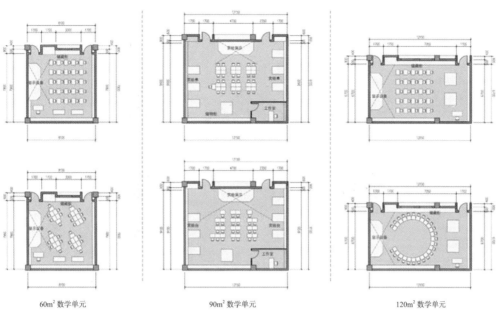

| 60m² 教学单元 | 90m² 教学单元 | 120m² 教学单元 |

图 4.6-36　灵活性的教学单元 [1]

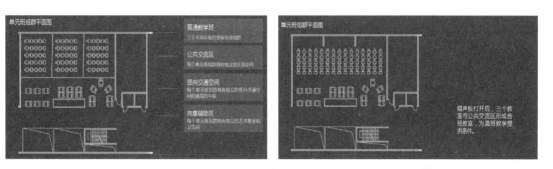

图 4.6-37　青岛中学单元班组群模式为非正式学习创造可能 [2]

在深圳南山华润城九年一贯制学校中，将正式学习空间与非正式学习空间二者进行合理的融合，共同营造层次变化丰富多样的空间品质。

在正式学习空间的中小学部教学楼栋走廊局部加宽，形成形状各异的交流平台，与局部预留的共享平台、空中花园一起，为本楼层的学生提供"非正式学习"交流场所（图 4.6-38）。

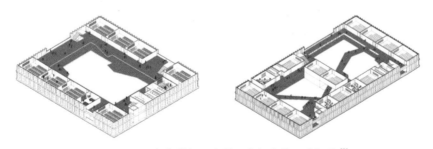

图 4.6-38　中小学部正式学习空间中的互动部分 [3]

在非正式学习空间设计中，"资源中心"首层大部架空，设置开放的、连续的自然草坡与相对封闭的公共活动室，满足不同形式交流活动的开展。

[1][2]　吴寻，教育建筑非正式学习空间设计研究，同济大学硕士学位论文，2017。
[3] 苏笑悦，深圳中小学环境适应性设计策略研究，深圳大学硕士学位论文，2017。

第四章

增量标准下
中小学教育
区设计

教育区
功能布局
普通教室
专用教室
图书馆
非正式学习空间
办公空间
辅助空间

"资源中心"在小学部与中学部教学楼对应的一层处理成自然草坡，其间点缀公共活动教室，满足学生开展各式学习、活动的可能，实现空间的多元性（图 4.6-39）。

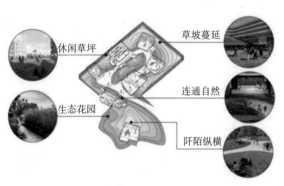

图 4.6-39 资源中心首层非正式学习空间[1]

"资源中心"二层局部抽取的房间形成宽阔的学生交流区域，且在"书院"内设计坡道直接通向资源中心大平台，实现空间多层次对话。主要布置各类实验室、图书馆、办公用房，其间仍形成多处开敞式活动平台，鼓励学生在此自主学习，享受非正式学习（图 4.6-40）。

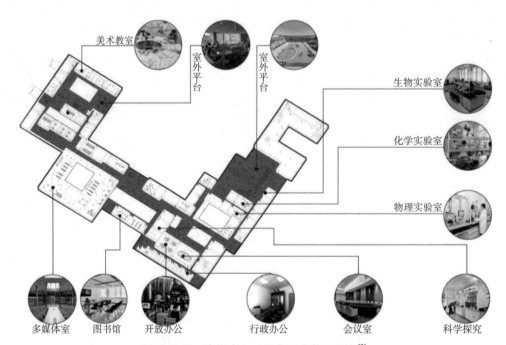

图 4.6-40 资源中心二层非正式学习空间[2]

[1][2] 苏笑悦，深圳中小学环境适应性设计策略研究，深圳大学硕士学位论文，2017。

第四章

增量标准下
中小学教育
区设计

教育区
功能布局
普通教室
专用教室
图书馆
非正式学习空间
办公空间
辅助空间

行政办公的组成

行政办公用房应包括校务、教务等行政办公室、档案室、会议室、学生组织及学生社团办公室、文印室、广播室、值班室、安防监控室、网络控制室、卫生室（保健室）、传达室、总务仓库及维修工作间等。

行政办公用房的布局

1. 校务办公室宜设置在与全校师生易于联系的位置，并宜靠近校门；

2. 教务办公室宜设置在任课教师办公室附近；

3. 总务办公室宜设置在学校的次要出入口或食堂、维修工作间附近；

4. 会议室宜设在便于教师、学生、来客使用的适中位置；

5. 广播室的窗应面向全校学生做课间操的操场；

6. 值班室宜设置在靠近校门、主要建筑物出入口或行政办公室附近；

7. 总务仓库及维修工作间宜设在校园的次要出入口附近，其运输及噪声不得影响教学环境的质量和安全。

8. 卫生室（保健室）的设置应符合下列规定：

①卫生室（保健室）应设在首层，宜临近体育场地，并方便急救车辆就近停靠；

②小学卫生室可只设 1 间，中学宜分设相通的 2 间，分别为接诊室和检查室，并可设观察室；

③卫生室的面积和形状应能容纳常用诊疗设备，并能满足视力检查的要求；每间房间的面积不宜小于 $15m^2$；

④卫生室宜附设候诊空间，候诊空间的面积不宜小于 $20m^2$；

⑤卫生室（保健室）内应设洗手盆、洗涤池和电源插座；

⑥卫生室（保健室）宜朝南。

教师办公

传统学校设计中教学办公常与行政办公一起位于教学行政楼内。在现在学校设计中为了拉近师生之间的距离，常常将教师办公室以年级段办公室的形式布置于学生教学楼的尽端。有些甚至采用落地玻璃作为隔断的形式，形成师生间看与被看的关系，来消除师生之间的距离感。

在教育体制改革的影响下，针对高年级学生的"走班制"与低年级学生的"全科制"教学模式渐渐走入中小学校中成为新型的授课形式。基于"走读制"（学生流动听课，老师定点授课的新型授课形式）和"全科制"（一个老师全权负责一个班学生所有课程）的课程需求，产生了"坐班办公"的教师办公形式。

任何形式的变化都是应该基于体制改革基础上的，单纯追求形式变化的结果往往不尽人意。近几年"坐班办公"的办公形式被借鉴至传统教学体制的学校中去，形成一股"跟班办公"（班主任办公室设于教室内）的新风尚。

"跟班办公"确实拉近了师生之间的物理距离，但是如果让学生觉得时刻在老师的监视下，有可能在心理上产生抵触。

第四章

增量标准下
中小学教育
区设计

教育区
功能布局
普通教室
专用教室
图书馆
非正式学习空间
办公空间
辅助空间

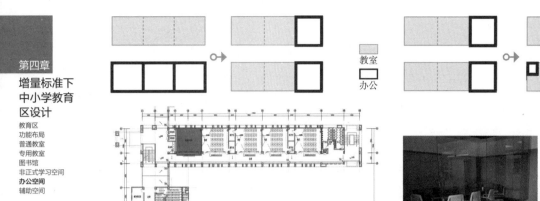

图 4.7-1　滁州明湖中学教学区初步图纸[1]

图 4.7-2　北京亦庄实验中学[2]

图 4.7-3　广泰中学[3]

[1][2]　编者自绘。

[3]　图片来自 https://image.baidu.com/.

第四章

增量标准下
中小学教育
区设计

教育区
功能布局
普通教室
专用教室
图书馆
非正式学习空间
办公空间
辅助空间

卫生间

教学建筑中每层均应分设男、女学生卫生间及男、女教师卫生间。当教学用建筑中每层学生少于3个班时，男、女生卫生间可隔层设置。卫生间位置应方便使用且不影响其周边教学环境卫生。

学生卫生间卫生洁具的数量应按下列规定计算：

1. 男生应至少为每40人设1个大便器或1.20m长大便槽；每20人设1个小便斗或1.60m长小便槽；女生应至少为每13人设1个大便器或1.20m长大便槽；

2. 每40人~45人设1个洗手盆或0.60m长盥洗槽；

3. 卫生间内或卫生间附近应设污水池。

卫生间设计分为盥洗如厕一体式[1]与分离式[2]两种。在实际设计中，考虑到清洁工作的便宜性，常常将保洁室与卫生间一体设计[3]。在近期的学校设计中，出于考虑全纳制教育的考量，以将无障碍设计引入校园建筑的卫生间设计中。

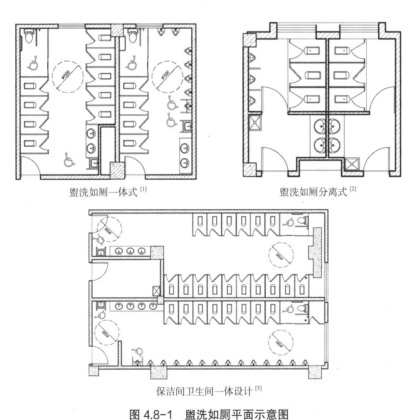

盥洗如厕一体式[1]   盥洗如厕分离式[2]

保洁间卫生间一体设计[3]

图4.8-1　盥洗如厕平面示意图

饮水处

中小学饮水处管线与室外公厕、垃圾站等污染源间的距离应大于25m。在教学建筑内应在每层设置饮水处，每处应按每40~45人设置一个饮水口计算饮水口数量。饮水处前应设置等候空间，等候空间不得占用走道等疏散空间。在近期的学校设计中，常常将饮水处与非正式学习空间结合设计，形成供学生交流学习的休息平台。

---

[1][3] 青岛中学高中部教学区卫生间。

[2] 潍坊特教中心聋校教学区卫生间。

图 4.8-2　西安建筑科技大学东楼茶水间[1]

楼梯

中小学校教学用房的楼梯梯段宽度应为人流股数的整数倍。梯段宽度不应小于 1.20m，并应按 0.60m 的整数倍增加梯段宽度。每个梯段可增加不超过 0.15m 的摆幅宽度。中小学校楼梯每个梯段的踏步级数不应少于 3 级，且不应多于 18 级，并应符合下列规定：

1. 各类小学楼梯踏步的宽度不得小于 0.26m，高度不得大于 0.15m；

2. 各类中学楼梯踏步的宽度不得小于 0.28m，高度不得大于 0.16m；

3. 楼梯的坡度不得大于 30°；

4. 楼梯两梯段间楼梯井净宽不得大于 0.11m，大于 0.11m 时，应采取有效的安全防护措施。两梯段扶手间的水平净距宜为 0.10 ~ 0.20m；

5. 中小学校室内楼梯扶手高度不应低于 0.90m，室外楼梯扶手高度不应低于 1.10m；水平扶手高度不应低于 1.10m；

6. 除首层及顶层外，教学楼疏散楼梯在中间层的楼层平台与梯段接口处宜设置缓冲空间，缓冲空间的宽度不宜小于梯段宽度；

7. 中小学校的楼梯两相邻梯段间不得设置遮挡视线的隔墙；

8. 教学用房的楼梯间应有天然采光和自然通风。

楼梯在不影响其作为疏散空间功能的同时，也可以与非正式学习空间一起考虑。

图 4.8-3　葡萄牙 白色学院[2]

图 4.8-4　青浦平和双语学校[3]

---

[1]　编者自摄。

[2][3]　谷德设计网。

[第五章] 增量标准下中小学体育区设计

第五章
增量标准
下中小学
体育区设计

体育区
体育馆
游泳馆
其他体育用房
体检室

体育区概述

体育区指中小学建筑的体育用地区域，主要包括室内体育用房以及室外运动场地，是学生进行体育教学、比赛及运动锻炼的主要场所。效果示意见图5.1-1。

图 5.1-1　体育区效果示意 [1]

功能组成

体育区主要由以下两部分组成：

室内体育用房：包括体育馆、游泳馆以及相关辅助用房。体育馆的设置规模由学校的建设条件决定，主要容纳篮球场、羽毛球场、排球场等室内球场，同时也可包含健身房、乒乓球房、体操房等各类体育用房。

室外运动场地：包括跑道、沙坑等田径运动场地和各球类运动场地。常见的球类场地有足球场、篮球场、乒乓球场、羽毛球场以及网球场等。功能组成参见图5.1-2。

体育区相关规范概述

1. 各类运动场地应平整，在其周边的同一高程上应有相应的安全防护空间。

2. 室外田径场及足球、篮球、排球等各种球类场地的长轴宜南北向布置。长轴南偏东宜小于20°，南偏西宜小于10°。

3. 气候适宜地区的中小学校宜在体育场地周边的适当位置设置洗手池、洗脚池等附属设施。

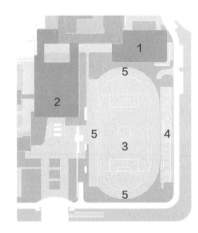

1—游泳馆
2—体育馆
3—足球场
4—运动球场
5—田径场地

图 5.1-2　北辰中学 [2]

---

[1][2]　图片来自于北辰中学项目。

第五章
增量标准
下中小学
体育区设计
体育区
体育馆
游泳馆
其他体育用房
体检室

4. 各类教室的外窗与相对的教学用房或室外运动场地边缘间的距离不应小于 25m。

5. 体育建筑设施的位置应临近室外体育场，并且便于向社会开放。

体育区功能延伸

体育区设计应当充分考虑灵活可变的使用要求，除了体育活动功能，可兼做学生礼堂、展览等文娱活动场所。同时，校园体育区的设计可兼顾其社会属性，便于向社会开放，满足周边市民的使用需求，凝聚区域活力。

室外体育场地与建筑组团的布局关系

1. 并列式布局：

建筑体量与室外运动场地各成组团，并列布置。体育设施部分位于建筑组团的端部，临近室外场地。这种布局分区明确，既保证体育区的相对完整，同时又避免了体育区与其他区域的相互干扰。参考案例见图 5.1-3。

2. 环绕式布局：

建筑体量根据功能分区组成分散的组团，围绕室外运动场地布置，形成环绕式布局。室外运动场地作为核心共享空间，既是学生室外体育运动的聚集场所，又是联系各功能分区的景观视觉中心。参考案例见图 5.1-4。

3. 复合式布局：

复合式布局是将室外运动场地置于建筑组团之中的叠合设计。这种布局适用于面积非常有限的集约场地，通过对屋顶或底层架空区域的有效利用，既满足室外体育活动的需求，又能增加垂直方向上的功能互动。参考案例见图 5.1-5。

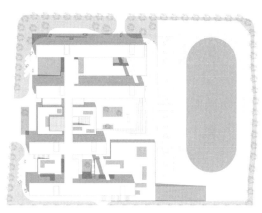

图 5.1-3　合肥市第四十五中学[1]

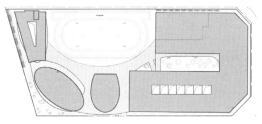

图 5.1-4　温州道尔顿小学[2]

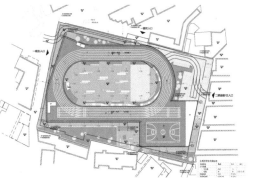

图 5.1-5　天台赤城街道第二小学[1]

---

[1]　图片引用谷德网，天台赤城街道第二小学。
　　公立标准设计详见《建筑设计资料集》（第三版）。
　　体育场地尺寸详见《建筑设计资料集 4》（第三版）P16。

一般功能要求

《体育建筑设计规范》JGJ31-2003 第 2.0.4 条术语解释对体育馆的定义为："配备有专门设备而供能够进行球类、室内田径、冰上运动、体操（技巧）、武术、拳击、击剑、举重、摔跤、柔道等单项或多项室内竞技比赛和训练的体育建筑。主要由比赛和练习场地、看台和辅助用房及设施组成。体育馆根据比赛场地的功能可分为综合体育馆和专项体育馆；不设观众看台及相应用房的体育馆也可称训练房。"[1]

根据体育馆功能的复合程度分为两种类型：

1. 体育型：以一种体育项目为主兼容其他小场地体育项目，如篮球为主的体育馆和以手球为主的体育馆；

2. 多功能型：体育馆为主兼容文艺、集会、展览等，体育不以单一项目为主，是以较多相近项目和提供较多训练场地为目标的优化组合。

中小学校的体育馆的功能主要是为了满足学校师生进行室内体育活动的需求："中小学校风雨操场（小型体育馆）宜作为篮球、排球、网球、羽毛球、体操、蹦床等运动项目的比赛、教学或训练场地"[2]，但为了充分发掘中小学校室内空间的使用效率，满足场地对社会开放的使用需求，越来越多的中小学体育馆呈现出多功能复合的趋势。

中小学体育馆一般由以下几个功能部分组成：1. 体育活动场地及观众席；2. 观众用房；3. 运动员用房；4. 设备配套用房（图 5.2-1），其中体育场地以及观众席是体育馆的核心空间。根据多功能的使用需求，也可能包括比如乒乓球、武术、瑜伽等类别的功能房间。

功能类型的明确是进行中小学体育馆设计的基础，体育馆内主要体育活动的类别往往决定了体育馆活动场地的基本尺寸，进而影响体育馆整体功能的布局组合。比如标准篮球比赛场地的要求界定了平面的尺寸，排球运动的需求界定了场地的高度。而具有多功能使用要求的体育馆则需要调整各部分功能的面积占比，选择最佳的场地尺寸，提高场地使用的灵活性，以尽可能满足多样的使用需求，如图 5.2-2 至图 5.2-4 反映了不同使用要求下对于运动场地的不同尺寸需求。

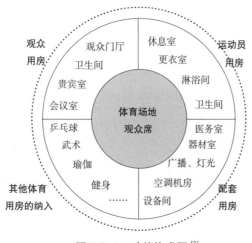

图 5.2-1　功能构成图[3]

图 5.2-2　实例①：法国穆兰初级中学体育馆[4]

[1]　《体育建筑设计规范》JGJ31-2003。

[2]　《中小学校体育设施技术规程》JGJT280-2012。

[3]　自绘。

[4]　ChattierDalix 事务所，图片来源 https://www.gooood.cn。

第五章

增量标准
下中小学
体育区设计

体育区
体育馆
游泳馆
其他体育用房
体检室

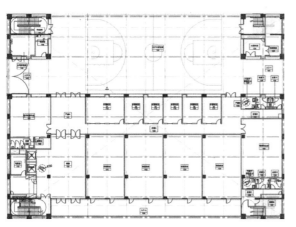

图 5.2-3 实例②：台南第一高级中学体育馆[1]

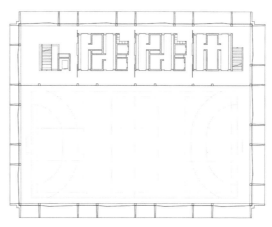

图 5.2-4 实例③：苏黎世 Hirzenbach-school[2]

体育馆规模

一般体育馆的规模按观众席位可分为小型、中型、大型以及特大型。

《中小学建筑设计规范》第 7.1.2 条说明："体育建筑设施的使用面积应按选定的体育项目确定。"[3]

《中小学体育设施技术规程》JGJT280-2012 第 1.0.3 条说明："中小学校体育设施应符合现行国家标准《中小学校设计规范》GB50099 的规定，并应结合本地区、本校办学特色及实际情况，合理确定场地规模、运动项目、设备标准和配套设施。"[4]。

一般情况下，普通中小学校体育馆的规模可参考地方中小学办学条件标准中室内体育用房或体育活动用房的配置标准和使用面积。表 5.2-1 以山东省、上海市、深圳市中小学办学标准为参考，总结出普通中小学校室内体育活动用房的面积指标。

表 5.2-1

室内体育用房配置标准及使用面积（山东省）				
完全小学	标准 3			
用房名称	12 班	18 班	24 班	30 班	36 班
室内体育用房	610	899	899	1118	1118
初级中学	标准 3			
用房名称	12 班	18 班	24 班	30 班	36 班
室内体育用房	900	1200	1300	1400	1400
九年一贯制	标准 3			
用房名称	18 班	27 班	36 班	45 班	
室内体育用房	900	1000	1100	1200	
高级中学				
用房名称	24 班	30 班	36 班	48 班	60 班
体育活动室	1000	1000	1300	1300	1300

本表来源:《山东省普通中小学办学条件标准》《山东省普通高级中学办学条件标准》，表中"标准 3"指的是根据地方条件选择的较高标准。

---

[1] QLAB 建筑事务所，图片来源 http://www.chinaasc.org.

[2] BoltshauserArchitekten 公司，图片来源 https://www.gooood.cn.

[3] 《体育建筑设计规范》JGJ31-2003。

[4] 《中小学校体育设施技术规程》JGJT280-2012。

第五章
增量标准
下中小学
体育区设计
体育区
体育馆
游泳馆
其他体育用房
体检室

表5.2-2

室内体育用房配置标准及使用面积（上海市）			
小学	20 班	25 班	30 班
体育活动室	700	700	700
九年一贯制	27 班	36 班	45 班
体育活动室	700	1000	1300
普通初级中学	24 班	28 班	32 班
体育活动室	1300	1300	1300
普通高级中学	24 班	30 班	36 班	48 班
体育活动室	1300	1300	1420	1420

本表来源：上海市工程建设规范《普通中小学校建设标准》DG/TJ08-12-2004。

表5.2-3

室内体育用房配置标准及使用面积（深圳市）			
小学	18 班	24 班	30 班	36 班
体育馆（含器材室）	1000	1200	1400	1600
九年一贯制	36 班	45 班	54 班	72 班
体育馆（含器材室）	1600	1800	2000	2400
普通初级中学	18 班	24 班	30 班	36 班
体育馆（含器材室）	1500	1500	1500	1500
普通高级中学	18 班	24 班	30 班	36 班
体育馆（含器材室）	1100	1400	2000	2600
寄宿制高级中学	18 班	24 班	30 班	36 班
体育馆（含器材室）	2000	2600	3200	3800

本表来源：《深圳市普通中小学校建设标准指引》（2016 年）。

表5.2-4

室内体育用房配置标准及使用面积			
小学	12-20 班	20-25 班	25-30 班	30-36 班
体育活动室	610-700	700-1000	1000-1200	1200-1500
九年一贯制	18-27 班	27-36 班	36-45 班	45-48 班
体育活动室	700-1000	1000-1200	1200-1500	1500-1800
普通初级中学	12-18 班	18-24 班	24-28 班	28-32 班
体育活动室	900-1100	1100-1300	1300-1500	1500-1800
普通高级中学	18-24 班	24-30 班	30-36 班	36-48 班
体育活动室	1100-1300	1300-1500	1500-2000	2000-2500

本表根据地方标准、规范整理而成。

通过上表可以根据学校的班级规模确定一般中小学校的体育馆面积指标范围，但如果学校对于体育馆的设计有其他方面的要求（固定观众看台、可容纳体育项目、功能复合等），那么设计还需要从以下几个因素出发在原表格指标基础上进行调整，进而确定体育馆的平面尺寸以及面积指标：

1. 运动项目

2. 观众容量

第五章

增量标准
下中小学
体育区设计

体育区
体育馆
游泳馆
其他体育用房
体检室

3. 复合功能

首先，运动项目的类型限定了体育馆的平面大小，根据《中小学体育设施技术规程》JGJT280-2012 第 5.7.3 条说明："以球类项目为主的风雨操场的平面尺寸宜为 20.00m×36.00m、24.00m×36.00m、36.00m×36.00m、36.00m×52.00m 等"，据此可知体育馆的大概体量关系和使用面积。

<table>
<tr><td colspan="3" align="center">比赛场地要求及最小尺寸</td><td align="right">表 5.2-5</td></tr>
<tr><td>分类</td><td colspan="2" align="center">要求</td><td align="center">最小尺寸（长 × 宽，m）</td></tr>
<tr><td>特大型</td><td colspan="2">可设置周长 200m 田径跑道或室内足球、棒球等比赛</td><td align="center">根据要求确定</td></tr>
<tr><td>大型</td><td colspan="2">可进行冰球比赛或搭设体操台</td><td align="center">70×40</td></tr>
<tr><td>中型</td><td colspan="2">可进行手球比赛</td><td align="center">44×24</td></tr>
<tr><td>小型</td><td colspan="2">可进行篮球比赛</td><td align="center">38×20</td></tr>
</table>

注：1. 当比赛场地较大时，可设置活动看台或临时看台来调整其不同使用要求，在计算安全疏散时应将这部分人员包括在内；
　　2. 为适应群众性体育活动，场地尺寸可在此基础上相应调整。

<table>
<tr><td colspan="3" align="center">项目构成与面积关系</td><td align="right">表 5.2-6</td></tr>
<tr><td align="center">类别</td><td align="center">面积（m²）</td><td colspan="2" align="center">训练项目</td></tr>
<tr><td align="center">Ⅰ型</td><td align="center">204</td><td colspan="2">自由体操场地（1 个）（适用于小规模校园，可兼作舞蹈教室使用）</td></tr>
<tr><td align="center">Ⅱ型</td><td align="center">900</td><td colspan="2">篮球场地（1 个）</td></tr>
<tr><td align="center">Ⅲ型</td><td align="center">1000</td><td colspan="2">篮球场地（1 个）、器械体操场地（1 个）</td></tr>
<tr><td align="center">Ⅳ型</td><td align="center">1118</td><td colspan="2">排球场地（1 个）、羽毛球场（2 个）</td></tr>
<tr><td align="center">Ⅴ型</td><td align="center">1296</td><td colspan="2">篮球场地（1 个）、排球场地（1 个）、器械体操场地（1 个）</td></tr>
</table>

本表来源：《建筑设计资料集 4》（第三节）

<table>
<tr><td colspan="4" align="center">体育馆规模分类</td><td align="right">表 5.2-7</td></tr>
<tr><td align="center">分类</td><td align="center">观众席容量（座）</td><td align="center">分类</td><td colspan="2" align="center">观众席容量（座）</td></tr>
<tr><td align="center">特大型</td><td align="center">10000 以上</td><td align="center">中型</td><td colspan="2" align="center">3000 ~ 6000</td></tr>
<tr><td align="center">大型</td><td align="center">6000 ~ 10000</td><td align="center">小型</td><td colspan="2" align="center">3000 以下</td></tr>
</table>

另外，观众的容量包括固定座位和活动座位的选择和配置比例影响了观众席位的面积占比，相应的疏散门厅及卫生间等观众用房也根据观众席位数量确定。

最后，体育馆的功能复合影响了体育馆是否容纳其他体育用房，或者作为集会、演出等使用功能，需要据此增设的相应场馆空间以及配套设备用房也是影响了体育馆规模。

表 5.2-8

影响中小学体育馆规模的三要素

总体布局

中小学体育馆根据其规模大小、校园功能整合的集约化程度可分为三类布局方式：

第五章
增量标准
下中小学
体育区设计
体育区
体育馆
游泳馆
其他体育用房
体检室

1. 独立式布局

独立布局的体育馆与校园的其他建筑没有室内连接，建筑体量相对独立。便于面向社会开放使用，而不影响学校正常的教学工作。独立布局的体育馆一般规模较大，有便于对外开放的出入口，缺点是与校园其他建筑的联系不够紧密，到达的便利性相对较差。

2. 串接式布局

体育馆与其他校园建筑之间通过连廊串连的布局方式即串接式布局，串接式布局满足了校园师生在雨雪寒冷天气下能够便捷到达体育馆的使用要求，也一定程度上缩短了体育馆与校园其他功能空间的距离。

3. 组合式布局

组合式布局指的是体育馆与校园的其他建筑组合成一个室内相连通的综合体的布局形式，组合式布局的体育馆与校园其他功能部分联系密切，缩短了师生到达的距离，使用便利性大大提升。

体育馆总图布局模式　　　　　　　　　　　　表 5.2-9

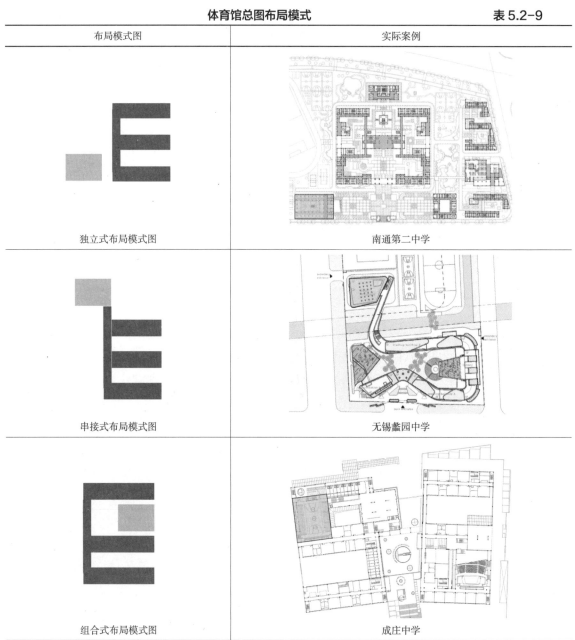

布局模式图	实际案例
独立式布局模式图	南通第二中学
串接式布局模式图	无锡蠡园中学
组合式布局模式图	成庄中学

本表来源：自绘。

5.2 增量标准下中小学体育区设计 · 体育馆

第五章
增量标准
下中小学
体育区设计
体育区
体育馆
游泳馆
其他体育用房
体检室

平面设计

运动场地的平面尺寸

中小学体育馆的运动场地要尽量多地容纳多样化的运动类型从而满足教学的需求。因此，运动场地的平面选择是满足体育馆功能需求的一个重要方面。一个合理的运动场地尺寸可以最大化容纳运动的项目类型。"以球类项目为主的风雨操场的平面尺寸宜为 20.00m×36.00m、24.00m×36.00m、36.00m×36.00m、36.00m×52.00m 等"。

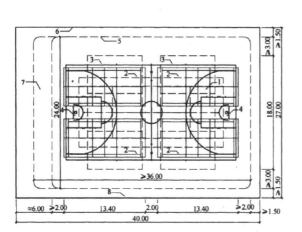

1—网球场
2—羽毛球场
3—排球场
4—篮球场
5—夹层轮廓线（无夹层场馆的内轮廓线）
6—场馆内轮廓线
7—夹层活动区
8—夹层（走廊兼看台）

图 5.2-5　中小学风雨操场平面 [1]

分析 形式	羽毛球	排球	篮球
图解	手球	室内五人足球	排球与乒乓球混用

40.6m×21.5m 运动场地面所能容纳的运动项目　　　表 5.2-10

表格来源：顾婧《城市普通中小学校体育馆设计策略研究》。

[1] 图片来源《中小学体育设施技术规程》。

第五章
增量标准
下中小学
体育区设计

体育区
体育馆
游泳馆
其他体育用房
体检室

图 5.2-6 西班牙马德里 Franciscode Vitoria 多功能体育馆内容纳室内足球、篮球、舞蹈等多种活动[1]

平面设计

体育馆主空间主要由运动区域、观众看台、舞台几个部分构成，其中看台与舞台可根据需求设置为固定式或者活动式的，从而兼顾了场地作为比赛或进行室内集会及演出等活动的需求。而体育馆的主空间设计需要为这些活动内容设置相应场地设施或者预留余地。根据运动场地与看台的关系可以分为以下四种模式：

主空间布局模式分类表 表 5.2-11

模式图解	模式特点	案例平面	案例空间
无固定观众席位	无固定设施可灵活组合四周立面开敞		
单侧观众席位	满足局部观看需求看台空间看台凸出，有很好的导向性		
两侧观众席位	两侧看台通常可收起，既满足观看需求，又不影响平面灵活布局		

---

[1] Alberto Campo Baeza 事务所。
图片来源 https://www.gooood.cn。

174

第五章
增量标准
下中小学
体育区设计
体育区
体育馆
游泳馆
其他体育用房
体检室

续表

模式图解	模式特点	案例平面	案例空间
看台 看台 环状观众席位	通常适用于较大规模体育场馆，满足大型比赛需求		

本表来源：自绘。

空间设计

体育馆主空间与配套设施的空间组合　　　　　　　表 5.2-12

组合模式		模式案例
单边式		
	模式特点	
	配套用房沿长向单边设置，适用于较小规模场地，空间集约高效	
周边式		
	模式特点	
	主场馆周边设置配套用房及部分其他体育用房，凸出主场馆中心特质，同时与周边房间有很好的互动联系	
组合式		
	模式特点	
	主场馆空间平面铺展，合用配套服务用房，分区明确，节约空间	

本表来源：自绘。

室内环境设计

1. 宜采用自然采光，并应根据项目和多功能使用时对光线的要求，设置必要的遮光和防眩光措施。高度在 2.10m 以下的墙面宜为深色。

2. 运动场地面层材料应根据主要运动项目的要求确定，不宜采用刚性面层材料。

3. 应优先采用自然通风，在场地、标高、环境许可的条件下，宜采取低位开窗；当场地条件不满足时，应设机械通风或空调；气候适宜地区的场馆宜安装低位通风百叶窗；窗台高度小于2.10m 时，窗户的室内侧应采取安全防护措施。

4. 室内的墙面和顶棚应选用有吸声减噪作用的材料及构造做法，且墙面吸声减噪材料应耐撞击。

5. 屋顶结构应设计预留安装吊环、吊杆、吊绳、爬梯等健身器材的吊钩；地面应预留体操器械所需埋件；固定运动器械的预埋件不应凸出地面或墙面。

6. 室内的墙面应坚固、平整、无凸起，对于柱、低窗窗口、暖气等高度低于 2.00m 的部分应设有防撞措施，门和门框应与墙平齐，门应向场外或疏散方向开启，并应符合安全疏散的规定。

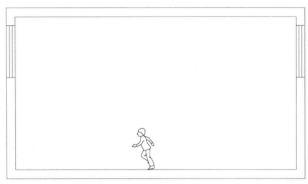

高侧窗采光

图 5.2-7 法国穆兰初中体育馆[1]

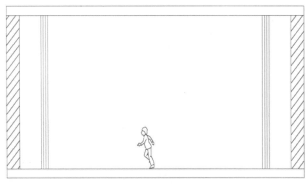

采用百叶等遮光措施

图 5.2-8 法国拉迪体育馆[2]

[1] ChattierDalix 事务所，图片来源 https://www.gooood.cn.

[2] BEXplorationsArchitecture 设计事务所，图片来源 http://bbs.zhulong.com.

第五章
增量标准
下中小学
体育区设计
体育区
体育馆
游泳馆
其他体育用房
体检室

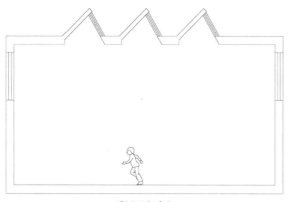

采用天窗采光

图 5.2-9　西班牙萨拉戈萨多功能体育馆[1]

安全疏散

中小学体育馆的规模一般较小，其安全疏散首先必须满足《中小学建筑设计规范》中对于中小学校建筑疏散的要求，另外也需要满足《体育建筑设计规范》JGJ31-2003 中对于体育馆安全疏散的相关规定。

安全出口、疏散走道、疏散楼梯和房间疏散门每 100 人的净宽度（m）　　表 5.2-13

所在楼层位置	耐火等级		
	一、二级	三级	四级
地上一、二层	0.70	0.80	1.05
地上三层	0.80	1.05	—
地上四、五层	1.05	1.30	—
地下一、二层	0.80	—	—

表格来源：《中小学建筑设计规范》GB50099-2011。

疏散的规范要求：

1. 安全出口应均匀布置，独立的看台至少应有二个安全出口，且体育馆每个安全出口的平均疏散人数不宜超过 400 ~ 700 人，体育场每个安全出口的平均疏散人数不宜超过 1000 ~ 2000 人。

注：设计时，规模较小的设施宜采用接近下限值；规模较大的设施宜采用接近上限值。

2. 观众席走道的布局应与观众席各分区容量相适应，与安全出口联系顺畅。通向安全出口的纵走道设计总宽度应与安全出口的设计总宽度相等。经过纵横走道通向安全出口的设计人流股数应与安全出口的设计通行人流股数相等。

3. 安全出口和走道的有效总宽度均应按不小于表格的规定计算。

4. 每一安全出口和走道的有效宽度除应符合计算外，还应符合下列规定：

1）安全出口宽度不应小于 1.1m，同时出口宽度应为人流股数的倍数，4 股和 4 股以下人流时每股宽按 0.55m 计，大于 4 股人流时每股宽按 0.5m 计；

2）主要纵横过道不应小于 1.1m（指走道两边有观众席）；

3）次要纵横过道不应小于 0.9m（指走道一边有观众席）；

4）活动看台的疏散设计应与固定看台同等对待。

---

[1] AldayJoverArquitectura 设计事务所，图片来源 https://www.archdaily.com.
非注明图片均为自绘。

疏散宽度指标						表5.2-14
观众座位数（个）宽度指标（m/百人）疏散部位 耐火等级	室内看台			室外看台		
	3000～5000	5001～10000	10001～20000	20001～40000	40001～60000	60001以上
	一、二级	一、二级	一、二级	一、二级	一、二级	一、二级
门和走道 平坡地面	0.43	0.37	0.32	0.21	0..18	0.16
门和走道 阶梯地面	0.50	0.43	0.37	0.25	0.22	0.19
楼梯	0.50	0.43	0.37	0.25	0.22	0.19

注：表中较大座位数档次按规定指标计算出来的总宽度，不应小于相邻较小座位数档次按其最多座位数计算出来的疏散总宽度。
表格来源：《体育建筑设计规范》JGJ31-2003。

带看台的体育馆（包含固定看台和活动看台），其观众的疏散方式按疏散路线的方向可分为下面几种形式：

　　1.上行式疏散　　　2.下行式疏散
　　3.中间式疏散　　　4.综合式疏散

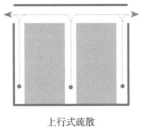 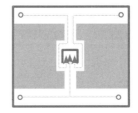 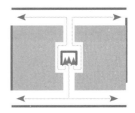

| 上行式疏散 | 下行式疏散 | 中间式疏散 | 综合式疏散 |

图5.2-10　看台疏散方式示意图[1]

		表5.2-15
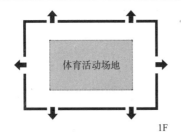1F	1F	2F
单层体育馆使用人群可通过直接对外疏散口疏散或通过门厅、内廊等缓冲空间至对外疏散口疏散	多层体育馆首层包括本层直接对外的疏散口和疏散楼上用房或看台观众的楼梯间直接对外疏散口	多层体育馆的体育用房和观众看台可通过疏散楼梯疏散，楼梯宽度满足规范要求
单层体育馆疏散示意图	多层体育馆（含看台、其他体育用房）疏散示意图	

表格来源：自绘。

[1]　图片来源自绘。

第五章

增量标准
下中小学
体育区设计
体育区
体育馆
游泳馆
其他体育用房
体检室

规范要求

1. 中小学校的游泳池、游泳馆均应附设卫生间、更衣室，宜附设浴室。

2. 中小学校泳池宜为 8 泳道，泳道长宜为 50m 或 25m。

3. 中小学校游泳池、游泳馆内不得设置跳水池，且不宜设置深水区。

4. 中小学校泳池入口处应设置强制通过式浸脚消毒池，池长不应小于 2.00m，宽度应与通道相同，深度不宜小于 0.20m。

5. 小泳池设计应符合国家现行标准《建筑给水排水设计规范》GB50015 及《游泳池给水排水工程技术规程》CJJ122 的有关规定。

功能组成

中小学校游泳馆主要由门厅休息区、泳池活动区、后勤管理区以及设备用房区组成。根据学校使用规模的需求，部分游泳馆还会设置观众看台区，增加相关的休息活动空间。游泳馆功能组成关系见图 5.3-1。

游泳馆与其他体育设施的布局关系：

独立分散式：

游泳馆与其他体育设施完全脱离，形成独立的建筑体量。这类游泳馆一般具有较为完备的功能设施，除了满足平时游泳锻炼的需求，同时还能举办一些小型的游泳比赛并且能容纳适量的观众席。参考案例见图 5.3-2。

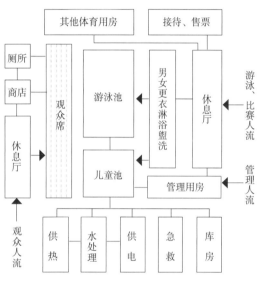

图 5.3-1　游泳馆功能组成关系

1—游泳馆
2—体育馆
3—室外场地

图 5.3-2　上海德法学校[1]

功能叠合式：

功能叠合式布局是指将游泳馆与其他体育设施进行垂直方向上的空间叠合，形成复合式的建筑体量。同时，游泳馆各部分功能完备，在使用上可与其他设施分隔开。这样的布局尤其适用于高度集约的用地环境。参考案例见图 5.3-3。

---

[1]　图片引用谷德网，上海德法学校。

第五章
增量标准
下中小学
体育区设计
体育区
体育馆
游泳馆
其他体育用房
体检室

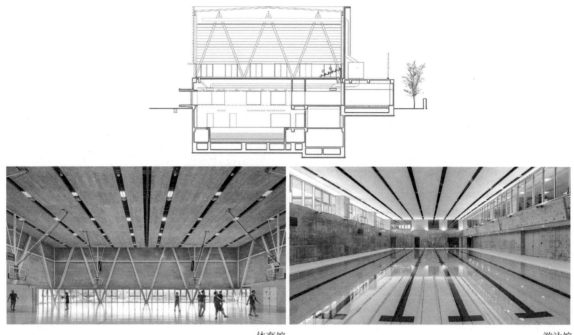

体育馆　　　　　　　　　　　　　　　　　游泳馆

图 5.3-3　高雄美国学校 [1]

并列组合式：

并列组合式布局是将游泳馆与体育馆组合布置在一起，共用门厅休息或更衣淋浴等辅助服务设施。这种布局可以有效的节约辅助服务空间，使得平面排布更加集约高效。参考案例见图 5.3-4。

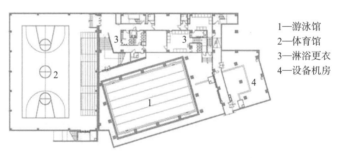

1—游泳馆
2—体育馆
3—淋浴更衣
4—设备机房

图 5.3-4　天津滨海小外中学 [2]

泳池平面排布

1. 泳池尺寸：标准泳池池长 50m，宽 21m，共有 8 个泳道，每道宽 2.5m，边道另加 0.5m。另外还有长度只有一半即 25m 的泳池，称为短池。

2. 泳池的池岸和池壁均应采用防滑做法，材料需易于清洗。池岸、池身的阴阳交角均应按弧形处理。广播设备及电源插座应有必要的防水、防潮措施。

3. 场地水面上净空高度宜为 8 ~ 10m。

4. 在池岸和水池交接处应有清晰易见的水深标志。池岸应设召回线和转身标志线立柱插孔。

5. 中小学校泳池不宜设置深水区。泳池内最深标高：小学宜为 –1.10m，中学宜为 –1.35m。

---

[1] 图片引用谷德网，高雄美国学校体育中心。
[2] 图片引用谷德网，天津滨海小外中学。

5.3　增量标准下中小学体育区设计 · 游泳馆

第五章

增量标准
下中小学
体育区设计
体育区
体育馆
游泳馆
其他体育用房
体检室

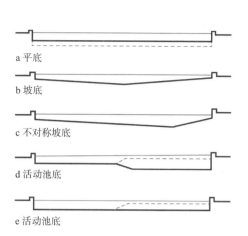

图 5.3-5　泳池的断面形式

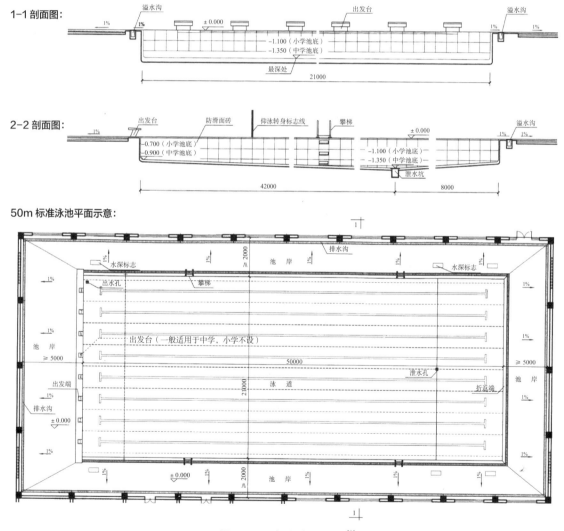

图 5.3-6　标准泳池图示 [1]

---

[1] 《中小学校场地与用房》，中国计划出版社。

第五章
增量标准
下中小学
体育区设计
体育区
体育馆
游泳馆
其他体育用房
体检室

泳池细部

1. 游泳池周围池壁设溢水槽，池岸敞开式溢水槽设有格栅（也可选用盖板）。

2. 两泳道间有分道线，分道线用浮标线分挂在池壁两端，池壁内设挂线勾；池底和池端壁应设泳道中心线，为深色标志线。

3. 泳池侧壁设置攀梯，不得突出池壁，数量根据池长确定。

4. 比赛池出发端应安装符合规则要求的出发台，其表面积至少 50cm×50cm，前缘高出水面50～75cm。同时在水面上 30～60cm 处安装不突出池壁外的仰泳握手器。

设备管理用房

1. 泳池应设置相关管理用房，包括医务急救室、广播用房等，并且紧邻泳池设置，能直通泳池区域。

2. 技术设备用房应包括水处理机房、水质检查室、水泵房、配电室、空调机房以及相关库房。

3. 当采用液氯等化学药物进行水处理时应有独立的加氯室及化学药品储存间，并防火、防爆，有良好通风。

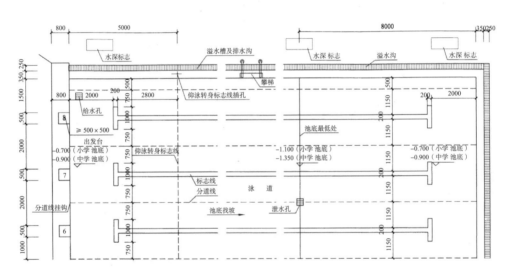

图 5.3-7　泳池局部尺寸放大图[1]

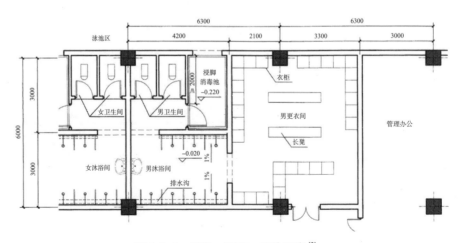

图 5.3-8　淋浴、更衣、盥洗用房[2]

---

[1][2]《中小学校场地与用房》，中国计划出版社。

第五章

增量标准
下中小学
体育区设计

体育区
体育馆
游泳馆
其他体育用房
体检室

健身房

定义：

健身房是用来锻炼身体机能并且设有较为齐全的器械设备的活动场所。健身房宜配有专业的健身教练，保证学生身体锻炼的安全性。设计要点：

健身房四周墙面及门、窗玻璃、灯具等应有一定的防护措施。房间内应考虑减低噪声的。

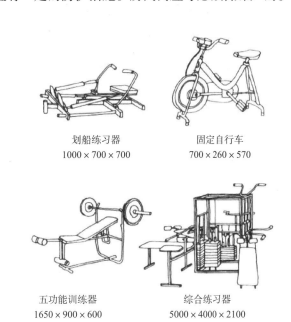

划船练习器
1000 × 700 × 700

固定自行车
700 × 260 × 570

五功能训练器
1650 × 900 × 600

综合练习器
5000 × 4000 × 2100

图 5.4-1 健身房平面布置[1]

图 5.4-2 健身器械图示[2]

壁球房

定义：

壁球房是锻炼人的反应与协调性的完全封闭的室内场地。壁球场地要求面积相对较小。

设计要点：

场地前墙、侧墙为实心墙体抹 0.8cm 厚特殊水泥砂浆，后墙 12mm 厚专用玻璃，地面为木地板。

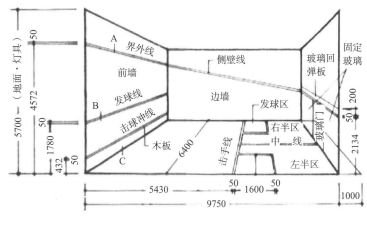

图 5.4-3 壁球场地示意[3]

---

[1][2][3] 《建筑设计资料集》，中国建筑工业出版社。

健身房   壁球房

图 5.4-4　实景效果图 [1]

体操房

设计要点：

体操训练房的方向宜长轴东西向，避免日光照射，影响练习。室内场地通常为硬木或塑料地面上铺保护垫子。端墙面宜设高 1.8 ～ 2m 的通长照身镜，其他墙面均安装练功把杆。

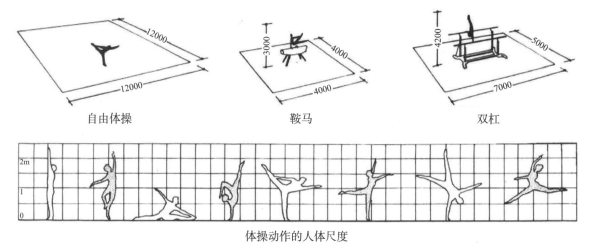

自由体操　　　　　　　　鞍马　　　　　　　　双杠

体操动作的人体尺度

图 5.4-5　体操房尺度图示 [2]

乒乓球房

设计要点：

男、女、双打场地相同，为 7×14m，台面上空至少在 3.24m 内不能有障碍物。

比赛场地仅限在室内，风速不宜大于 0.2m/s。

地面宜采用硬木地板、合成涂料地面。地面一般为深红或深蓝色，场地四周最好为颜色一致的深暗色。

---

[1] 图片引自网络.

[2] 《建筑设计资料集》，中国建筑工业出版社。

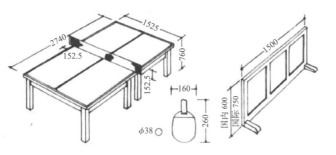

第五章

**增量标准
下中小学
体育区设计**
体育区
体育馆
游泳馆
其他体育用房
体检室

图 5.4-6 乒乓球台及设备[1]

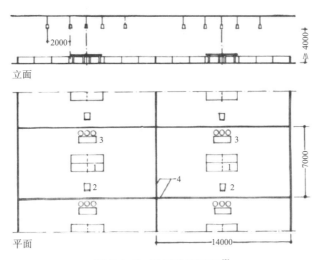

图 5.4-7 乒乓球房示意[2]

图 5.4-8 实景效果图[3]

[1][2] 《建筑设计资料集》，中国建筑工业出版社。
[3] 图片引自网络.

185

第五章

增量标准
下中小学
体育区设计

体育区
体育馆
游泳馆
其他体育用房
体检室

设计要点

1. 体质测试室宜设置在风雨操场或医务室附近，并宜设为相通的两间。

2. 体质测试室宜附设可容纳一个班的等候空间。

3. 体质测试室应有良好的天然采光和自然通风。

4. 体质测试室所需的各种设备设施根据教学需要布置。

平面排布

1. 平面布置 A、B 为 2 中不同的拼组方案，各项工程按实际建设条件设计，见图 5.5-1、图 5.5-2。

2. 平面 A 使用面积约 42m²，平面 B 使用面积约 44m²。两种组合容纳人数在 25 人以上，适宜于各班男女学生分别测试。体检室实景效果见图 5.5-3。

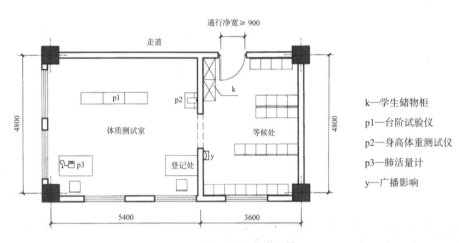

k—学生储物柜

p1—台阶试验仪

p2—身高体重测试仪

p3—肺活量计

y—广播影响

图 5.5-1　平面布置 A[1]

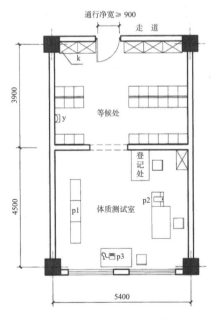

图 5.5-2　平面布置 B[2]

图 5.5-3　体检室实景图[3]

[1][2]　《中小学校场地与用房》，中国计划出版社。

[3]　图片引自网络。

[第六章] 中小学生活区设计

生活区定义

生活区由建筑以及建筑所围合的室外空间环境组成，是提供师生员工学习、生活、休闲的场所，在学校的教学管理工作中生活区是起到后勤保障作用的主要场所，图 6.1-1 为北辰中学生活区。

图 6.1-1　潍坊北辰中学生活区 [1]

功能组成

由学生食堂、学生宿舍、教师宿舍、学生活动中心、商业服务设施等组成。其中学生宿舍是生活区的主体建筑，学生食堂是中心建筑。

总体布局

现代化的中小学校园中，生活区的规模与校园整体规模相一致，根据学校的建设的规模不同，生活区所包含的功能和规模大致分为以下三种情况：

a. 生活区独立占用一栋建筑单体

这种方式布局模式根据学校的办学模式不同分为两种情况，对于走读式学校来说一般为独立的食堂建筑，如图 6.1-3 所示的景苑中学；对于半内宿制学校来说，则是综合了食堂和宿舍两种功能的建筑单体，如图 6.1-2 所示的苏州实验中学生活区布局。

优点：食堂宿舍联系紧密，布局紧凑，利于节地。

缺点：宿舍跟食堂共用一栋建筑，减少了学生饭后去室外活动的频率，同时宿舍空气环境易受食堂排放的油烟影响。

b. 生活区与校园内其他功能空间有机结合，共享一栋建筑，成为建筑中的一个区域，如图 6.1-4 所示的余杭区时代学校。

---

[1]　作者自绘。

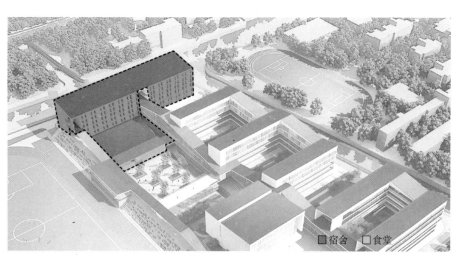

图 6.1-2　苏州实验中学[1]

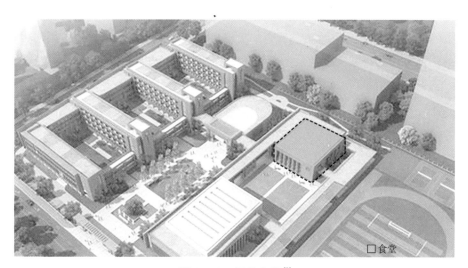

图 6.1-3　景苑中学[2]

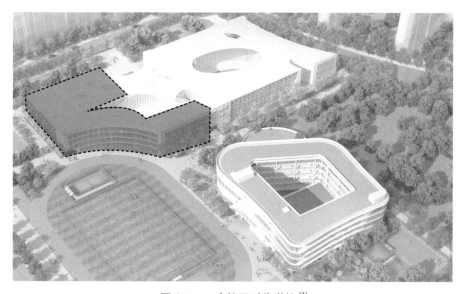

图 6.1-4　余杭区时代学校[3]

[1]　作者自绘。
[2][3]　图片来自 https://image.baidu.com/.

这种布局方式多应用于走读型的中小学校及少量教育综合体，通常将食堂及其他辅助空间与其他教学空间相结合，特别是与风雨操场以及报告厅、合班教室等大空间结合。有利于食堂空间在非用餐时间内作为辅助学习空间的利用，节省土地，但减少学生室外活动的机会。

c. 宿舍建筑跟食堂分属不同单体，形成建筑组团，并列与教学区、运动区等组成独立生活区域。

这种布置方式是目前比较常见的类型，同时常见于内宿类和走读类校园，各建筑单体在总图上又有多种布局方式。（详建见表 6.1-1）

优点：方便行政交通管理，形成小型社区类的社会性氛围，增加学生的交流机会，而且食堂的油烟也不会对其他建筑空间产生影响。

缺点：不利于土地节约，大规模校园中，个别宿舍或教学楼距离食堂较远。

功能布局多元化及发展趋势

随着经济和教育理念日新月异的发展，生活区不再只是提供居住、吃饭和娱乐等基本功能的场所，而逐渐具有学习、交流、运动、茶座、沙龙、阅览、健身、小商业等多元化功能，以提供多样的服务来满足学生的多元需求，是一个复杂的生活系统，如图 6.1-5 的对比图表所示。

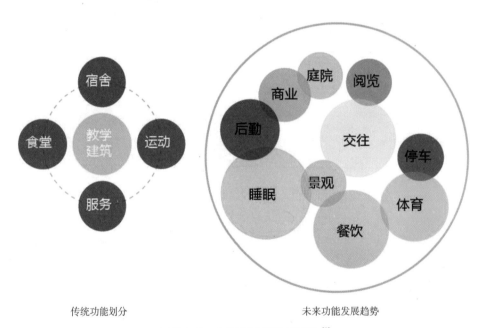

传统功能划分　　　　　　　　　　　　　未来功能发展趋势

图 6.1-5 生活区功能发展对比 [1]

改变传统的各功能独立的建筑单体的建筑模式，将生活区内不同类别但又相互关联的功能进行优化组合，增强空间的灵活性和互补性，形成多功能并置，多空间复合的综合体或建筑组群，最终达到既能优化生活区建筑，又能提高生活舒适度的目的。

当校园建设规模偏大时，生活区一般由多栋单体建筑组成，且独立成区，其中单体建筑的布局主要有以下几种形式：

---

[1] 作者自绘。

总体布局　　　　　　　　　　　　　　　　　　　附表 6.1-1

布局方式	行列式布局	围合式布局	混合式布局	自由式布局
布局特点	行列式布置是指学生生活区内的建筑（以居住建筑为主）按一定朝向和合理间距成列布置的形式	围合式布置是指学生生活区内的建筑（以居住建筑为主）在中心围合成一个庭院的布局方式	行列式和混合式的结合形式，通常情况下以行列式为主，院落空间兼具封闭和开敞的特点	自由式布置是指学生生活区内的建筑（以居住建筑为主）在一定区域内呈点式自由布置
优点	使绝大多数的房间获得良好的日照和通风，是广泛采用的一种形式	形成的内向且集中的空间，其领域性和归属感较强，且便于绿化和组织各种公共设施，利于学生之间的交往。且对寒冷及多风沙地区还可阻挡风沙及减少积雪	获得良好的朝向和日照，获得丰富的建筑形态，适用性较强	获得良好的朝向和日照，获得丰富的空间形式，增加空间的多样性和趣味性，利于学生交往
缺点	容易造成平面及空间的单调、呆板的感觉，且容易产生穿越交通的干扰，栋与栋之间缺乏交流	有相当一部分是东西朝向，朝向较差，且不利于在湿热地区适用，转角空间较差，噪声及干扰较大，对地形的适应性差	不利于节地，增加管理难度和投入	不利于节地，增加管理难度和投入
案例	天津市实验中学滨海校区 北大附属嘉兴实验 	北仑滨海国际学校 慈溪中学 	南通市第二中学 苏州吴江中学生活区 	复旦青浦 乐山市沐川中学

概念阐述

定义

为在校师生提供餐饮服务的专门场所，在学生的学习生活中占有非常重要的地位。

食堂功能组成

食堂主要由后厨区域和用餐区域两大部分组成。

食堂总体布局要点

食堂建筑在校园中的布置原则是方便满足学生和老师的生活学习，节省时间，因此在总体规划阶段不应将食堂置于远离宿舍和教学区的位置。

通常的原则是：以一个中学生步行的 5 分钟的距离（约 360m）作为判断校园规划中食堂规划位置是否合适的判断依据。同时还应注意学生在校园的行为规律：宿舍—食堂—教室，因此将食堂放置在教室和宿舍之间是非常合理且满足学生生活规律的[1]。

1. 食堂与宿舍及教学区的关系

作为学生日常生活饮食部分的载体空间，在总体布局上应考虑食堂与宿舍区及教学区的关系。

（1）食堂独立设置在生活区边缘靠近教学区，如图 6.2-1 所示滁州明湖中学。可以就兼顾学生及教师员工，使用效率较高，同时教室、宿舍免受食堂噪声、气味干扰，但有部分宿舍或教室距离食堂较远。

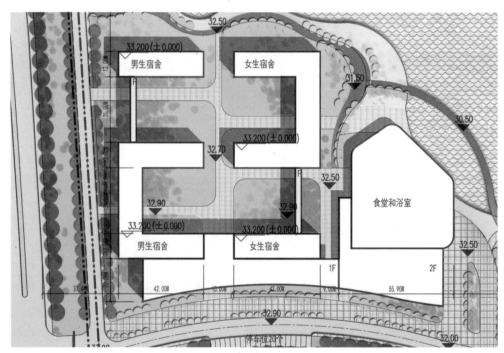

图 6.2-1　滁州明湖中学生活区

（2）食堂作为生活区中心建筑，宿舍楼围绕食堂布置，如图 6.2-2 所示潍坊北辰中学生活区布局。这样的布局使得宿舍与食堂联系十分紧密，方便学生就餐，但后勤的流线不好处理，同时距离教学区较远。

---

[1]《超大规模高中生活空间设计研究》，陈雅兰。

（3）食堂作为教学区建筑一部分，与其他功能空间组合设置，如图 6.2-3 所示青岛中学九年一贯制部分，食堂与体育馆共用一栋单体，分层设置。这样的布局使得教学区与食堂联系十分紧密，后勤的流线不好处理。

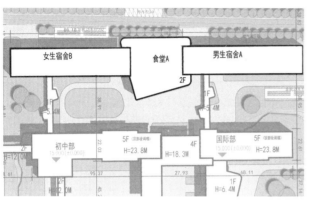

图 6.2-2　潍坊北辰中学生活区

图 6.2-3　青岛中学九年一贯制

食堂功能组成及流线设计

2. 食堂流线组织（详见图 6.2-4 食堂流线图）

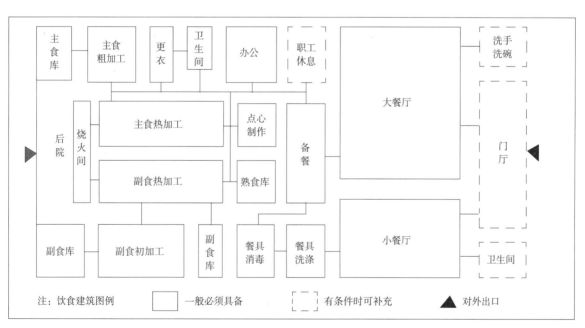

图 6.2-4　食堂流线图 [1]

（1）学生流线组织设计

1）入口规划

食堂主入口需设计在学生主要人流过来的方向，方便学生出入。同时在出入口附近设置电梯，方便生到达食堂二、三层用餐。食堂后勤工作人员及货物入口单独设置，与学生流线分离，达

[1]《高校学生食堂的设计与认识》，王丽娜 高冀生。
本页其他图片均为作者自绘。

到互不干扰的效果。

2）学生主流线设计

学生通过餐厅主门、侧门进入一层餐厅,到达售餐台点餐。点餐完毕后,选择就近的餐桌就餐,就餐完毕将餐盘送至学校收残处,从侧门或正门离开食堂。

（2）工作人员流线组织设计

1）隐蔽性设计

由于后勤部分闲人免进,所以在入口设计时不要多么显眼,这样可以避免不必要的流线交叉。

2）便捷性设计

便捷性设计是新时期食堂管理模式的发展方向,在食堂厨房设计时要做到内部人员流线的无障碍设计。食堂内部人员工作有较多的非直接生产程序,等这些房间集中布置在后勤入口处主通道两侧,减少往返;后勤底层设置内部楼梯,可方便上下层之间的联系,以上措施可使工作流线更加便捷,提高工作效率。

食堂现有模式评析

1. 后厨区与就餐区水平连接（图 6.2-5）

食堂的建筑空间大体分为三大部分:厨房操作区、备餐售饭区和餐厅区,且各功能空间的划分比较明确和固定,为我国中小学食堂较为常见的空间模式。

优点:布局简单、工艺流程不复杂。适合规模较小的中小学食堂。

缺点:就餐环境一般、建筑空间相对简单、功能固定、空间不够灵活。

2. 庭院式（图 6.2-6）

随着规模的扩大,厨房和餐厅面积也相应增大。为了满足某些特殊需要（如美观采光、消防和存放等）,通常在厨房或餐厅中心区域设有内庭院。

优点:提升就餐环境,丰富室内景观。

缺点:增加造价,降低土地利用率。

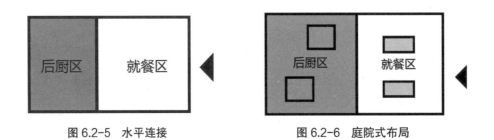

图 6.2-5 水平连接　　　　　　图 6.2-6 庭院式布局

3. 外厨内餐（图 6.2-7）

外为厨房,内为餐厅的一种空间模式。将后厨区域分解成若干单元式小厨房,直接对餐厅营业。

优点:满足学生的多样化、多口味的需求。

缺点:就餐环境相对比较差,建筑的采光面较差,厨房油烟直接向就餐区扩散。

4. 内厨外餐（图 6.2-8）

内为厨房,外为餐厅的一种空间模式。

优点:餐厅通风采光较好。布局简单。

缺点:后厨区通风面积小,就餐区相互割裂。

5. 多个食堂单元垂直布置（图 6.2-9）

以每个楼层为一个食堂单元，相对独立的经营。

优点：面积较大，经营模式比较灵活，经营品种更加多样化。

缺点：需要几套后厨设备，增加造价。

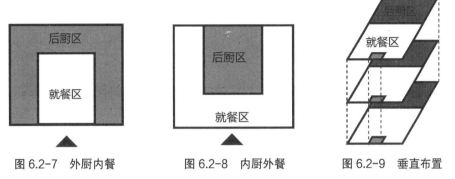

图 6.2-7　外厨内餐　　　图 6.2-8　内厨外餐　　　图 6.2-9　垂直布置

食堂就餐环境[1]

1. 就餐方式的多样化

由于中小学餐饮经营方式的调整，使得原来食堂供应由单一的供给模式逐渐向多样经营的方式转变。除了学生用餐的大餐厅外，还设置教师餐厅、接待宴会餐厅、回民专用餐厅、食堂包间、自助餐厅等小餐厅。同时学生餐厅选用自选，刷卡就餐方式，使得学生食堂售饭窗口由封闭走向开放。

2. 餐厅空间尺度

（1）人均餐厅面积（表 6.2-1）

考虑到学生、教师人数增加等因素，多元化的就餐方式相应出现。同时由于学生对食堂环境要求的提高，使得食堂的空间尺度逐渐扩大。

另一方面，由于中小学食堂就餐相对比较集中，食堂座位的周转率提高，使得座位容量的使用率可以在 100% 以上。（图 6.2-10）

图 6.2-10　Salmtal 中学食堂[3]

[1]《高校学生食堂的设计与认识》，王丽娜 高冀生。

表 6.2-1

项目名称	就餐人数	座位数	建筑面积	餐厅面积	人均面积
青岛中学九年一贯制部	1800	970	4962	2438	5.11
青岛中学	3000	2556	17080	8233	6.68
潍坊北辰中学	3600	1756	7898	3312	4.49
上师大附中		1096	3310	1816	3.02
江苏锡东高中	3000	2848	9940	6580	3.49
华中师大一附中	5600	3046	5633		1.84

（2）餐厅空间布置

餐厅空间分割的总体原则是：就餐学生既能享有相对隐蔽的小区域，又能感受整个餐厅的气氛。由于中小学食堂空间分割比较简单，可以通过柱网、矮墙、走道以及局部二层进行区域的分隔，来形成不同的就餐区域。

3. 餐厨比

（1）市场物质丰富导致库房变小

由于目前大米、面粉等主食供应充足；冰柜以及半成品原材料的使用；使得副食储存更加简单方便。

（2）适宜的餐厨比例范围

当前现行餐厨设计规范中餐厨比例为 1：1，取代传统食堂的餐厨比例。根据调查表明，中小学食堂的餐厨比一般为 1：0.7-1.0，但是由于各个学校的规模不同，各地区食堂厨房设备现代化程度不同，所以学校食堂餐厨比也各不相同。从已建成的中学食堂功能的使用情况来看，餐厨比在 1：0.6 ～ 0.8 之间就可以满足使用了。[1]

中小学食堂功能组合 [2]

1. 食堂功能布局

（1）以餐厅为主，同时提供超市等生活服务职能

如青岛中学九年一贯制食堂中设有学生超市（图 6.2-11），提供学生日常生活用品的购买，二层还有咖啡厅方便学生在非就餐时间使用食堂。食堂除学生餐厅外，学校后勤部会选择性的在食堂功能内增加速食餐厅，食品店、书店、理发店、邮局及医务室等服务功能。

（2）在非用餐时间段内作为辅助学习空间

通过自由的平面布置，以及对于内部空间的打造，将食堂改造成学生的第三生活空间，如重庆西政大学一食堂（图 6.2-12）在餐厅设置了节能的夜自习和多功能区（自助餐、报告会议、培训），让餐厅成为学生的非正式学习与交流空间。北京十一中学食堂也改造成为学生中心，通过设计引导有着相同爱好特长的学生在一起吃饭交流。

[1]《超大规模高中生活空间设计研究》，陈雅兰。
[2]《高校学生食堂的设计与认识》，王丽娜 高冀生。

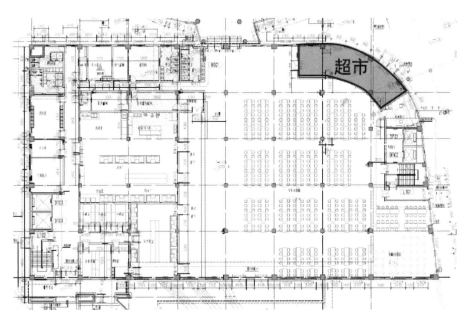

图 6.2-11 青岛中学九年一贯制食堂

图 6.2-12 重庆西政大学一食堂 [1]

（3）提供文娱活动，集会展览等文体活动场所

如北京十一中学食堂（图 6.2-13），将食堂的功能复合化。通过座椅的排布调整出学生交流的空间、在食堂中加入小白板，可以作为临时讨论空间、在食堂中搭建小舞台，让食堂成为可以开展文艺活动的场所。美国米尔福德的 WoodLand 小学，在餐厅一侧设置了小舞台并在此举行音乐会、戏剧表演、圣诞晚会等。（图 6.2-14）

---

[1] https://www.archdaily.com/24519/ucsd-price-center-east-yazdani-studio.

食堂中设置白板 交流小区域

小舞台 交流小区域

图 6.2-13 北京十一中学食堂

图 6.2-14 Woodland 小学餐厅[1]

（4）与学生中心复合建设

随着社会发展和基础教育设施的建设，如今的学校餐厅不再是单纯的就餐场所，特别是对于具有一定规模的学校来说，餐厅作为一个非正式交流发生最为密集频繁的空间，更应融入校园文化，并发展成为集餐饮、商业、学习等多功能于一体的服务综合体。

以加州大学圣地亚哥分校的 Price Center（图 6.2-15）为例，在首层以通高的公共就餐区域为核心空间，四周围绕布置各种功能空间，或开放或私密，兼顾不同的时间段，在空间和时间上都对学生产生了极大地吸引力，强化了空间的功能复合性。

---

[1] 图片来自 https://image.baidu.com/.

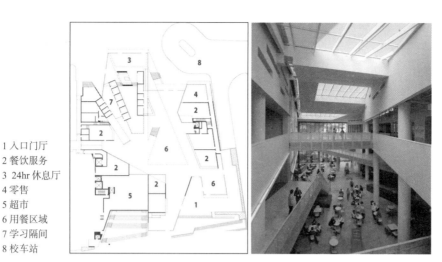

1 入口门厅
2 餐饮服务
3 24hr 休息厅
4 零售
5 超市
6 用餐区域
7 学习隔间
8 校车站

图 6.2-15　加州大学圣地亚哥分校 [1]

规范要求 [2]

1. 食堂与室外公厕、垃圾站等污染源间的距离应大于 25.00m。

2. 食堂不应与教学用房合并设置，宜设在校园的下风向。厨房的噪声及排放的油烟、气味不得影响教学环境。

3. 寄宿制学校的食堂应包括学生餐厅、教工餐厅、配餐室及厨房。走读制学校应设置配餐室、发餐室和教工餐厅。

4. 配餐室内应设洗手盆和洗涤池，宜设食物加热设施。

5. 食堂的厨房应附设蔬菜粗加工和杂物、燃料、灰渣等存放空间。各空间应避免污染食物，并宜靠近校园的次要出入口。

6. 厨房和配餐室的墙面应设墙裙，墙裙高度不应低于 2.10m。

[1]　https://www.archdaily.com/24519/ucsd-price-center-east-yazdani-studio.

[2]　《中小学校设计规范》GB50099-2011 6.2.18-6.2.23。

宿舍类型[1]

1. 走廊式宿舍

走廊式学生宿舍是学生宿舍中较常见的一种类型，按照房间的布置方法又可分为内廊式、外廊式、短廊式。

（1）内廊式（图 6.3-1）：

内廊式的学生宿舍往往是整个走廊贯穿宿舍，走廊两侧布置房间，走廊尽端布置公用的卫生间和盥洗间。

优点：这种平面形式具有平面紧凑、占地少、走廊利用率高、设置采暖时能耗少、抗风抗地震性能强等优点，可适宜于高层的建设。

缺点：建筑物内部使用干扰大，北向房间阳光少，通风、卫生条件差，寒冷季节温度较低。内廊式宿舍的走廊很难再有其他用途。走廊路线长且封闭，需要人工照明，在这种通风采光都很差的走廊空间中很难提起学生们相互交往的兴趣。

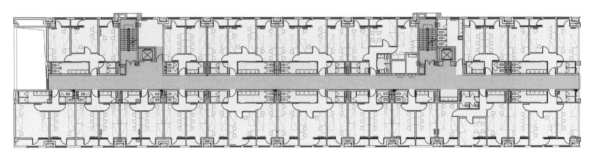

图 6.3-1　潍坊北辰中学宿舍（内廊式）[2]

（2）外廊式（图 6.3-2）：

外廊式是传统的学生宿舍平面形式的一种，在走廊的一侧布置房间，其中包括公共卫生间和盥洗室。

优点：使用干扰性小、通风好，走廊上的交往活动较内廊式容易产生。

缺点：宿舍的平面欠紧凑，行走的路线较长，私密性和安全性较差。

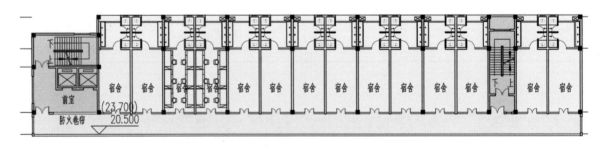

图 6.3-2　泉州东海学园宿舍（外廊式）[3]

2. 单元式宿舍（图 6.3-3）

以楼梯电梯为交通枢纽，联系 2 ~ 7 套成组居室。

---

[1]《高校学生生活区的空间环境研究》硕士学位论文　湖南大学　欧丽霞。

[2][3]　作者自绘。

优点：走道面积少，大幅度改善了居住卫生条件，采光通风好，占地面积少，社交空间层次较多，适宜在不规则的地面上建房。

缺点：造价较高，人均占有建筑面积较大。卫生设备增加。

（3）短廊式（图6.3-4、图6.3-5）：

短内廊式的走廊相对长廊式的走廊有所缩短，改善了长廊的缺点，提高了走廊的空气环境质量。适当放宽走廊尺度，有利于促进学生在此区域内的交流。

缺点：南北两向寝室的日照和温度仍旧不均衡，不利于节约用地，造价高。

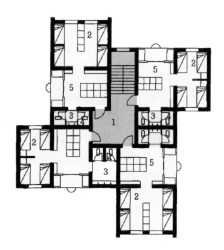

图 6.3-3　中南大学学生宿舍[1]

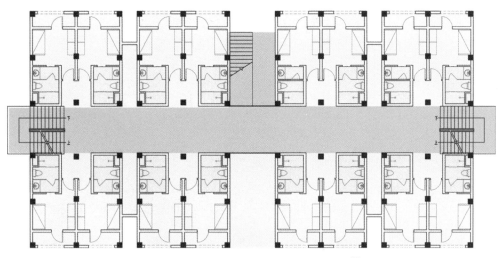

图 6.3-4　复旦附中青浦分校（短廊式）[2]

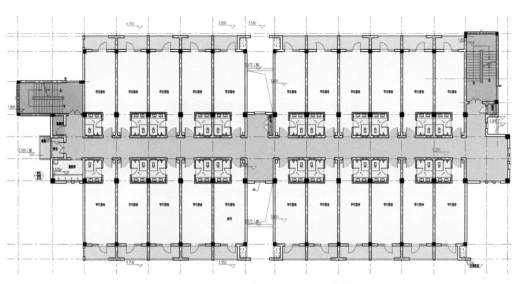

图 6.3-5　安吉良渚实验学校宿舍[3]

---

[1]　图片来源《建筑设计资料集 3》。
[2][3]　《新时代中小学建筑设计案例与评析》米祥友主编。

（4）内外廊式的结合（图6.3-6）：

这种平面形式是内廊式和外廊式两种形式的结合，兼有两者优缺点。

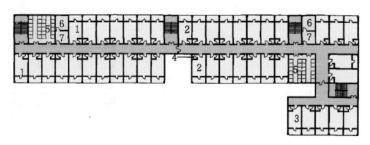

图 6.3-6　常州田家炳中学宿舍[1]

3. 围合式宿舍（图6.3-7）

将宿舍走廊围成回字形，营造出内庭院。

优点：围合出内庭院，领域感较强。走廊拐角处可适当放大，形成活动空间。同时解决了走道的采光问题，将室外景观融入到学生的日常生活中，提高了环境品质。

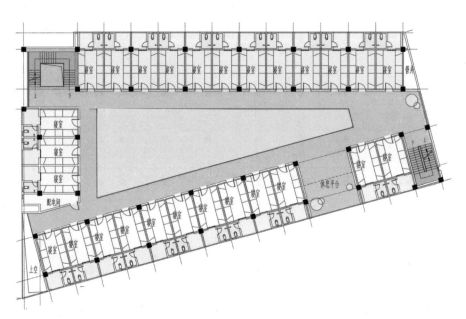

图 6.3-7　乐山市沐川中学（回廊式）[2]

4. 人均指标

由于国家建设标准对于宿舍方面有硬性人均指标要求，下表根据以往项目经验及相关资料对于不同类型宿舍人均面积进行统计总结。（表6.3-1）

表6.3-1

宿舍类型	走廊式	单元式	回廊式
人均面积（m²）	9.1 ~ 13.2	10 ~ 15	11.9 ~ 13.2

---

[1]　图片来源《建筑设计资料集3》。

[2]　图片来自 https://image.baidu.com/.

宿舍优化[1]

针对传统的长内廊式宿舍的各种明显缺陷，有以下几种优化方案：

1. 盥洗室与宿舍在走廊两侧布置（图 6.3-8）

南面是宿舍，北面是盥洗室。盥洗室之间有一定间距。

优点：盥洗室通风采光较好，走道通过盥洗室之间的间隔而获得有节奏的采光，使得走道成为适合学生活动的街廊。

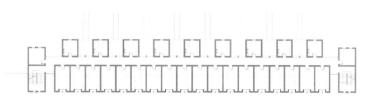

图 6.3-8　南通外国语学校学生宿舍

2. 长廊与室外空间结合（图 6.3-9）

将内廊式宿舍走廊与屋顶花园结合。

优点：缩短内廊，优化空间，长廊能直接连接屋顶花园。

图 6.3-9　阿姆斯特丹 SmileyZeeburgereiland 学生公寓[2]

3. 宿舍组团用共享空间连接（图 6.3-10）

将宿舍分为若干组团，宿舍空间围绕着公共共享空间而建。垂直交通集中布置在公共空间内。

[1]　《高校学生宿舍设计研究》硕士学位论文　合肥工业大学　魏薇。

[2]　Archdaily：https://www.archdaily.cn/cn/795555/.
　　 zeeburgereilandwei-xiao-de-gong-yu-studioninedots.

优点：大面积的共享空间推动了学生之间高频率交流和互动。建筑内部视野开阔，同时体量的扭转避免了阳台间的视线交汇，保证私密性。

图 6.3-10　南丹麦大学学生宿舍[1]

4. 回廊式（图 6.3-11）

将宿舍内走廊放大变为双廊，留出中庭。

优点：回廊式的设计避免了内廊式干扰大和外廊式形体过于分散的缺点，同时解决了走道的采光问题，丰富了建筑内部空间，也有利于学生间的交往。

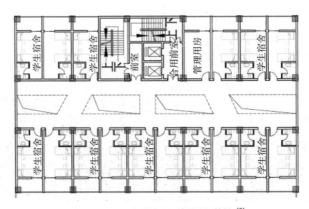

图 6.3-11　光明新区外国语学校[2]

居住空间设计

学生公寓中，居住空间是学生生活环境最稳定、最长期的生活空间。学生在居室中要进行学习、睡眠、交往、研讨、储存及用膳等活动。

---

[1]　谷德设计网：https://www.gooood.cn/campus-hall-by-c-f-moller-architects.htm.

[2]　光明新区外国语学校方案文本。

1. 居住空间尺寸

（1）开间：家具双侧布置时，开间不小于 3.3m，以 3.6m 为适宜，当单侧布置时，居室开间不宜小于 2.4m，一般为 3m 左右，如图 6.3-12 所示。

（2）进深：带储藏空间不带卫生间的寝室，一般以 5.4m 为宜；带储藏空间及独立卫生间，加大的进深尺寸根据布置的方式而定，如图 6.3-12 所示。

（3）层高：居室采用单层床时，层高不宜低于 2.8m，净高不应低于 2.6m；采用双层床或高架床时，层高不宜低于 3.6m，净高不应低于 3.4m，如图 6.3-13 所示。

图 6.3-12 居住单元开间进深示意[1]

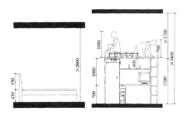

图 6.3-13 居住空间层高示意[2]

居住空间设计

2. 宿舍单元设计

目前我国现有中小学宿舍单元包括二人间、三人间、四人间、六人间、八人间。其中四人间在近年来新建的中小学中采用比例最高，少数一线城市的高级中学和私立学校部分宿舍采用二人间，而八人间多用于 21 世纪初兴建的超大规模中学。

二人间（图 6.3-14）

二人间居住单元多数配备独立卫生淋浴设施和阳台，空间布局上可以采用两床并列的布置方式，或者使用双层卧具，扩大学习空间如复旦附中。个人生活空间宽敞，居住条件优越，且但如果两个人产生矛盾，就缺乏调节者。

三人间（图 6.3-15）

三人间居住单元多数配备独立卫生间淋浴设置，空间布局上，为避免进深过长，三张床位宜水平放置，如青岛中学。个人生活空间比较宽敞，同时，相较于二人间，在发生矛盾时多了中间人调节，利于学生团结交流。

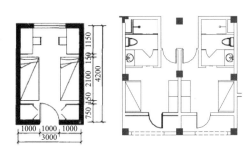

图 6.3-14 二人间宿舍布置方式[3]

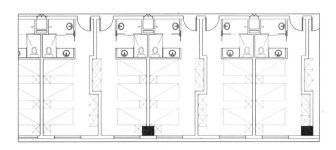

图 6.3-15 青岛中学三人间

---

[1][2]《建筑设计资料集》（第三版）。

[3] 图片来源《建筑设计资料集3》。

四人间（图 6.3-16）

四人间的居住单元为目前国内采用最多的居住划分形式，目前国内中小学宿舍四人间的布置安排，主要有以下 5 种布置方式：

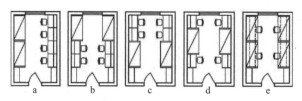

图 6.3-16　四人间宿舍室内布置方式 [1]

a：纵向分隔上下铺位，单间宿舍课桌各自一字排开，功能明确，互不干涉，但室内空间缺乏中心感，像是卧铺车厢，学生各自面壁而息，不易进行交往，如图 6.3-17 所示。

bcd：横向分隔上下铺位，课桌平行排列，两两相对，布置在上下铺的一侧或两侧。房间空间的分布比较合理，当朋友来的时候可以坐在下铺，也可以坐在椅子上，可以两三人相对而坐，也可以四五人呈环状交谈，拉近了交往者之间的距离。如有学生聚会可将桌子移到中间，形成交往中心。

e：上下分隔的空间划分（上为睡卧空间，下为学习、储存、交往活动空间，不安排床铺）增加了上铺的私密性，但同时也产生了下部空间缺乏足够交流相处的问题。

图 6.3-17　常州工程学院四人间 [2]

随着设计建设水平的不断提高以及对于学生居住环境的关注，一批打破传统设计布局的单元设计涌现了出来，例如落成不久的 UWC 常熟世联学院（图 6.3-18），为了达成"每个学生都有一扇窗"的目标，创新地将宿舍设计成八角形。

六人间（图 6.3-19）

六人间为目前中小学规范建议单一居住单元的人数上限，通常考虑到后期学校安排宿舍的灵活性，在空间布局上与四人间的 e 类相似，由两张双层床和两张上床下桌的寝具组成，学习空间相较于四人间比较局促。

八人间

随着校园建设条件和标准的不断提升，八人间宿舍已经很少应用于新建的中小学宿舍中，但在西部一些超大规模的中学为了通过合理设计节省用地并且使资源得到合理利用，此类居住

---

[1]　《学生宿舍居住空间设计研究》合肥工业大学建筑设计研究院　魏薇。
[2]　图片来自网络。

单元仍有一定比例的应用，考虑到后期学校安排宿舍的灵活性，新建的八人间与四人间单元大小相当，只将上床下桌的家具改为双层床，整体缺少学习空间。

图 6.3-18 UWC 常熟世联学院四人间 [1]

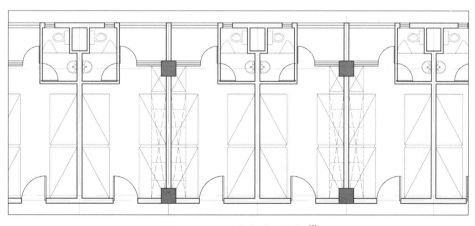

图 6.3-19 明湖中学六人间 [2]

3. 卫生间设计

（1）公用盥洗卫生间由三部分组成：盥洗室、卫生间，条件好的设有浴室，由管理人员统一清扫。

---

[1] 图片来自学校官网。

[2] 明湖中学项目文本。

优点：使用协调性较好，人均占有的卫生设备少。

缺点：是交叉使用人数多，卫生条件差，不方便。

（2）独立卫生间内一般设有洗脸池、厕位、淋浴喷头。

优点：使用人数减少了，较方便，卫生条件改善。

缺点：使用协调性较差，卫生设备人均占有量大，因为需要学生自己打扫，卫生状况往往不尽如人意。

卫生间改进

（1）对卫生间各使用部分进行空间划分。普通的独立卫生间洗脸池、厕位、淋浴喷头在一个大空间内，卫生间只能一人使用，将卫生器具隔间设置，可使多人同时使用不同卫生器具，减少等候时间，如图6.3-20所示。

（2）居室共用卫生间。有两种情况：一种是单间使用人数较少，两室或多室合用卫生间可以提高卫生设备的利用率。另一种是单间使用人数较多，相邻居室的卫生间可以互通，在不增加卫生器具的情况下，提高了使用的协调性，也增加了不同居室学生的交往，如图6.3-21所示。

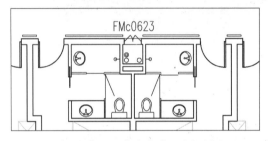

图6.3-20 青岛中学卫生间划分

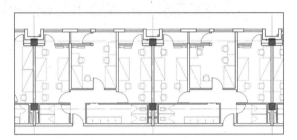

图6.3-21 潍坊北辰中学共用卫生间

独立卫生间位置

独立卫生间在宿舍楼中的位置主要有4种方式：

（1）独立卫生间靠内走廊布置（图6.3-22）

优点：方便多个居住空间共享，私密性较好。

缺点：无法自然通风。

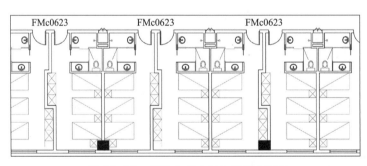

图6.3-22 青岛中学（卫生间靠内墙）

（2）增加公用盥洗卫生间。在每间独用卫生间的基础上增设少量公用盥洗卫生间，增强了卫生间使用的可调节性，也为非本宿舍的人使用提供了方便。

（3）独立卫生间靠外墙布置（图6.3-23）

优点：改善卫生间的采光、通风状况，丰富建筑立面造型。

缺点：会对居室的通风、采光有影响。

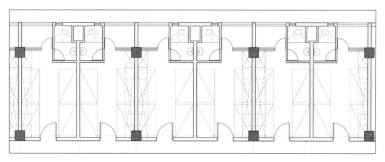

图 6.3-23　明湖中学（卫生间靠外墙）

（4）独立卫生间居中布置（图 6.3-24）

优点：功能分区更明确，对居室通风采光影响小。

缺点：无法自然通风。

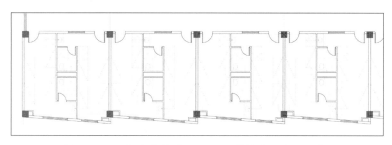

图 6.3-24　新东方盐城 K12 国际学校（卫生间居中）

（5）半公共式盥洗卫生间（图 6.3-25）

宿舍和卫生间位于内走廊两侧，卫生间间隔设置，每两间宿舍共用一个卫生间，作为基本空间单元。

优点：走廊通过卫生间之间的间隔而获得采光，卫生间与卧室的分离使得卫生间有了半公共的属性，有利于使用的合理分配，同时也便于清洗打扫。

缺点：私密性降低。

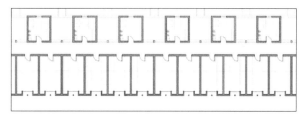

图 6.3-25　南通外国语学校学生公寓[1]

人均指标（表 6.3-2）

宿舍设计中，卫生间的使用方式和布置形式直接影响宿舍的建设规模以及人均面积，笔者基于项目经验以及相关资料，对于不同类型的人均面积进行了统计和总结：

---

[1]《高校学生宿舍设计研究》硕士学位论文，合肥工业大学 魏薇。
　　本页其他图片均为作者自绘。

表 6.3-2

卫生间使用形式	公共式	居室共享	独立式
人均面积（m²）	4 ~ 8.6	9.4 ~ 11.1	7.3 ~ 13.5
卫生间位置	沿内廊	居中	沿外墙
人均面积（m²）	9.1 ~ 13.2	13.2	7.3 ~ 13.5

从表 6.3-2 中可以看出，从使用方式的角度出发，传统式的公共盥洗卫生间确实是最为经济的建设方式，但是随着经济的发展和基础教育建设标准的提高，这种方式已经不适用于当下的中小学建设，独立卫生间和居室共享式的卫生间从人均占有面积来看，相差不大，而居室共享的形式更利于卫生标准的保持和管理，因此笔者认为这种使用模式应在未来建设中优先采用。

从卫生间的位置布局的角度出发，各类型对于人均占有面积的影响比较一致，可根据项目实际情况进行选择。

4. 晾晒空间设计

宿舍设计阳台和晾晒空间是必不可少的。

（1）与卧室相邻，通过卧室进入阳台。阳台对卧室的光线有所遮挡，图 6.3-26 所示。

（2）两室共用阳台，将两室较小的阳台合并，相对扩大了阳台，又有利于学生间的交往。如瑞士圣叙尔皮斯公寓。

（3）单独设置晒台。晒台与公共盥洗室、洗衣房相邻。这种方式比较符合洗衣、晾晒的流程，而且对其他空间没有影响，如图 6.3-27 所示的青岛中学宿舍区的独立晒台。

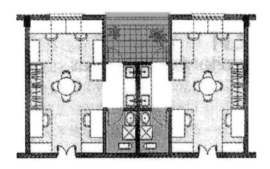

图 6.3-26 宿舍平面

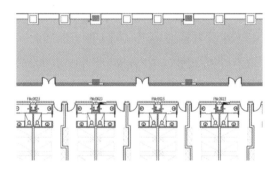

图 6.3-27 青岛中学宿舍

（4）利用建筑屋顶。屋顶面积较大，阳光充足，而且是一处很好的活动场所，只是低层的学生使用起来不太方便。如图 6.3-28 所示阿姆斯特丹 SmileyZeeburgereiland 学生公寓的屋顶晒台。

图 6.3-28 阿姆斯特丹 SmileyZeeburgereiland 学生公寓[1]

[1] Archdaily https://www.archdaily.cn/cn/795555/zeeburgereilandwei-xiao-de-gong-yu-studioninedots.

5. 交流学习空间

宿舍空间承载了大部分学生的课余时间，随着宿舍条件的不断提高，越来越多的学生倾向于在宿舍进行学习交流活动。因此，在宿舍中设置适合的交流学习空间有利于提高日常学习质量以及促进同学间的交流（图 6.3-29）。

主要设置方式包括：

（1）放大利用建筑的角空间，设置自习室、交流角。

（2）利用服务空间，例如将洗衣房改造成适合学生非正式交流的空间（图 6.3-30）。

（3）利用交通空间，例如走廊、门厅、电梯厅。

（4）利用室外空间，例如屋顶平台，阳台。

图 6.3-29 南丹麦大学学生宿舍[1]

图 6.3-30 洗衣房[2]

规范要求

《宿舍建筑设计规范》JGJ36-2016/《中小学校设计规范》GB50099-2011

1. 学生宿舍不得设在地下室或半地下室。

2. 宿舍与教学用房不宜在同一栋建筑中分层合建，可在同一栋建筑中以防火墙分隔贴建。学生宿舍应便于自行封闭管理，不得与教学用房合用建筑的同一个出入口。

3. 学生宿舍必须男女分区设置，分别设出入口，满足各自封闭管理的要求。

4. 学生宿舍应包括居室、管理室、储藏室、清洁用具室、公共盥洗室和公共卫生间，宜附设浴室、洗衣房和公共活动室。

5. 学生宿舍宜分层设置公共盥洗室、卫生间和浴室。盥洗室门、卫生间门与居室门间的距离不得大于 20.00m。当每层寄宿学生较多时可分组设置。

6. 学生宿舍每室居住学生不宜超过 6 人。居室每生占用使用面积不宜小于 3.00m²。当采用单层床时，居室净高不宜低于 3.00m；当采用双层床时，居室净高不宜低于 3.10m；当采用高架床时，居室净高不宜低于 3.35m。

注：居室面积指标内未计入储藏空间所占面积。

7. 学生宿舍的居室内应设储藏空间，每人储藏空间宜为 0.30 ~ 0.45m³，储藏空间的宽度和深度均不宜小于 0.60m。

6.2.31 学生宿舍应设置衣物晾晒空间。当采用阳台、外走道或屋顶晾晒衣物时，应采取防坠落措施。

《民用建筑设计通则》GB550352-2005。

5.1.3.2 宿舍半数以上的居室，应能获得同住宅居住空间相等的日照标准。

[1] 谷德设计网 https://www.gooood.cn/campus-hall-by-c-f-moller-architects.htm.

[2] 图片来自 https://image.baidu.com/.

CHAPTER

[第七章] 中小学环境设计

第七章
中小学
环境设计
建筑形态
室外公共空间
场地与绿化

中小学建筑的形态及未来发展趋势

随着中小学建设标准以及教育制度的统一化，中小学建筑的形态开始出现了一些固定的特点，如长外廊、平屋顶、凸出的楼梯间、灰白色的外形、3～4层的多层建筑物等，学校建筑的形态与其他建筑形式形成了明显的对比。

在欧美与日本，教育模式的转变也促进未来的中小学建筑形态产生了新的趋势：

1. 多功能开放空间取代由长外廊连接普通教室的封闭型空间形式；

2. 学校由以满足"教育"实施为主的空间向以满足"学习"为主的空间环境转变；

3. 倡导学校空间环境的生活化、人情化；

4. 重视室内外环境及空间气氛对学生身心健康及情操形成的影响作用；

5. 造型、色彩及空间形式的多样化；

6. 学校向社会及社区开放、融合。

小学建筑的平面形态

中小学建筑总体功能一般分为教学区、行政办公区、生活服务区、运动区、校园核心区等，形成了功能区总体平面上的形态构成，见表7.1-1。

表 7.1-1

基本模式		变化模式	
	集中式： 公共教学用房居中布置，最大程度减小交通距离，教室在两翼，产生小组群		集中分支式： 兼顾交通距离、功能分区、教室小组群和室外空间的形成
	分支式： 公共教学用房单侧布置，分区明确，干扰小，可以形成尽量多的教室小组群，并围合出室外空间		
	哑铃式： 公共教学用房在教室两侧尽端布置，功能分区明确，教室不易形成小组群		哑铃群簇式： 教室形成小组群，在主交通上增加二级交通，分区明确，空间丰富，生长性强
	庭院式： 室外空间限定明确，功能分区明确		庭院群簇式： 教室形成小组群，共享公共教学用房，交通联系方便，分区明确，空间聚合感强

注：▭ 主要交通，■ 服务设施，▭ 普通教室，■ 公共教学用房。

建筑功能区形态构成模式[1]

而在建筑单元构成上，普通教室为中小学基本使用单元，可以以一个教室为单元进行拼组，也可以几个教室组成一个基本单元，再次拼组形成小组群。多种拼合方式产生了平面形态的多样化，见图7.1-1。

---

[1] 建筑设计资料集，第三版，第4分册。

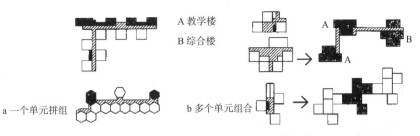

图 7.1-1 教室单元组合示意[1]

而在平面形态构成上，则有一字型、线形组合型、围院型、不规则型、群簇型、对称型等，使得建筑形态在平面上更加丰富，见图 7.1-2。

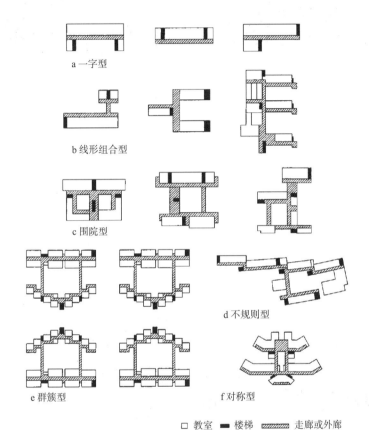

□ 教室 ■ 楼梯 ▨ 走廊或外廊

图 7.1-2 建筑平面形态构成类型[2]

中小学建筑形态特征

1. 形体空间环境

中小学的校园空间是一个有机构成的整体。从宏观角度来看，学校像是一座小城，外部和整个社区，城市各种联系，内部有着和城市类似的结构。一个完整的校园环境应该包括校园建筑、交通、景观等，它们之间的有机组成才能形成良好的整体环境秩序，见图 7.1-3。

形体空间环境与人的视知觉能力密切相关，校园环境中的各类建筑物和设施的形象易于识别，无疑将加强校园环境的场所感，同时，由于校园中人流日常活动的集中性与规律性行为特征，

[1][2] 建筑设计资料集，第三版，第 4 分册。

第七章
中小学
环境设计
建筑形态
室外公共空间
场地与绿化

应当关注其对形体空间环境的规定性。

图 7.1-3 英国伦敦马尔伯勒小学[1]

2. 立面造型色彩

基础教育建筑由于面向特定的使用人群，其建筑立面造型富有一定的特色。由于中小学生自身的发展特点，决定了基础教育多以活泼、轻快的立面造型为主。颜色则较多选择鲜明、跳跃的居多。但也不失教育建筑应有的严肃和认真的氛围，见图 7.1-4、图 7.1-5。

图 7.1-4 丹麦哥本哈根新岛 Brygge 学校[2]

图 7.1-5 北京法国国际学校[3]

[1] ~ [3] https://www.archdaily.com/.

第七章
中小学
环境设计
建筑形态
室外公共空间
场地与绿化

3. 标志性构筑物

独特的钟楼、别致的楼梯、弧度的墙壁等独特的建筑元素，既能增加校园的独特个性。同时这些元素可以带动学生的想象力，激发学生的创造力，见图 7.1-6、图 7.1-7。

图 7.1-6 滁州明湖中学广场前钟塔 [1]

图 7.1-7 英国剑桥大学社区中心与托儿所 [2]

4. 人文地域特色

充分考虑所建学校所在当地的历史人文、地域环境、地理气候、地形地貌、社区状况等条件。校园建筑要融入当地环境，这样当地居民、使用者才能对它产生认同感。这使得校园建筑在设计过程中应当充分考虑地域性因素，从而达到文化上、情感上的满足，见图 7.1-8 ~ 图 7.1-11。

图 7.1-8 丹麦 Tjorring 学校 [3]

图 7.1-9 美国纽约蓝校中学 [4]

图 7.1-10 日本东京圣心国际学校 [5]

图 7.1-11 日本知立市课后学校 [6]

[1] 作者自绘。

[2] ~ [6] https://www.archdaily.com/.

第七章
中小学
环境设计
建筑形态
室外公共空间
场地与绿化

校园室外公共空间构成

校园空间除了室内的功能区之外，室外教学活动区、校园核心区（校园广场、升旗广场，也可以是集中绿化区）、生活活动区、体育活动区、其他活动区（含供学生活动、交流、读书的公共或私密的各种小空间），这些公共空间均可与室内空间相互融合，产生逐渐过渡的室内外环境，见图7.2-1。

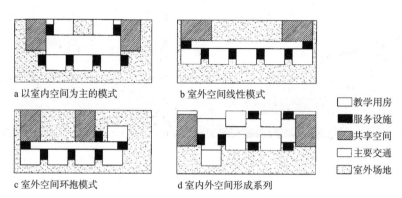

a 以室内空间为主的模式　　　　b 室外空间线性模式

□ 教学用房
■ 服务设施
▨ 共享空间
□ 主要交通
▫ 室外场地

c 室外空间环抱模式　　　　d 室内外空间形成系列

图 7.2-1　室内外公共空间的融合模式 [1]

室外公共空间的类型

参与性、自然性、趣味性以及有特色形象的创造、时代性以及地方风格创造等方面是学校建筑室外空间有别于其他建筑室外空间的几个方面。

1. 学习空间

室外同室内一样，可以创造出一定的学习空间，利用好室外的场地，开展不一样的体验课程，使学生接触到比课本更加丰富的触感，室外学习体验往往能得到课堂学习之外的知识，见图7.2-2。

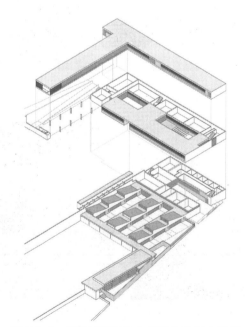

图 7.2-2　西班牙马丁特小学室外学习空间 [2]

---

[1] 建筑设计资料集，第三版，第 4 分册。

[2] https://www.archdaily.com/.

第七章
中小学
环境设计
建筑形态
室外公共空间
场地与绿化

2. 活动空间

研究表明，除学习外，游戏玩耍是在校中小学生生活的重要组成部分，特别是课间的游戏玩耍活动对于调节情绪、振作精神及身心健康都有很大益处，而且老师也鼓励学生充分利用课间休息时间去课外活动。

结合场地形状和不同年龄段学生的心理及行为特点对游戏场地进行前期的细致规划，应作为中小学校园规划设计中关于室外空间的一个重要方面，见图 7.2-3、图 7.2-4。

图 7.2-3　比利时 DeVonk-DePluim 学校 [1]

图 7.2-4　台北欧洲学校阳明山校区 [2]

3. 交流空间

室外的交流空间，是教育建筑重要的空间组成部分。室外连廊、庭院、架空、建筑悬挑下的灰空间，这些都能形成良好的交流空间，为交流提供便利的场所，见图 7.2-5。

图 7.2-5　四川孝泉镇民族小学 [3]

[1] ～ [3]　https://www.archdaily.com/.

第七章
**中小学
环境设计**
建筑形态
室外公共空间
场地与绿化

绿化[1]

在室外空间划分、校舍造型及室外气氛创造上，绿化起着极其重要的作用。在校园绿化设计中，应结合校内道路、室外设施，创造适合学生学习生活的校园空间。

具体来说，校园绿化设计通常有如下特点：

1. 强调安定感的种植方式

安定感式种植通过运用重复、渐变、对比、韵律等设计方法（见图 7.3-1)，用绿化来丰富环境，创造安定、舒适的校园气氛。

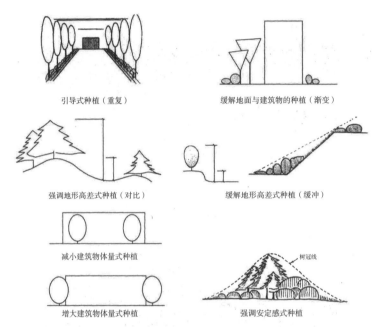

引导式种植（重复）　　　　缓解地面与建筑物的种植（渐变）

强调地形高差式种植（对比）　　缓解地形高差式种植（缓冲）

减小建筑物体量式种植

增大建筑物体量式种植　　　　强调安定感式种植

图 7.3-1　强调安定感式种植[2]

2. 尺度宜人

景观空间的营造需符合此年龄段使用人群的生理特征。宜人的尺度，可以给儿童和青少年营造出和谐的空间体验，见图 7.3-2。

和谐的空间场所布置，可以吸引儿童和青少年在绿化区域更多的逗留，接受更充足的日照，呼吸新鲜的空气，见图 7.3-3。

图 7.3-2　墨西哥马萨特兰玛丽亚·蒙台梭利学校[3]

图 7.3-3　澳大利亚墨尔本 Ruyton 女子学校[4]

[1][2]　《中小学建筑设计》，张宗尧　李志民　主编。
[3][4]　https://www.gooood.hk/.

第七章
中小学
环境设计
建筑形态
室外公共空间
场地与绿化

3. 可以进入

儿童、青少年热爱运动，对周围事物充满了好奇，绿化用地宜采用可进入式的，开放式的，满足儿童好奇的心理，同时激发出他们对于自然的探索热情，见图 7.3-4。

图 7.3-4　西班牙巴塞罗那橡树屋高级中学大楼 [1]

4. 结合地域

各区域地理地质条件差异较大、气候多样、植物种类繁多。宜结合当地植被景观种类，选择恰当的植被，既能控制成本，也防止了建筑同质化现象的发生，见图 7.3-5、图 7.3-6。

图 7.3-5　巴西 St.Nicholas 学校 [2]

图 7.3-6　法国圣旺零能耗学校 [3]

5. 生态科技

采用新的科学技术，不仅能达到节能减排，降低能耗的目的。这些科技成果在校园中的出现，也是一次难得的生态科技展览环节，青少年及儿童通过参观，浏览，以及实际操作，了解了现代科技力量的结晶，同时在他们的心灵中播种下生态绿色，可持续发展的种子。

[1] ~ [3]　https://www.gooood.hk/.

CHAPTER

[第八章] 特殊学校设计

第八章
特殊学校
设计
特殊学校的选址
特殊学校的分类
设计要点
功能布局
交通体系
环境的营造

与《建筑设计资料集》[1]相比，本章主要站在更为宏观的角度上，针对不同区域的特殊教学体制，建立于规范标准之上，对特殊教育建筑设计进行分类的探究性总结。

由于特殊儿童对社会归属感的需求，特殊教育学校与周边环境的关系相较于普通教育学校更加密切。特殊学校的选址应选择在交通方便、城市公用设施比较完备的地方。同时尽可能选择在附近有公园绿地、文化教育、医疗康复设施的位置。从有利于校园与外界的物质和信息交流的角度出发，特殊教育学校的选址要便于学生接触社会，融入社会生活。

特殊教育学校的选址模式 [2]

1. 特殊学校与普通学校相邻：

特殊教育学校与普通中小学或职高邻近或结合而建，使学生和老师可以在两校之间穿梭，可以共享设施和资源，有利于特殊儿童与普通儿童之间的交往。对于校际间的定期互访、交流活动的开展提供了有利条件。在用地紧张的学校，还可以利用临校场地开展活动。

杭州杨绫子学校所在区域是杭州的商业住宅区，校外只有过往车辆，行人很少，位置相对孤立。但学校毗邻杭州市清河中学，且有一侧门与中学正门相对，正好弥补了特殊学校位置上的不足。（见图 8.1-1）

图 8.1-1 杭州杨绫子学校

瑞士的瑟斯特殊学校，与常规学校共享活动场地，学校入口与原有初级中学的大厅紧密联系，两校共享外部娱乐区域、庭院、运动场地与多功能厅。建筑从形式上就鼓励两所学校之间相互接触，不论在视觉观察上，还是在活动参与中，都体现了共享的意义。（见图 8.1-2）

图 8.1-2 瑞士瑟斯特殊学校 [3]

---

[1] 《建筑设计资料集》特殊学校设计部分，是以基本教学生活使用功能为线索，进行规范性的总结以及案例分析。

[2] 华南理工大学 硕士学位论文 牟彦茗 2010 年。

[3] 《学校与幼儿园建筑设计手册》[德] 马克·杜德克。

8.1 特殊学校设计·特殊学校的选址

第八章
特殊学校
设计
特殊学校的选址
设计要点
功能布局
交通体系
环境的营造

2. 特殊学校与社区结合：

特殊学校紧邻社区建设，校园入口可以设置在小区道路内，既方便出入，也相对安全。对于走读的学生，在上学、放学的路上可以广泛的与社会接触。学校也可以与街道建立联系，为学生的生活实践活动提供更多的机会。尤其对智障学校，生活技能的训练是教育的重要目标，社区生活本身就是教育资源的一部分。

广州越秀区启智学校，学校与城市干道白云路之间有一层民宅相隔，与周围老城区的肌理融为一体。校门开在内街之中，相对马路面安静。街区内有市场，靠近马陆的街巷沿街都是小商铺，出街口便是公交总站。学校周围交通方便，生活内容丰富，对于走读的智障儿童，能够给与更多的生活体验。

3. 特殊学校与医疗机构相邻：

对于多重、中重度残疾儿童，尤其是肢体残疾儿童，需要更多医疗的介入以帮助他们更有效地进行康复训练。特殊教育学校如果与医疗或康复机构相邻，可以节约大量专业康复空间和设施的投入。（见图 8.1-3）

图 8.1-3　广州越秀区启智学校 [1]

日本福岛县立郡山保育学校是一所为肢体残障儿童服务的特殊学校。其学校内部的通道和邻近的福岛县儿童治疗中心相连，治疗中心的儿童在接受治疗的同时也能进入学校正常上课；而当学校宿舍不足时，医疗中心的部分用房也可以为学生提供临时居所，已达到社会福利资源的合理利用。（见图 8.1-4）

图 8.1-4　福岛县立郡山保育学校 [2]

[1]　华南理工大学 硕士学位论文 牟彦茗 2010 年。

[2]　日本建筑学会《日本新建筑 No.4》。

4. 独立的特殊学校:

相对独立的特殊学校,是指学校周边环境缺少可以利用的互动交往条件的情况。这时便要充分利用校园自身环境,创造良好的校内交往空间体系,以丰富学生的学习生活内容。在城市用地日益紧张和特殊教育学校用地要求较高的冲突下,特殊学校更多的选择在城市边缘地区建设,但这类学校通常有用地范围较大的优势,以生活化的校园规划原则来弥补地域位置上的不足。

按教学性质分类

表 8.2-1

类型	设计特点
盲校	盲校的水平交通体系应尽量畅通且采用泾渭分明的坐标体系。针对绝大部分的低视生,应尽量提高光环境的设计标准,强调颜色对学生视功能的提高
聋校	聋与哑在绝大多数情况下是并存的,针对聋哑儿童语言交流能力的缺失,应在设计中提供多层次的交流平台,为聋哑儿童创造更多的交流机会。针对聋生,校园中应配备 LED 闪烁标识,震动提醒体系来辅助聋生的日常学习和生活
哑校	
培智学校	培智学校针对学生特点在建筑设计上宜采用教学生活一体化单元设计,将教学区、盥洗区、游戏区、学生休息区,教师休息区形成标准式的单元组团,且配备一名常驻生活老师,以减少学生在建筑内的频繁穿行带来的不便
肢体残疾学校	肢体残疾学校须备有连续的无障碍扶手与无障碍设施,以确保学生在学校中自主活动的可能性和安全性
问题儿童学校	针对问题儿童的个体差异性,学校设计中应尽量提供个训空间
多重障碍学校	兼顾各类障碍儿童需求,在设计上按障碍类型划分儿童的活动区域,避免障碍儿童相互间的干扰

(具体案例见图 8.2-1)

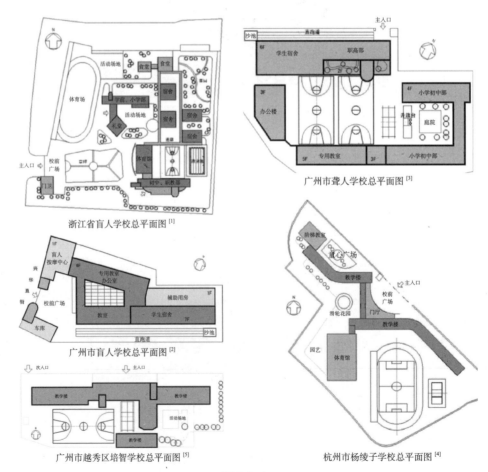

浙江省盲人学校总平面图 [1]

广州市聋人学校总平面图 [3]

广州市盲人学校总平面图 [2]

广州市越秀区培智学校总平面图 [5]

杭州市杨绫子学校总平面图 [4]

图 8.2-1

[1] ~ [5] 均来源于华南理工大学 硕士学位论文 牟彦苦著 2010 年。

第八章
特殊学校
设计
特殊学校的选址
特殊学校的分类
设计要点
功能布局
交通体系
环境的营造

按管理模式分类

1. 特殊儿童随班就读

在尚未建立肢残特殊学校的今天，推广"随班就读"为中轻度肢残学龄儿童提供就学机会就具有积极和现实的意义，我国中小学建筑也应适应这种趋势[1]。

2. 走读制特殊学校

在现阶段特殊学校常以走读制与寄宿制共存的形式存在。

3. 寄宿制特殊学校

寄宿制特殊学校分为教学区与生活区相对独立的传统布局模式和教学生活一体化的单元设计布局模式[2]。

4. 陪读制特殊学校

陪读制特殊学校分为两种模式：陪读宿舍与学生宿舍相结合的集约模式，和陪读宿舍从特殊学校内部剥离出去，独立成为一个生活区域的分散模式。（见图 8.2-2）

通过调研对于数据分析，对于障碍儿童而言，对于教育模式的选择不应一概而论，应根据具体情况做出正确的判断。（见表 8.2-2 ~ 表 8.2-5）

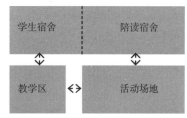

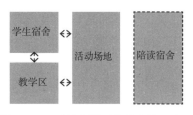

图 8.2-2　陪读制特殊学校布局示意图

中国 1999 年普通学校附设及随班就读基本情况统计[3]　　　表 8.2-2

班数 / 个			招生数 / 人			在校学生数 / 人		
小学	初中	合计	小学	初中	合计	小学	初中	合计
10507	936	11443	23262	6743	30005	233196	22952	256148

各类残疾人随班跟读情况[4]　　　表 8.2-3

残疾类型	视力残疾	听力语言残疾	智力残疾	肢体残疾	综合残疾	总残疾人数
随班跟读 / 人	3	12	422	31	5	473
百分比 / %	0.6	2.5	89.2	6.6	0.1	100

肢体残疾人员等级构成[5]　　　表 8.2-4

残疾类别	合计	一级	二级	三级	四级	重、次重度与中轻度之比
肢体残疾 / 人	143467	867	1908	3454	8229	1：4.21
百分比 /%	100	6.0	13.2	23.9	56.9	——

教师对不同类别特殊儿童的接纳态度[6]　　　表 8.2-5

特殊儿童类别	低视力	肢体障碍	言语与语言障碍	病弱	学习障碍	重听	轻度弱智	情绪与行为障碍
c	2.60	3.71	4.14	4.31	4.41	4.73	5.32	5.41
X	1.95	2.33	1.86	2.26	2.16	3.04	2.14	2.45
接纳顺序	1	2	3	4	5	6	7	8

（注：采用 SPSSW IN 8.0 对在上海市 10 所小学抽取的 318 名教师的问卷结果进行数据分析，得出结论）

---

[1]　西安建筑科技大学学报 2002 年 12 月第四期第 34 卷。

[2]　华南理工大学专业学位硕士学位论文　王晓瑄 2011 年。

[3]　西安建筑科技大学学报 2002 年 12 月第四期第 34 卷。

[4]　1987 年全国残疾人抽样调查—样本数据。

[5]　中国教育年鉴 2000 年。

[6]　华东师范大学上海区问卷调查 2000 年。

第八章
特殊学校
设计
特殊学校的选址
特殊学校的分类
设计要点
功能布局
交通体系
环境的营造

设计难点：

1. 特殊教育学校相比于普通中小学校存在着建筑规模小，功能组成多的设计难点。

2. 特殊教育学校设计既要满足学生学习生活的特殊需求，方便学生的使用，又不能仅仅是建立一个完善的乌托邦，将学生们圈养起来。设计要求更接近社会的真实环境，为其顺利地自主生活、融入社会做准备。这就要求我们在校园设计中在建立完善的无障碍通行系统的同时掌握好特殊设计的"度"。

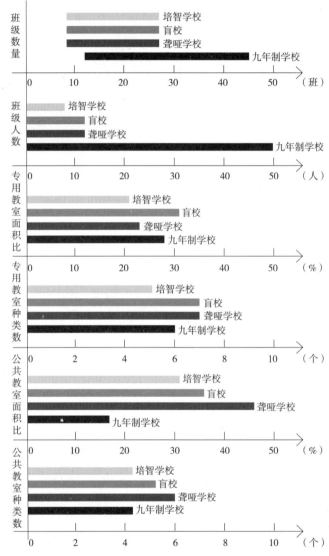

图 8.3-1　九年制学校与特殊教育学校校舍建设标准对比表[1]

设计要求：

1. 教学楼须在主要入口处设残疾人坡道。

2. 走道净宽一般符合要求，但由于轮椅在走道上行驶的速度有时比健全人步行的速度快，走道转弯处如若出现直角，易引起碰撞，所以宜设置保护板或缓冲壁条或设计成圆弧曲面的形式。

---

[1]　数据来源：城市普通中小学校 校舍建设标准 建标 [2002]102 号；特殊教育学校建设标准 建标 156-2011。

第八章
特殊学校
设计
特殊学校的选址
特殊学校的分类
设计要点
功能布局
交通体系
环境的营造

3. 楼梯对轮椅学生来说必然是一种障碍。在没有条件设置无障碍电梯时，应设置无障碍楼梯。

4. 轮椅儿童在教室里座位的位置最好设置在教室前排靠门的位置，这样既可以方便轮椅儿童出入又不会挡到其他儿童的视线。

5. 课桌应根据轮椅高度定制，满足特殊儿童的学习需求。

6. 应设置无障碍卫生间，条件不允许时，至少在一层设置无障碍卫生间。

设计目标：

1. 特殊教育学校的整体规划设计应顺从未来学校的发展趋势，把握住其真正内涵，积极探索特殊教育方式和手段的变化和发展，并及时反映在学校规划上。

2. 设计应充分重视特殊儿童与外界社会的融合交流与互动。以自身独特的发展优势带动周边地区的发展，同时创造良好的互动环境，提供给特殊儿童与外界的交流空间。

3. 充分考虑校园建设的可发展性，采用可持续发展战略模式，形成相互独立又相互统一的规划格局。

4. 将"以人为本"贯穿到校园建设的每一个角落。充分的将学生的特殊需求体现到空间规划、建筑设计、景观环境设计、公共设施中去。

5. 组织设计多层次的校园交通系统，结合道路绿化空间全面迎合特殊儿童的需求性。

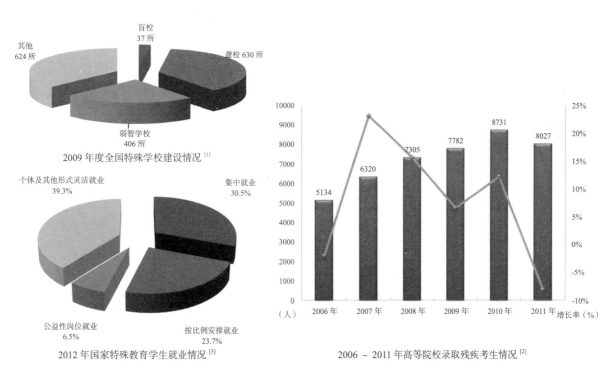

2009 年度全国特殊学校建设情况 [1]

2012 年国家特殊教育学生就业情况 [3]

2006～2011 年高等院校录取残疾考生情况 [2]

图 8.3-2 特教现况

在对特殊教育学校进行规划设计时，应将其空间分为主要使用空间区域，辅助使用空间区域及交通联系空间区域三个部分空间区域。

[1] 《2009 年中国残疾人事业发展统计公报》。

[2] 中央政府门户网站 中国残联。

[3] 中国残疾人联合会事业统计。

第八章
特殊学校
设计
特殊学校的选址
特殊学校的分类
设计要点
功能布局
交通体系
环境的营造

主要使用空间是特殊教育学校空间使用功能的主体，辅助使用空间则是实用功能的必要补充，而交通联系空间则是整个空间的"支架"。这三个空间既相互独立又相互联系，有时甚至同属一个空间而分不同部分[1]。（见图8.4-1）

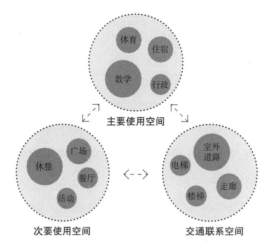

图 8.4-1 分散式特教设计案例

而对于使用功能的布局应遵守以下设计原则（见图8.4-2）：

1.学前教育区应相对独立，需要独立的出入口。

2.职业高中需要考虑与培训用房相结合，对同时可能衍生出的校办工厂或实践基地提供场地。

3.康复用房和咨询服务对外开放，靠近学校前区，与管理办公方便联系。

4.游戏场地的布置要考虑供附近居民使用，结合康复中心设计。

5.运动场地需要考虑对外开放，布置在靠近道路的地方。

6.学校作为特殊教育资源中心，还要考虑图书资料室、教师培训、家长培训的需要，利用多功能教室或小礼堂进行。

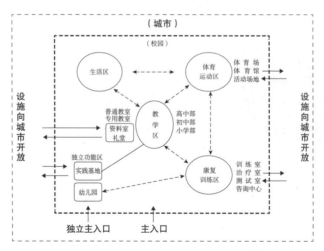

图 8.4-2 特殊教育学校功能关系图[2]

---

[1] 西安美术学院 硕士研究生学位论文 王炜锋 2013 年。

[2] 华南理工大学 硕士学位论文 牟彦茗 2010 年。

第八章
特殊学校
设计
特殊学校的选址
特殊学校的分类
设计要点
功能布局
交通体系
环境的营造

分散式

分散式的建筑布局模式，按照功能划分单体，功能分区明确清晰；单体之间以连廊把各个单体联系在一起。（图8.4-3）

优点：在我国分散式布局在用地允许的情况下，多沿用南北向平行行列布局，通风和采光容易满足要求。

缺点：在我国的教育仍以分班分年级授课为主，大部分教育建筑都采用走廊-教室的长条型建筑形态，造成交通流线较长；各栋单体之间都是相似的矩形庭院，空间形态单调乏味，不利于构建多样的室外空间层次。（见图8.4-3）

集中式

在我国，集中式的布局模式一般用在学校用地面积较小，采取紧凑的建筑布局。

优点：在功能用房布局紧凑，流线简短。教师采用内廊布置，扩宽走廊作为复合的活动空间；同时利用各种中庭，多功能室，营造出丰富的室内或半室外的活动空间。

缺点：很难形成完整体系的室外活动空间；建筑内部进深大，只能依靠天井、中庭进行采光。

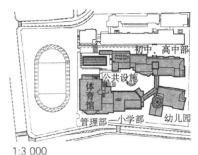

1:3 000

平塚聋校总平面[1]

杭州市聋人学校总图[2]

图8.4-3 分散式特教设计案例

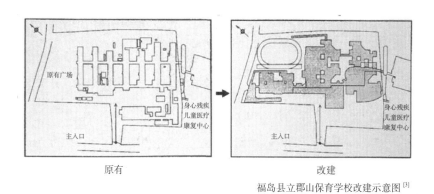

原有　　　　　　　　　　改建

福岛县立郡山保育学校改建示意图[3]

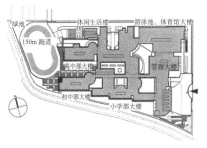

川岛云雀贺山养护学校总图[4]

神奈川茅崎养护学校鸟瞰[5]

图8.4-4 集中式特教设计案例

[1] 《建筑设计资料集成-教育·图书编》日本建筑学会。

[2] 浙江工业大学建筑规划设计研究院作品选《创意先锋》。

[3] 日本建筑学会《日本新建筑No.4》。

[4] 《建筑设计资料集成-教育·图书编》日本建筑学会。

[5] 《盲·聋·养护学校こども病院院内学级》建筑思潮研究所。

8.4　特殊学校设计·功能布局

第八章
特殊学校
设计
特殊学校的选址
特殊学校的分类
设计要点
功能布局
交通体系
环境的营造

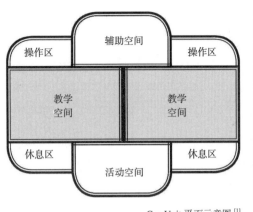

CareUnit 平面示意图 [1]

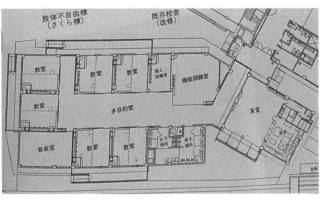

埼玉县立秩父养护学校局部平面 [2]

图 8.4-5　单元式特教设计案例

单元式

较为理想的一体化单元模式是把教室、康复室、训练室、宿舍等结合在一起，形成一个标准化的单元体。（见图 8.4-5）

在我国，由于特殊教育学校的数量与残疾儿童入学需要的供求矛盾，导致单元式的布局模式还很稀少。这种模式的本意是在普通的学校中插入少量的标准单元体，在实现无差别教育的同时，不至于因过多的照顾特殊学生，而对大多数普通学生产生干扰。

- 优点：方便智力及肢体障碍儿童在主要使用空间区域内的往返；方便看护人员对其进行照顾。
- 缺点：活动范围受到限制，与他人交流少。只适用于有特定需求的特殊儿童或者说只适用于特定条件下的教育模式，只具有相对适用性。

交流平台的分类

1. 按空间功能分类（见图 8.4-6）

表 8.4-1

类型	定义
学习性交往空间	学习性交往空间是指教室以外的各种课外学习园地，如生活化场景模拟空间、读书角、展示廊、室外生态园地等
体育性交往空间	体育运动可以改善和纠正他们在情感意志力上面的缺陷，培养团队协作的精神和竞争意识，有助于提高特殊儿童的社会适应能力
集会性交往空间	主要是指校园中的广场空间，为大型活动提供场地
休闲性交往空间	形式自由活泼，无处不在，可以是建筑内部任何零碎的空间、阳台、屋顶、室外庭院、广场、绿地，这些交往空间对学生的课余活动发挥着重要的作用

---

[1]　https://image.baidu.com/.

[2]　华南理工大学专业学位硕士学位论文王晓瑄 2011 年。

8.4 特殊学校设计·功能布局

第八章
特殊学校
设计
特殊学校的选址
特殊学校的分类
设计要点
功能布局
交通体系
环境的营造

2. 按空间位置分类（见图 8.4-6）

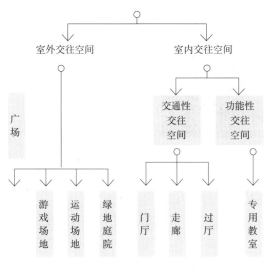

图 8.4-6 空间位置分类

建筑外部交往空间的设计 [1]

1. 前庭广场

前庭广场是学校的交通集散地，是从城市进入校园的缓冲空间。需要合理考虑车行与人行的交通流线，设置小车出入上、下车场地。在广场一侧设置专用人行通道，保证特殊儿童的安全通行。

前庭广场是校园的礼仪空间，对于特殊儿童来说并不是活动区域，而是心理缓冲区。

前庭广场是设置展示空间。设置校区标识导向图；对于盲校，还应设置触摸式导向地图。其次应展示学校的介绍和各类信息、活动、大事件的通告，不仅让师生、家长在校门口就感受到校园的气息，也有利于让普通到访者在短时间内了解特殊学校的情况，增进外界对特殊学校的认识。（见图 8.4-7）

2. 校园交往中心

室外的校园活动中心一般是举行大型集体活动的场所。以满足群体交往活动、学校与社会、社区互动交往的要求，特殊儿童的接受能力弱且缺乏交往技巧，使他们的个体交往存在更多的障碍。所以特殊教育学校的校园活动中心不但需要承担活动场地的需要，更要提供视觉交流的可能。因此，室外的交往中心最好可以结合校舍进行设计，形成一定围合感和方向性的活动空间。

日本的群马县立渡良濑养护学校，在南侧的托管中心和北侧的教学区之间以中央圆形广场分隔开来，广场以一棵树作为中心，周围的校舍都可以看到广场上的活动。校内形成社区的感觉。（图 8.4-8、图 8.4-9）

日本神奈川县立平塚聋学校，以校舍围绕中庭，形成亲切的校园交往中心。东边从二层体育馆引出的大台阶是庭院的视觉中心；建筑形体进退、转折变化，为中庭提供了凹凸变化的边界，打破了矩形的呆板设计，使中庭形态自由活泼；结合挑檐的遮阴、水池、贴近建筑的木质铺地，使中庭交往更具生活气息。（图 8.4-10）

---

[1] 华南理工大学 硕士学位论文 牟彦茗 2010 年。

第八章
特殊学校
设计
特殊学校的选址
特殊学校的分类
设计要点
功能布局
交通体系
环境的营造

图 8.4-7　杭州市聋人学校入口 [1]

图 8.4-8　群马县立渡良濑养护学校总平面图 [2]

图 8.4-9　群马县立渡良濑养护学校广场 [3]

图 8.4-10　神奈川县立平塚聋学校广场 [4]

3. 游戏活动场地

室外游戏活动场地可以分为游戏区和玩具活动区。游戏区主要为特殊儿童小群体活动所用，小群体游戏是培养特殊儿童之间交往行为的有效方式。玩具活动区是借助一定的场地设施进行活动的区域，一般可以结合康复训练场地一同设计。玩具活动区宜设计在靠近学校外墙的地方，便于向城市开放，共享活动空间；也有利于特殊儿童与普通儿童的交往。

4. 绿化场地

自然疗法对特殊儿童身心健康有一定的促进作用。在有限的校园环境中，享受自然的乐趣，泥土、动植物、水体都可以成为他们认识自然、与环境交往的途径。（见图 8.4-11）

杭州市杨绫子学校绿化庭院和园艺场 [5]

图 8.4-11　杨绫子学校实景图（一）

---

[1]　杭州市聋人学校主页。

[2][3]　《国外建筑设计详图图集 10- 教育设施》。

[4]　《盲·聋·养护学校こども病院院内学级》建筑思潮研究所。

[5]　华南理工大学 硕士学位论文 牟彦著 2010 年。

8.4 特殊学校设计·功能布局

第八章
特殊学校
设计
特殊学校的选址
特殊学校的分类
设计要点
功能布局
交通体系
环境的营造

杭州市杨绫子学校门厅休息处和模拟茶室[2]

图 8.4-11　杨绫子学校实景图（二）

建筑内部交往空间的设计[3]

1.门厅空间

就内部交往体系来说，门厅是室内交往的开端，由它引导人们进入建筑，是整个交往空间序列的序曲。

门厅的空间尺度不仅仅应满足师生进出建筑的交通需求，同时也是师生交往活动的功能性场所。应有供人们停留、集散、休息的空间，并提供信息交流设施等。

门厅应有明确的空间概念，特殊儿童在进入建筑后，需要有明确的指示和方向，要是他们知道明确的集合地点，因此，特殊学校的门厅应该作为一个相对独立的区域进行设计。

大多数特殊儿童都需要家长接送，在门厅的短暂停留，为其整理物品、调整心情、教师与儿童、家长的沟通提供机会。

杭州市杨绫子学校在门厅设置了两组休息区，茶室仿照公共建筑的模式布置在门厅的一侧，与门厅空间相连，既可以作生活模拟的教学场地，又是供师生休息的交流空间。

2.室内交往中心

特殊学校的室内活动空间在形式上宜选择有方向性的几何形空间，如矩形、部分圆形、椭圆形。几何形体给人以稳定明确的心理感受，空间的可识别性强。公共活动空间与走廊之间最好不做墙体分隔，利用柱或矮墙、家具作空间上的限定。既保证了空间的完整性，又使空间内外视线不被遮挡。

作为全校的交往中心，空间尺度一般比较大，宜设置上下贯通的空间，并引入自然光线，将室内环境室外化。以满足长时间活动在室内的师生对亲近自然环境的需求。通高的空间不宜超过三层，过高的层高容易造成空旷感，失去空间的领域感。

福岛县立郡山保育学校是一所肢体残疾儿童学校。学校在教学区中间设计独立的游戏厅，由两层高的圆形的开放空间构成，与周围的便餐厅、图书室一起作为全校游戏庭。（图8.4-12）

3.班级活动室

利用过厅位置设计活动室。把活动式设计在交通节点上，保证活动区域与交通区域利用家具与矮墙区分开来，但在视线上可以交流。

日本川岛云雀贺山养护学校在每个教室与公共区走廊交接处都有圆弧墙为特点的公共区。这些空间与走廊之间用活动的推拉门间隔，即可以向走廊开放，又可以分割成独立的房间，使用上更既有灵活性。（图8.4-13）

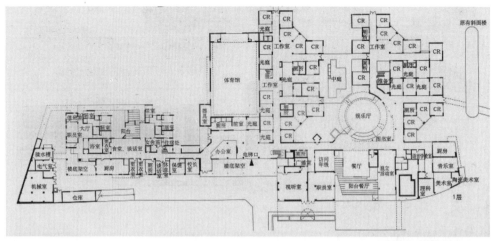

福岛县立郡山保育学校[1]

图 4.8-12　福岛县立郡山保育学校[2]

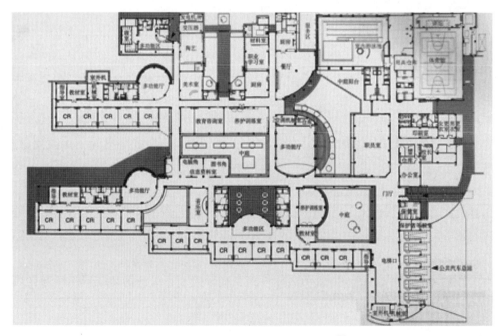

图 8.4-13　川岛云雀贺山养护学校[3]

[1]　《建筑设计资料集成 - 教育·图书编》日本建筑学会。

[2]　日本建筑学会《日本新建筑 No.4》。

[3]　《建筑设计资料集成 - 教育·图书编》日本建筑学会。

利用组团式的教室围合出班级活动区。如群马县立二叶养护学校建筑以阳光中庭为中心，每四个教室为一组，开放式的组合成类似居住的空间，每组教室都能形成一个生活化的活动空间。（图 8.4-14）

4. 交通空间

扩大教室前走廊的宽度，使之成为公共活动空间。考虑单股人流与轮椅通行宽度，再加上两侧扶手宽度为1500+100mm；如考虑两股人流，则为2200mm。考虑成人的协助，与停留驻足所需要的空间，走廊的宽度应在2000～2800mm 之间。但都按此宽度并不经济，故应保证外走廊宽度大于1600mm，内走廊宽度大于2200mm，在每隔一段距离结合休闲、景观、饮水处设置凹室，供轮椅使用者回转跟驻留。（见图 8.4-15）

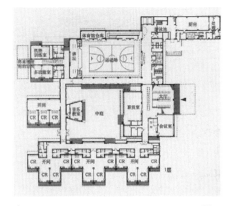

图 8.4-14 群马县立二叶养护学校[1]

第八章

特殊学校
设计
特殊学校的选址
特殊学校的分类
设计要点
功能布局
交通体系
环境的营造

走廊空间的设计应该尽量保持完整，在一定区段中是连续稳定的空间形态，变化应该是有规律的。通过空间的收分变化和围护构件的标志性，让特殊儿童在其间行走可以产生不同的空间归属感。如对门口位置的走廊空间进行扩大，形成凹空间；或利用走廊尽端进行局部放大等，这类小区域空间应该结合展览、服务设施形成交往空间。（见图 8.4-16、图 8.4-17）

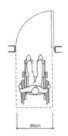     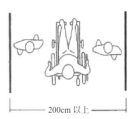

人（成年男子无行李）　宽 45cm

乘轮椅　宽 80cm

使用拐杖（2 支）　宽 90cm

150cm

200cm 以上

图 8.4-15 行走通行尺度[2]

图 8.4-16 杭州杨绫子学校房间
门口的凹空间[3]

图 8.4-17 上海浦东特殊教育学校走廊
的凹空间[4]

[1] 《建筑设计资料集成 - 教育·图书编》日本建筑学会。

[2] 《新版简明无障碍建筑设计资料集成》。

[3][4] 华南理工大学 硕士学位论文 牟彦茗 2010 年。

第八章
特殊学校
设计
特殊学校的选址
特殊学校的分类
设计要点
功能布局
交通体系
环境的营造

建筑过渡空间的交往空间设计[1]

建筑过渡空间包括室外连廊、架空空间、阳台、露台等与建筑紧密相连的空间。半室外交往空间的设计原则是尽量靠近教室或室内用房，最好可以与室内空间直接连通，便于出入和使用。

建筑入口的雨棚区域是典型的过渡空间，但过高的门廊容易使空间显得空旷生硬，失去亲切感，同时也会带来飘雨问题。当空间足够大时，就可以容纳更多的活动内容，如集会、交谈、玩耍游戏都成为可能。

室外有庭院的封闭走廊，宜采用落地玻璃窗，将室外的阳光和景观引入建筑；出庭院的门外宜设置与室内标高相同的平台，供体弱或行动不便的特殊儿童在靠近室内的地方活动。

福岛县立郡山保育学校，采用教室、花坛、光庭错格布置的方式，使每个教室都可以面对花坛跟光庭。光庭由木板铺设，与室内地面相平，使用轮椅的儿童也可以轻松的在室外享受阳光和空气。光庭的面积不大，营造出亲切的、领域感强的空间氛围，为教师和特殊儿童的个别沟通提供户外平台。

文京盲学校的用地有限，采用多层的集中式方形建筑，各种功能垂直分区，每层均设计一圈外廊，既起到了遮阳效果，也建立了空中交流平台。为视障儿童提供了不同感受的立体交往空间。（见图 8.4-18）

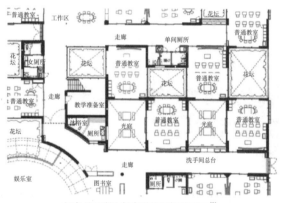

福岛县立郡山保育学校局部平面图[2]

福岛县立郡山保育学校小学部入口平台[3]

文京盲学校[4]

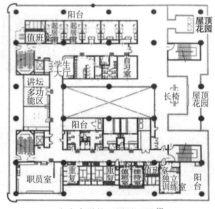

文京盲学校四层平面图[5]

图 8.4-18 交往空间实例图

[1] 华南理工大学 硕士学位论文 牟彦茗 2010 年。

[2] 《建筑设计资料集成 - 教育·图书编》日本建筑学会。

[3] ~ [5] 《盲·聋·养护学校こども病院院内学级》建筑思潮研究所。

第八章

特殊学校
设计
特殊学校的选址
特殊学校的分类
设计要点
功能布局
交通体系
环境的营造

盲校

普通教室一律采用单人课桌椅，课桌的平面尺寸不宜小于500mm×800mm。由于盲文书籍较大，高年级学生盲文书籍又很多，沿普通教室的后墙，必须预留一排书橱的地位，使每一位学生均有存放书籍的空间。（见图8.4-19）

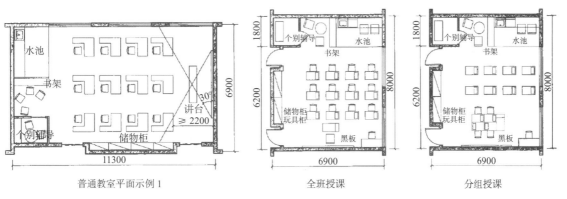

图 8.4-19　盲校普通教室

浙江省盲人学校普通教室长7.7m，宽7m，面积为54m²，班级人数6～14人不等，室内空间整体比较宽敞，教室后部和窗台一侧设有橱柜，以存放盲文书本和直观教具。（见图8.4-20）

聋校

普通教室要求全班学生在教学活动中都能看到教师讲课及被提问同学回答时的口型和手势，因此，教室内课桌椅的排列最好围成弧形，还要使每位同学均能方便地走上讲台。课桌的平面尺寸宜为400mm，上宽550mm，下宽600mm。教室的轴线尺寸宜为宽6900mm长8400mm或每边轴线尺寸为4600mm的正六边形。（见图8.4-21、图8.4-22）

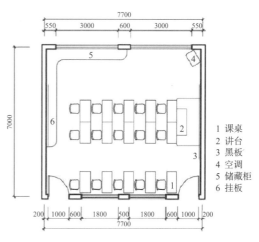

图 8.4-20　浙江盲人学校普通教室平面

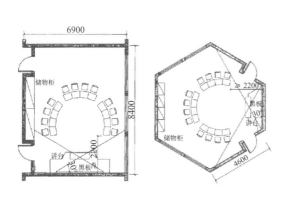

图 8.4-21　聋校普通教室平面

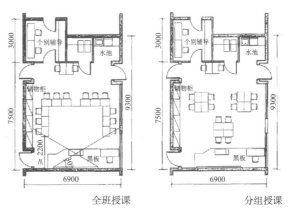

图 8.4-22　"一室多用"聋校教室平面

第八章
特殊学校
设计
特殊学校的选址
特殊学校的分类
设计要点
功能布局
交通体系
环境的营造

培智学校

普通教室要求针对特殊儿童智力发育迟缓的特点，教室的设计应进行多种布置的可能性，且预留出游戏活动的空间。单人课桌尺寸按照 1000mm×500mm 设置，教室后部为储物区，因学生生活自理能力有限，教室内可考虑设置洗手池与面镜。（见图 8.4-23、图 8.4-24）

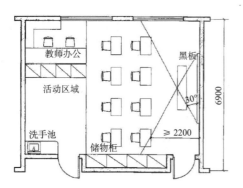

图 8.4-23　培智学校普通教室平面

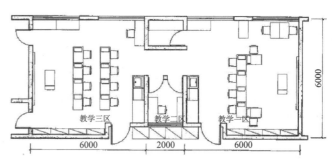

图 8.4-24　"一室多用"培智教室平面

专用教室

语言教室是对盲童进行外语教学的专用教室。盲童所使用的语言学习用桌规格为 0.55m×1.7m（双人用），其布置形式与普通中小学校相似，面向讲台成行成排布置，出于盲童行动不便的考虑，教室中每个座位旁均应有走道，不允许跨座入位。课桌的前后排拒不小于 1.2m，桌间走道不小于 1m，桌墙间走道不小于 0.8m。由于管线排布的需要，语言教室的地面下部应设暗装电缆槽或活动地板。（见图 8.4-25）

计算机教室按每人一台的标准配备，机台的布置方式应采用屏幕平行于黑板的形式，由于管线排布的需要，应设暗装电缆槽或活动地板。同时，室内应有存房教材、教具的橱柜及稳压电源、空调机等必要的设施设备并具有良好的防尘措施。计算机教室应设有准备室，有两间计算机教室时，可合用一个准备室。（见图 8.4-26）

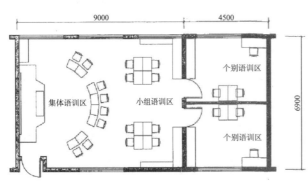

图 8.4-25　集体语训教室平面

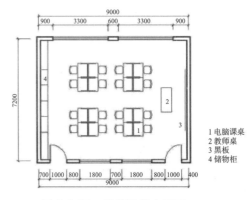

图 8.4-26　计算机教室平面

多感官功能教室是通过精心设计的灯光、声音与各式各样精巧的高科技设施，给予学生各种充满触觉、前庭觉、本体觉、视觉、听觉等各种感官刺激。（见图 8.4-27）

第八章
特殊学校
设计
特殊学校的选址
特殊学校的分类
设计要点
功能布局
交通体系
环境的营造

感觉统合训练室的器材较多，应该所针对的康复项目分组摆放，有利于专门的分组教学。训练室楼地板应按实际情况选择铺设地毯或弹性木地板，内墙1.2m以下采用软性材料包装。空间形状宜规整、好用。（见图8.4-28）

音乐教室要适应视力残疾学生乐感较强的特点。盲校的音乐课程需要盲童掌握基本的音乐知识、歌唱技巧，并具备12种乐器演奏的能力，因此需要设置声乐教室和器乐教室，有条件的盲校还应设置琴房。音乐教室应成组布置，并选在距普通教室较近又不会造成干扰的位置，当与教学用房相邻时，门窗应加隔音处理，同时与走廊相邻的墙面不应开窗。（见图8.4-29）

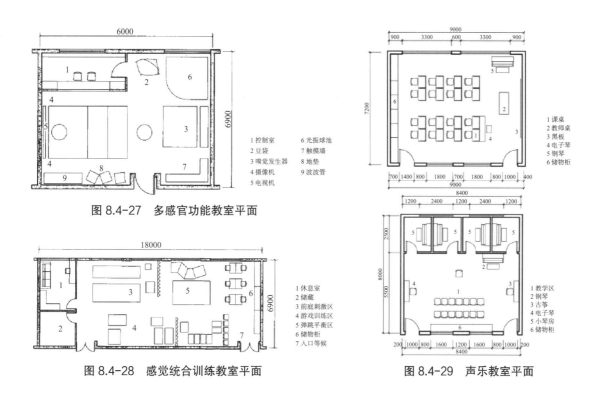

1 控制室　　6 光振球池
2 豆袋　　　7 触摸墙
3 嗅觉发生器　8 地垫
4 摄像机　　9 波波管
5 电视机

图 8.4-27　多感官功能教室平面

1 课桌
2 教师桌
3 黑板
4 电子琴
5 钢琴
6 储物柜

1 休息室
2 储藏
3 前庭刺激区
4 游戏训练区
5 弹跳平衡区
6 储物柜
7 入口等候

图 8.4-28　感觉统合训练教室平面

1 教学区
2 钢琴
3 古筝
4 电子琴
5 小琴房
6 储物柜

图 8.4-29　声乐教室平面

律动教室通过对聋生的视觉、触觉、震动等感官进行音乐、舞蹈、体操、游戏等内容的学习与训练，发展感知能力，达到整体能力的提高。律动教室应保证足够面积且有较大进深，以适应多种活动需要。教室至少一面墙设通长照身镜，镜高不小于2.5m。地板设弹性地板。（见图8.4-30）

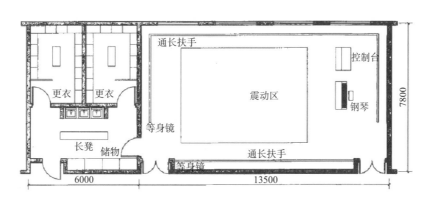

图 8.4-30　律动教室平面

本页图片均来自于 https://image.baidu.com/ 与建筑设计资料集第三版。

第八章
特殊学校
设计
特殊学校的选址
特殊学校的分类
设计要点
功能布局
交通体系
环境的营造

美工教室是为补偿视力残疾儿童和少年的视觉缺陷，培养他们的立体感和一定的生活劳动技能而设置的。有泥工、纸工、编织（勾针、绒线、塑料带）、缝制、金竹木工等等。手工教室分别按规模不同设置 2 ~ 3 间，手工教室均附设手工器材室，除存放工具、原材料及学生的作品外，其中一间为泥工实习作准备的器材室，还宜考虑配有三相电源，以便安装泥土搅拌机。（见图 8.4-31）

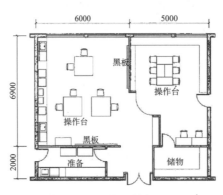

图 8.4-31　美工教室平面

生活与劳动教室是针对缺乏生活自理能力的低年级学生准备的。对他们从洗刷、穿衣、整理床铺开始到缝补、烹饪等家政均需有计划地进行教育。在生活劳动教室内，应按需要设置桌椅、水池及若干炉灶（城市中宜使用煤气灶）。便于对学生开展烹饪等生活自理能力的教育。（见图 8.4-32 ~ 图 8.4-33）

图 8.4-32　生活训练教室平面

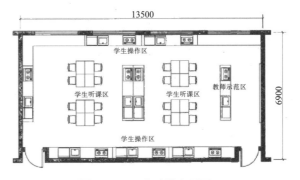

图 8.4-33　家政教室平面

实验室主要用于小学阶段自然常识课及中学阶段理、化、生学科的实验。为提高实验室的利用率，采取中小学课程统一排课，实验室共同使用。实验室均应配置水池和电源，有条件的还宜接装煤气。生物实验室实验桌上宜装置台灯。物理实验室的实验桌上，应有一般电源和低压电源。化学实验室的学生实验桌旁应有水池。（见图 8.4-34、图 8.4-35）

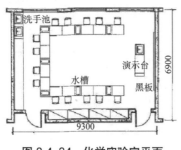

图 8.4-34　化学实验室平面

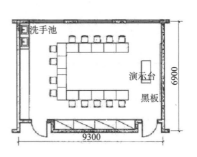

图 8.4-35　物理实验室平面

劳技教室种类很多，盲校中推拿教室设计居多。常分为教学区与实习区两个部分：

1. 教学区内应设置讲台、课桌椅、设人体生理和经络穴位的人体模型、图书柜和电教器材。

2. 实习区采取双人一组、交换实践的实习模式。区内应设供学生实习用的床位，床位应保持较大间距，以便于教学观摩，并设置诊疗桌和橱柜以存放常用的理疗器材、模型和挂图。（见图 8.4-36、图 8.4-37）

第八章
特殊学校
设计
特殊学校的选址
特殊学校的分类
设计要点
功能布局
交通体系
环境的营造

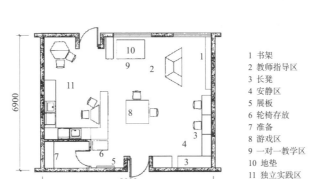

1 书架
2 教师指导区
3 长凳
4 安静区
5 展板
6 轮椅存放
7 准备
8 游戏区
9 一对一教学区
10 地垫
11 独立实践区

图 8.4-36 劳技教室平面

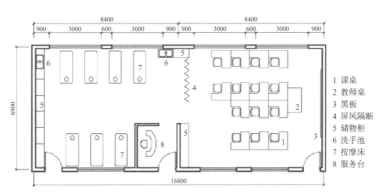

1 课桌
2 教师桌
3 黑板
4 屏风隔断
5 储物柜
6 洗手池
7 按摩床
8 服务台

图 8.4-37 推拿教室平面

北京市盲人学校：学校的推拿专业在业界口碑较好，是学校重点打造的教学品牌，学生就业率达到100%，同时在海淀区新街口设有健桥盲人按摩中心，是学生一个主要的实训基地。

按摩教室由前台服务区，教学区，实训区组成。前台区正对房间入口，连接两侧的教学区和实训区，模拟真实营业场景，在传授按摩技法外，教会学生接待礼仪，贴近真实工作状态。（见图 8.4-38）

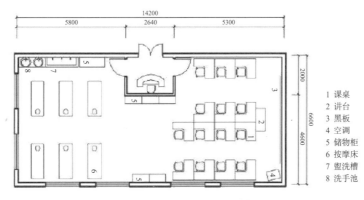

1 课桌
2 讲台
3 黑板
4 空调
5 储物柜
6 按摩床
7 盥洗槽
8 洗手池

图 8.4-38 北京市盲人学校推拿教室平面

一体化单元设计模式

1. 综合设置模式的教学一体化单元不是一个完全独立的单体，它是整个建筑里的一部分，既相对独立、便于管理，又与其他部分互相连通。（见图 8.4-39）

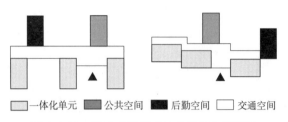

一体化单元 ■公共空间 ■后勤空间 □交通空间

图 8.4-39　综合设置模式的单元组合示意图

2. 分类设置模式的教学一体化单元，以串联的形式，通过连廊互相联系结合其他功能空间和后勤空间等形成有机整体。（见图 8.4-40）

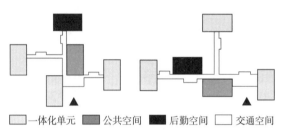

一体化单元 ■公共空间 ■后勤空间 □交通空间

图 8.4-40　综合设置模式的单元组合示意图

综合设置模式的一体化单元主要针对残疾程度较严重的特殊儿童，如多重残疾儿童、肢体残疾儿童、重度残疾儿童等，这类儿童缺乏自理能力，需要专人 24 小时照看，对他们来说，教学的主要内容是学习日常生活所需的生活技巧、一般的认知和保护自己的方法，因此，将教学和生活等空间集中设置，既方便学生在生活中学习，也方便老师管理看护。（见图 8.4-41）

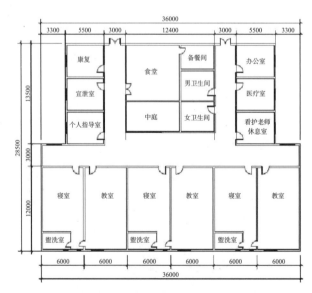

图 8.4-41　综合设置模式的单元组合实例

本页图片均来自于《特殊教育学校教育生活一体化单元设计研究》华南理工大学 专业学位硕士学位论文 王晓瑄 2011 年。

第八章
特殊学校
设计
特殊学校的选址
特殊学校的分类
设计要点
功能布局
交通体系
环境的营造

分类设置模式的一体化单元主旨在将同一残疾类型的特殊儿童按年龄段分组，或者同一年龄段的特殊儿童按残疾类型分组，若干个小组按残疾类型或年龄段组合成一个一体化单元，为多簇式单元空间。（见图8.4-42）

图 8.4-42　综合设置模式的单元组合实例

3. 独立设置模式的教学一体化单元是指将特殊儿童按残疾类型分类，再根据年龄大小或者行动能力高低，把若干个具有相同生理及教育需求的特殊儿童归为一个班，每个班为一个独立单元，单独配置教学、生活所需的各种空间。

独立设置模式的教学生活一体化，其形式较为多变，适用范围也较为广泛，应根据具体使用的特殊儿童的实际需求进行针对性设计。（见图8.4-43）

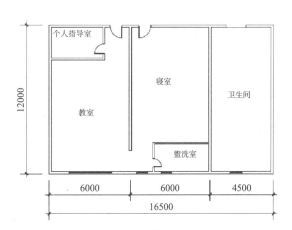

图 8.4-43　独立设置模式的单元组合实例

本页图片均来自于《特殊教育学校教育生活一体化单元设计研究》华南理工大学 专业学位硕士学位论文 王晓瑄 2011年。

第八章
特殊学校
设计
特殊学校的选址
特殊学校的分类
设计要点
功能布局
交通体系
环境的营造

交通环境

特殊学校在遵循交通便利的原则下不宜紧邻车流量大的街道或城市干道。盲童由于视功能的缺失，不能有效地感知前后来往车辆，过于频繁的车行交通给盲童的出行带来很大的安全隐患。同时学校周边道路应有宽度充裕的人行道配置，并应设置盲道与校内的无障碍体系连接。

学校的出入口应尽量远离一些人流集散的区域，并与公交车站、地铁站、人行天桥保持适当距离，避免人流交叉干扰。

图 8.5-1 无障碍体系示意图   图 8.5-2 设计要点示意图

由于盲哑学校的特殊性与残疾儿童的独特性需求，导致校园道路系统更为繁杂，既要保证交通系统的基本功能更需要保证残疾儿童的安全性与导向性。同时残疾儿童的认知能力对灾害的感知和避难能力往往相对弱小，因此这更需要要求盲哑学校在规划时其校内交通组织应安全、便捷、清晰。在满足这些基本要求后还应有适当的美观性，加以弥补交通组织的单调性与乏味性。（见图 8.5-1、图 8.5-2）

校园交通规划

校园道路交通系统主要分为：主干道，次干道，支干道与盲人道这四部分。主干道就是校园形成规划时的纵横主轴线，次干道则集中于教学区并连接主干道形成循环路线，保证了道路的全面覆盖性与残疾儿童的安全性。而支道路则连接与次干道，主要集中于景观小广场和休息广场之内，提供给残疾儿童休闲、娱乐、观赏时慢慢行走之用，同时采用多种铺装材料相互搭配，形成一道道的美丽风景。

图 8.5-3 次干道与景观道路（潍坊盲校）[1]

在规划布局时，校园内人车流线应合理分流，道路系统应简明通畅，车行范围应控制在一定区域内，保证残疾儿童的安全，学生教学生活空间的布局应集中。（见图 8.5-3）

---

[1] 图片来自于 https://image.baidu.com/.

车行道路，尤其是主干道，不宜穿过建筑群及主要活动区，做到人车分流，建筑周边应当设置次级道路，平日为人行道路，在特殊情况或紧急情况下开放，为机动车、消防车提供便捷的通道。（见图 8.5-4）

潍坊特殊教育中心分为北校区（盲校及培智）与南校区（聋哑学校），交通规划上两校相对独立，为防止人流交叉干扰，两校主入口相距较远，但通过此入口连接。校园交通规划分别为环路与半环路，学生活动区域完全位于机动车道内侧，均为步行道路，次级道路的设计在紧急情况下可以满足消防车便捷通行。（见图 8.5-5）

第八章
特殊学校
设计
特殊学校的选址
特殊学校的分类
设计要点
功能布局
交通体系
环境的营造

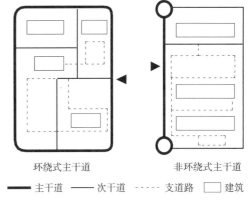

环绕式主干道　　　　非环绕式主干道

━━ 主干道　── 次干道 ······ 支道路 ☐ 建筑

图 8.5-4　校园道路交通规划组织示意图

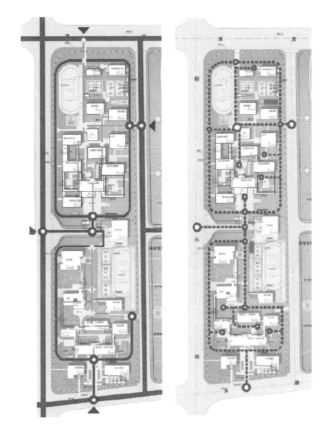

图 8.5-5　潍坊特殊教育中心道路系统规划

流线设计

特殊教育学校的交通流线按其使用功能性可分为以下三种类型：

1. 主要人流交通流线：就是指校园主要人流行走道路，其使用者为眼睛能正常接收得到环境信息的师生。

2. 盲人交通流线：顾名思义就是指专门给盲童使用的特殊学道路，主要是用以区分普通道路，提示师生不得占用此盲人流线空间，从而保障盲童行走的安全性。

3. 车流交通流线：是指学院内部车辆行驶的路线，其流线主要分为普通车辆交通流线与消防车交通流线。

第八章
特殊学校
设计
特殊学校的选址
特殊学校的分类
设计要点
功能布局
交通体系
环境的营造

交通流线的组织必须要以人为本，以最大限度地方便残疾儿童使用为原则，应顺应残疾儿童的活动而不是要残疾儿童去接受或服从于设计师所强加的"安排"路线，并最终保证交通路线的畅通性、合理性、美观性与安全性。（见图8.5-6）

图 8.5-6 流线组织关系示意图

让盲童融入社会、进行交往基础的首要问题是无障碍出行，在校园中增添特殊的通行无阻设施，使残疾人努力改变自己出行意识，做到使残疾人像正常人一样独立、无障碍的进行生活。

复杂的流线设计往往给盲童带来更大的障碍，因此在校园中的流线设计应采用简单的流线设计，这样既能在突发情况下方便安全疏通人群，同时又深化方便学童的记忆。

水平流线

特殊教育学校由于面向障碍人群，水平流线不宜过于复杂，流线设计中尤其要考虑到视力障碍学生的使用。盲校中的流线应采用正交的直线，走廊应避免使用弧线和斜线，强化正向方位从而使盲校学生迅速建立准确的心理地图。

盲校的一般流线组织形式可分为简单的一字型设计、回字形设计或是一字型为基础变异的形状设计。根据不同功能流线的变化，也存在两个及两个以上体量通过流线联系起来的组合形式。水平流线具有简洁直观的特点。（见图8.5-7）

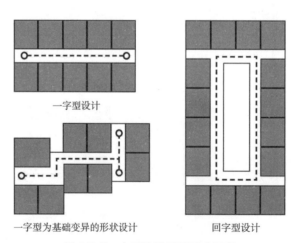

一字型设计

一字型为基础变异的形状设计 回字型设计

图 8.5-7 水平流线组织形式示意

室内外场地的高差给盲童的使用带来不便，来往的车辆对盲童的安全构成威胁，因此在盲校的室内和室外各功能空间的水平流线我建议采用连廊式，不仅减少车辆在室外空间通行带来的安全隐患和避免室内外场地存在的高差，还能与周边环境产生紧密联系形成一条丰富形态的景观带，达到美化校园景观的作用。

潍坊特殊教育中心盲校培智校区采用内廊外廊结合的方式来组织空间，连廊限定建筑的同时也划分了景观区域，对学生进行引导，所有连廊均为正南北向，方便盲校学生对整个校园的了解与使用。（见图8.5-8）

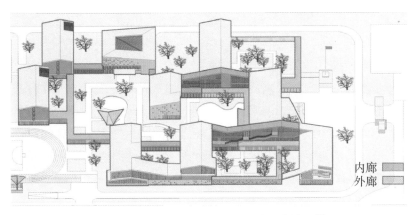

第八章
特殊学校
设计
特殊学校的选址
特殊学校的分类
设计要点
功能布局
交通体系
环境的营造

图 8.5-8　潍坊特教中心设计中的连廊体系 [1]

垂直流线

垂直流线中楼梯是主要的垂直交通，根据盲校的具体情况可以设置电梯、大坡道等辅助交通设施。

采用楼梯式垂直流线设计的盲校，要考虑到聋哑盲校中的残疾人群的不同特点，根据自理能力的高低进行安排，自理能力差的学童应在最低层。（见图 8.5-9）

图 8.5-9　特殊学校设计中的交通体系

道路体系

特殊教育通行无障碍是我国目前使用最为普遍的无障碍设计策略，其手法不应仅限于设置盲道、坡道和扶手，还需充分利用感官代偿进行相关无障碍设计。[2]

1）针对三类学生的校门入口设计

校门应考虑车行与人行的出入口应分别设置，校门应退后城市干道 5m 以上形成一定的缓冲空间。校门外设置提示过往车辆应注意在学校出入口附近减速慢行的标志牌。

2）针对三类学生行动障碍的通道设计

道路的宽度、断面形式及路面铺装材料应根据学校的规模及本校学生的身体残疾特征来决

[1]　编者自绘。
[2]　《聋哑盲校无障碍设计研究》杜芹芹。

第八章
特殊学校
设计
特殊学校的选址
特殊学校的分类
设计要点
功能布局
交通体系
环境的营造

定；应采用透水或排水性良好的铺面材料。盲校校园内学生生活、学习通行的主要道路都应设置盲道。

坡道设计针对所有特殊学生，坡道比楼梯更加安全方便，也更利于消防疏散，但狭窄的或"之"字形的坡道也会给特殊学生带来不便。使用单向坡道可令其活动更加顺畅，避免因大角度转弯带来不便和碰撞，方便其交流与行走同时进行。转角设计室内墙壁的转角处，宜采用更有利于增强视线通透性的弧形或折线形转角。室外通道的转角处，则要避免尖锐小角度的转角，采用直角或钝角以避免碰撞等事故的发生。平道牙设计室外道路边的道牙应采取平道牙的设计，避免小高差引起的磕碰等安全事故。（见图 8.5-10）

3）针对三类学生的触觉感知设计触觉感知设计

此类设计手法主要有 3 种，一是地面触觉感知设施，二是振动感知设施，三是手触式感知设施。智障学生需重点考虑第一种，听障学生前 2 种设计均需考虑，视障学生则 3 种全部应考虑。

4）针对视障学生空间定位障碍的声音反射表面及环境色彩设计

声音反射表面设计视障学生需要利用声音的反射帮助其空间定位、行走安全，避免碰撞等事故发生，故公共空间中应减少使用吸声材料。

5）针对听障及智障学生感知范围的镜面设计

镜面的视线反射可帮助学生看到身后与转弯处的景象，通过设置的镜面可在身后有人靠近时起到提示与警示作用，转角处设置的镜面可避免碰撞事故的发生，对视觉信息的捕获有很好的延伸效果。

6）智能化设计

在校园建筑体中的职能设计应用，将会影响到各建筑体设备及其他细部设计的变化。例如在盲校中应用盲童对风的触感，可结合职能化设备，通过改变气流给盲童提示信息。又如可设置智能化呼吸按钮，应在距地面 0.4 ~ 0.5m 处设求助呼叫按钮。

7）门厅、走廊、楼梯、电梯设计

门厅和走廊的地面上，盲校应设有引导视力残疾学生通向楼梯或有关房间的触感标志，在男女厕所门前地面处应设有特殊的触感标志；聋校应设有引导听力语言残疾学生上下课等作息时间的灯光标志。教学用房、宿舍的内走廊净宽度不应小于 3000mm，外廊及单面内廊的净宽度不应小于 2100mm。有盲生及智障生的学校宜在走廊墙面的 650mm 和 850mm 高度处设两道木质扶手。进门处扶手末端应设置盲文提示标志。禁采用螺旋形楼梯和扇形踏步。梯段之间不应设置遮挡视线的隔墙。楼梯坡度不应大于 30°。踏步高度不应大于 150mm；踏面板外沿不应突出踏步。盲校每层楼梯末端扶手应设置盲文标志。有智障生的学校教学用房超过 2 层（含 2 层）时宜设无障碍电梯。

8）停车位设计

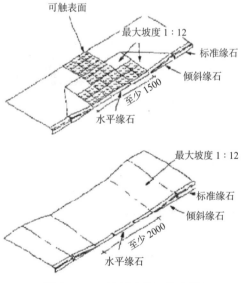

图 8.5-10 倾斜路缘石作法 [1]

平行式停车的车道应有进入车辆后部的通道，因为轮椅通常放在车后部，因此面积至少为 6600mm（长）×2400mm（宽）（最好是 3300mm 宽）。残疾人如果能直接上人行道，2400mm

[1] 《建筑设计师和建筑经理手册无障碍设计》[英]詹姆斯·霍姆斯-西德尔 赛尔温·哥德史密斯著。

8.5 特殊学校设计·交通体系

第八章
特殊学校
设计
特殊学校的选址
特殊学校的分类
设计要点
功能布局
交通体系
环境的营造

宽的停车位已足够。而通常情况下,残疾人下车路边,应提供一个 3300mm 宽的停车位。

室外空间

1)田径场地及球类场地的长轴应为南北向,并在场地周围设置绿化带。

2)盲学校的田径场地边界周围应布置绿化,弯道的转弯处应设置触感标识。

3)运动场周边适当位置应设置学生用洗手池、洗脚池、卫生间,并在室内设置更衣设施。

4)学校绿化用地内严禁种植带刺和有毒的植物。

5)盲校(包括有盲生的综合学校)的路面应铺设行进盲道和提示盲道。(见图 8.5-11、图 8.5-12)

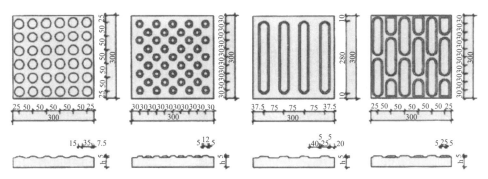

图 8.5-11 盲道铺装样式 [1]

图 8.5-12 特殊学校盲道铺装识别标识 [2]

[1][2] 《聋哑盲校无障碍设计研究》杜芹芹。

251

第八章
特殊学校
设计
特殊学校的选址
特殊学校的分类
设计要点
功能布局
交通体系
环境的营造

环境工程学设计

环境工程学中有五个要素，分别为：声、热、光、空气与色。而残疾儿童由于身体缺陷，使得他们对这些环境因素更为敏感，同时感知障碍又往往与这些环境因素有着直接的关联。

声环境：学校在选址与整体规划之初就应当考虑到声环境对残疾儿童的重要影响，对盲童来说听觉与语言是仅剩重要的感观，他们需要一个更为安全的声环境，对于聋哑儿童来说，借助助听设备时更需要一个干扰较少的环境。在一些特殊教室之内，要做好单独处理，比如声教室，要以吸声材料做吊顶等处理，而在外界空间时可使用植物进行层层隔绝校外繁杂声音，以保障校内声环境的合理性。（见图 8.6-1）

图 8.6-1　通过植物层层隔绝杂音[1]

光环境：对于盲童来说他们宝贵的残余视力使得光环境成为他们重要的环境，因此光环境的设计应注意到残疾儿童的特殊性需求。例如在教室之内，课桌和黑板的照明设计参数要参考普通学校的标准，即不低于150x，照明均匀度不低于0.7，同时灯具布置也要注意其摆放方式，从而达到光环境的安全性与足够的照明度。道路灯也要注意到其照明安全性，不可妨碍到残疾儿童行走的安全性，以避免残疾儿童因路灯的位置而受到伤害。

热环境：在规划学校之时，应注意到我国各地区气候的不同性，仔细分析当地气候特点，并总结各种因素进行室内外热环境的设计。要考虑到教学用房和生活用房的采暖、保温与隔热等问题，也要考虑到室外露天活动时的湿热度与炎热气候下的遮阴挡阳纳凉的问题。

空气环境：空气环境虽然在某些时候是不可制约的因素，但也可多种植树木花草以限制恶劣的空气环境。在建筑之内时要保证良好的通风条件与随时有流动的清新空气，坚决杜绝使用有异味有害气体的廉价材料。

色环境：即色彩在空间环境中的使用与搭配。色彩会直接性的对残疾儿童产生直观感受作用，色彩使用与搭配上的优与劣会对残疾儿童的身心健康产生不同影响的作用。因此我们在对色彩引用时除了要考虑色彩的基本原理外也要注意到这两方面：

1. 借鉴心理学研究成果，尽量少用黑色，红色等刺眼的色彩从而导致不利于儿童身心健康的发展；

2. 色彩的应用尽量做到鲜明而多样。

---

[1]《聋哑盲校无障碍设计研究》杜芹芹。

第八章
**特殊学校
设计**
特殊学校的选址
特殊学校的分类
设计要点
功能布局
交通体系
环境的营造

　　特殊教育学校必须要比普通学校更为注重空间识别性原则，残疾儿童也主要靠色彩与材料的不同而区分不同的功能空间，因此空间识别性将影响残疾儿童的安全性与方向导向性。使用不同的色彩与材料的运用不仅是对不同的功能空间进行鲜明的界面色彩改变，使学校环境更具有活力与生机，增强空间识别性。在对建筑环境下设计，应有效的利用屋顶、阳台、窗户等元素，将色彩、材质等元素引入建筑外形设计之中，通过利用建筑外形与色彩、质感的差异，达到增强空间识别性的效果。（见图8.6-2、图8.6-3）

图 8.6-2　鲜明多样的色彩 [1]

图 8.6-3　通过色彩营造出空间的可识别性 [2]

环境治愈性

　　视力残疾、听力残疾、肢体残疾以及智力障碍学生因为其自身特点存在着不同程度的感官障碍，因此特殊教育学校区别于普通学校不仅仅在于教学方法模式的不同，也反映在日常对学生的呵护上，特殊儿童因为感官不健全造成的心理和生理问题需要学校帮助培养与恢复，因此，校园环境对于儿童的治愈性也是特殊教育学校区别与普通学校的重要特点。

---

[1][2]《聋哑盲校无障碍设计研究》杜芹芹。

第八章
特殊学校
设计
特殊学校的选址
特殊学校的分类
设计要点
功能布局
交通体系
环境的营造

目前的特殊教育模式鼓励在校学生互相帮扶，因此学校对儿童的呵护不能简单理解为单方面的看护关系，也应当重视学校课余时间学生密切的交往，为学生日常交往营造治愈性场景。

特教学生由于感官缺陷多依赖于更加敏感的现存其他感官，而原始自然的环境无论是视觉、听觉、嗅觉还是触觉上都是相辅相成的，接近自然真实的环境可以提供清新的空气、适宜的气候、优美的环境、静谧的空间，有着最佳的康复效果。在保证安全舒适的前提下，室外活动空间应当尽可能通过自然景观营造，或鸟语花香，或小桥流水，在现代化的建筑包围中，原始自然的气息有助于学生的治愈与成长。（见图 8.6-4）

图 8.6-4　治愈性的景观环境[1]

开放贯通性

特殊教育学校因其学校与学生的独特性使目前大多数的特殊学校都实施全封闭式的管理教育。虽然持行这一措施的主要目的是为了保证学生的安全性与便于全校师生的整体管理，但又在一定程度上加重了学生自闭的性格。因他们长期生活于学校之内，使得他们无论是从生活能力、交往能力还是见识能力都将弱于普通学生。

优秀的特殊教育学校应当同外界紧密联系，目前部分学校职业技能培训区已经对外营业，营业区多分布区校园主要出入口，由于此处可以引来校外人员，可适当增加学校宣传展示、慈善义卖等空间，将校园入口打造成一个学校对外的交流窗口。

潍坊特教中心聋哑学校的入口前方包含对外的社区康复与语训康复等功能，该功能与教学区是相对独立的，但与教学区围合成了宽敞的入口空间，为外来人员营造了一个了解与交流的空间，改变了聋哑学校封闭的形象。（见图 8.6-5）

学校的各个空间都使用植物、公共设施、围栏等将其相互隔离开来，虽然保证了学生的安全性，但制约了学生的开放性与相互活动性。特殊学校在整体规划设计之时应将开放性原则考虑进去，通过内部各功能区域的相互融会贯通，不因学校表现出来的封闭性而受到影响。

目前的大部分特殊教育学校中包含各个年龄段的学生，很多学校中包含不同类型的障碍学生。不同年级的学生之间应当通过建筑空间增强其交往与相互帮扶，不同类型的障碍学生之间也不应当绝对独立，而是应该适当交流，资源共享。

---

[1]　https://www.gooood.cn/.

第八章
特殊学校
设计
特殊学校的选址
特殊学校的分类
设计要点
功能布局
交通体系
环境的营造

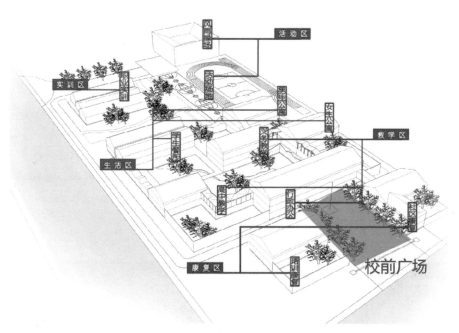

图 8.6-5　潍坊特教中心聋哑校区开放、多功能校前广场[1]

　　这就需要室内外的空间在明确分区后适当弱化分区的分界线，实现不同功能间的开放贯通。

　　潍坊特教中心北校区的设计中将盲校、培智、行政办公区建筑通过连廊相连，中心景观区全校共享，虽然每个区域有各自的活动场所，但活动场所之间多为室外连廊，因此不同的活动场所是相互贯通的。（见图 8.6-6）

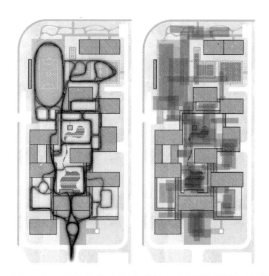

图 8.6-6　潍坊特教中心盲校培智校区的贯通空间[2]

盲校触感环境设计

　　盲童通过触摸周围环境所感受的触压感、冷热感、疼痛感、质地感等行为对触压和温度的认知在空间位置的变化确定自身在环境中的位置以及确定其他物体之间的位置关系进行活动，因此触觉对盲人的行为引导具有重要作用。

[1][2]　编者自绘。

第八章
特殊学校
设计
特殊学校的选址
特殊学校的分类
设计要点
功能布局
交通体系
环境的营造

触觉是盲童主动性的探索行为，更利于盲人通过实践而加深记忆。因此在环境的营造中，普通学校中大型而空旷的交往空间、展示空间因为难以被触碰感知，在实际应用中是一种浪费，因此在盲校中即使是公共空间，也应当以人为尺度，并具备明晰简洁的流线。

盲校可触碰的空间中的可触碰部位应当便捷、安全、舒适、卫生，扶手等设施的设置应当符合特定适用人群的身体尺度，门把手、墙角等细节部位形状应当圆滑，墙面、扶手、门的材质应当采用木材、皮革、塑胶、织物等柔软舒适材质，部分特殊提示性的部位可使用金属或石材加以区分，但不宜过多使用。（见图8.6-7）

风的触觉感知是盲人对与外界环境空间识别和对门窗洞口方位识别的一个特殊途径。风和气流也会刺激和诱导盲人，成为定向和探路的手段。利用改变风向和调节室内气流刺激盲人行为感知是盲人教育学校无障碍设计的新亮点。

图8.6-7 木质的墙裙扶手与用于提示的金属指示牌[1]

盲校无障碍环境营造

基于盲童的生理和心理特性，盲校无障碍体系建构具有相当的针对性，比一般条件下的无障碍设计要有更详细和具体的内容，主要包括通畅性、安全性、可识别性和舒适性、连续性五个方面。

保证盲校校园环境的通畅性，就必须消解盲童行走过程中的高差和障碍物。建筑物的出入口应尽可能设置坡道，内部走廊内避免出现高差，有高差时必须用坡道连接，建筑内部走廊、楼梯两侧墙面应消除人行高度内的各种障碍物，一些消防设施可嵌入墙体设置，走廊中的饮水休息区可采用凹室的形式，保证走廊畅通，向走廊采光的窗户应采用推拉窗，门出于疏散要求需向外开时也应设置成凹室。同时为保证盲童双向通行的通畅性，走廊、楼梯的净宽应尽量做大，门厅也应有充裕的空间。室外环境应注意在盲童行走路径中，应注意各种户外设施、景观小品的设置，必要时应加设围护，在局部区域可加设引导绳。（见图8.6-8）

舒适性主要是基于盲童的生理局限性和人体工学的原理，尽量使器具、设施符合盲童的尺度和使用习惯，为其学习生活提供方便。盲文标牌、电梯操作盘、电灯开关等应设置在便于盲童触及的位置，并统一位置。扶手、洗手台等设施的高度应兼顾不同年龄段盲童的使用需求。另外一些抓拉构件应方便操作，如门把采用抓杆式，并尽量做长些，方便从不同高度抓握；卫生间的水阀龙头尽量采用感应式，避免采用手旋式。（见图8.6-9）

[1] https://image.baidu.com/.

第八章
特殊学校
设计

特殊学校的选址
特殊学校的分类
设计要点
功能布局
交通体系
环境的营造

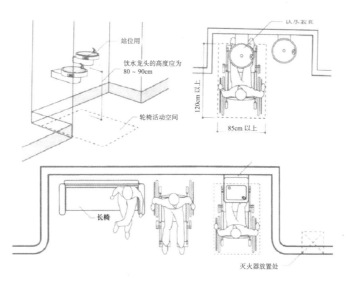

图 8.6-8 走廊饮水区与休息处设计[1]

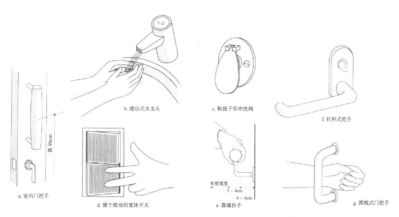

图 8.6-9 走廊饮水区与休息处设计[2]

　　安全性主要消解盲童在突发的摔滑情况下，环境界面和物件设施对盲童的身体伤害。墙面转角或凸柱的阳角应倒圆角，一些桌椅家具的边角应尽量圆滑或加设护角垫，一些器具设施的尖锐面应加设防护。地面应尽量选用防滑效果好并具有一定弹性的材料，在一些运动量较大的房间如多功能活动室应在墙边加设软质护垫，防止运动损伤。当一些空间由于面积较大内部设柱，柱子也应在人活动高度范围内设置软质护垫。（见图 8.6-10）

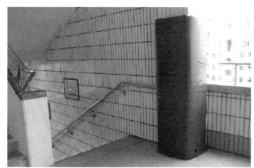

图 8.6-10 盲校中的防撞设计[3]

[1][2] 《无障碍建筑设计手册》高桥仪平。
[3] 《盲校规划及建筑设计研究》陈明扬。

第八章
特殊学校
设计
特殊学校的选址
特殊学校的分类
设计要点
功能布局
交通体系
环境的营造

可识别性主要是基于盲童生理特征，通过触觉、听觉、剩余视觉三方面渠道来补偿盲童由于视觉障碍在信息获取方面的局限性，为其提供方便的信息指引。

盲童通过长期训练，其触觉灵敏度大大优于常人，给盲人提供的触觉信息包括脚感信息和手感信息两个方面——脚感信息主要是盲童对地面的触感信息反馈，包括地面材料触感的差异化处理和盲道设置；手感信息主要是基于习惯摸扶行走的特征，在方便盲童触摸的位置设置含盲文的提示牌。

盲童的听觉异常灵敏，声音是其获取外界信息的重要手段。在门厅出入口处应设置导盲铃，提示盲童注意门的存在与室内外高差情况，在门厅的信息服务台中也应有语音解说系统，帮助盲童更好地了解建筑内的情况。乘坐电梯时的语音提示也对盲童显得异常重要。（见图 8.6-11）

盲校中大部分盲童都有残余视力，这部分残余视力对于他们获取信息起着很大作用。在一些高差变化和信息标牌的设置上，强烈的色彩对比起到很好的警示和信息传递作用，另外标牌中直观的图表和巨构的文字也有助于盲童对视觉信息的识别。

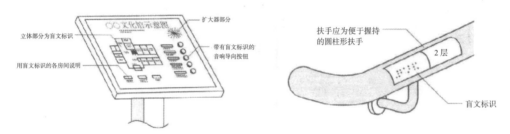

图 8.6-11　门厅信息服务台与扶手设计 [1]

盲校的无障碍设计除注意具体细节的设计外，还应保证校园整体无障碍环境的连续性和完整性，特别是盲道、扶手、坡道等设施的设置必须形成一套完整的体系。例如，在校园的入口位置，应保证入口区的盲道设施与周边道路的盲道设施良好衔接，以保证盲童从校外进入校园整体路线的连续性。校园内部的盲道应合理规划流线，避免路面井盖、排水槽对盲道连续性的干扰。各种提示设置应尽量全校统一，如高差变化处的颜色提醒应尽量采用一致的色彩对比设置，避免过多信息混淆盲童的判断。（见图 8.6-12）

图 8.6-12　文京盲校主入口 [2]

[1]《无障碍建筑设计手册》高桥仪平。

[2]《盲校规划及建筑设计研究》陈明扬。

[第九章]　物理性能设计

第九章
物理性
能设计
基本概念
光环境
声环境
风环境
节能设计

基本概念

建筑物理是研究人在建筑环境中的声、光、热作用下通过听觉、视觉、触觉和平衡感觉所产生的反应；采取技术措施、调整建筑的物理环境的设计，从而使建筑物达到特定的使用效果。

物理性能设计是研究各类物理因素对人的作用和对建筑环境的影响，从而提高建筑的功能质量，创造舒适的建筑环境。建筑物理环境主要包括光环境、声环境、热环境和风环境等。物理性能设计也是绿色建筑设计中的一个重要环节。

中小学校物理性能设计主要从这几个方面加以分析：

1. 光环境——日照、采光；

2. 声环境——隔声、减噪；

3. 风环境——通风；

4. 热环境——保温、隔热（节能设计）。

光环境——日照、采光

学校建筑光环境主要包括日照和采光两方面，合理利用自然光线能获得良好的舒适环境。规范对此做了相应要求，其中教学楼和行政楼等满足《中小学校设计规范》的相关要求，学生宿舍则满足《宿舍建筑设计规范》。

1. 日照

规范要求：

《中小学校设计规范》要求"普通教室冬至日满窗日照不应少于 2h"，"中小学校至少应有 1 间科学教室或生物实验室的室内能在冬季获得直射阳光"。《宿舍建筑设计规范》要求，"宿舍建筑的房屋间距应满足国家现行标准有关防火、采光的要求，且应符合城市规划的相关要求"。

《民用建筑设计通则》要求"宿舍半数以上的居室，应能获得同住宅居住空间相等的日照标准""中小学半数以上的教室应能获得冬至日不小于 2h 的日照标准"。

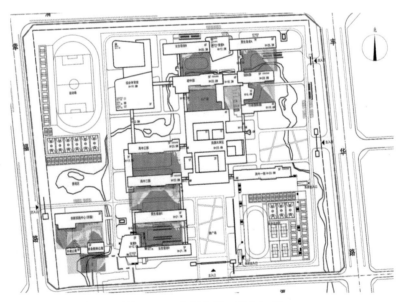

图 9.2-1　北辰中学日照分析 [1]

---

[1]　编者自绘。

第九章
物理性
能设计
基本概念
光环境
声环境
风环境
节能设计

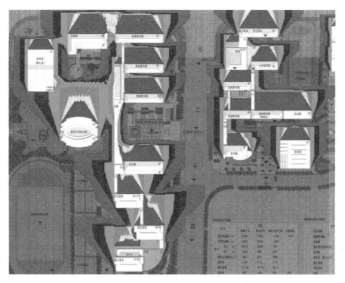

图 9.2-2 泉州一中日照分析 [1]

在规划方案阶段就应对建筑日照进行分析，观察建筑的阴影情况，分析日照实数，考察方案是否符合标准要求。（见图 9.2-1、图 9.2-2）

建筑朝向的选择与日照有很大的关系，其原则是冬季尽可能多的获得太阳辐射，夏季能避免烈日的炙烤。

在朝向选择时要考虑房间的使用性质和空间特征，尽量将建筑布置成南北朝向或南偏东、偏西不超过 30°，尽量避免东西向布置。良好的朝向并不是建筑获得良好日照的充分条件，房间的方位也是重要影响因素。所以，在建筑设计中，建筑群体应合理布局，建筑物之间应留有合理的间距，避免建筑相互间的影响，才能保证阳光不会被相互遮挡。

建筑设计资料集（第三版）有关内容：

天然采光：天然光的照度；窗地比；天然采光策略：包括侧窗采光、顶部采光、导光系统。
电气照明：光源的分类、灯具的选择、绿色照明、户外照明。

2. 采光
规范要求：

《建筑采光设计标准》GB50033-2013 要求"教育建筑的普通教室的采光不应低于采光等级Ⅲ级的采光标准值，侧面采光的采光系数不应低于 3%，室内天然光照度不应低于 450lx"，对于其他功能空间也给出了相应要求。

中小学房间的采光系数 [2]   表 9.2-1

采光等级	场所名称	侧面采光	
		采光系数标准值（%）	室内天然光照度标准值（lx）
Ⅲ	专用教室、实验室、阶梯教室、教师办公室	3.0	450
V	走道、楼梯间、卫生间	1.0	150

《中小学校设计规范》规定了教学用房工作面或地面上的采光系数标准和窗地面积比。

---

[1] 编者自绘。

[2] 《建筑采光设计标准》GB50033-2013。

第九章
物理性
能设计
基本概念
光环境
声环境
风环境
节能设计

中小学生主要用房的采光系数与窗地比[1]　　　　　　　　表 9.2-2

房间名称	规定采光系数的平面	采光系数最低值（％）	窗地面积比
普通教室、史地教室、美术教室书法教室、语言教室、音乐教室、合班教室、阅览室	课桌面	2.0	1：5.0
科学教室、实验室	实验课桌	2.0	1：5.0
计算机教室	机台面	2.0	1：5.0
舞蹈教室、风雨操场	地面	2.0	1：5.0
办公室、保健室	地面	2.0	1：5.0
饮水处、厕所、淋浴	地面	0.5	1：10
走道、楼梯间	地面	1.0	—

在建筑方案阶段通过阴影遮挡分析可以初步考察采光效果，避免主要功能房间形成较多的遮挡，初步设计阶段应按照《建筑采光设计标准》给出不同采光等级对应的房间窗地比进行设计，通过软件对房间采光系数平均值进行计算，考察其是否符合标准要求。

在教室中创造理想的光环境主要在于给学生提供一个舒适的视觉环境。以达到最佳的教学效果。同时还要对炫光和光污染进行有效控制。光污染可分为两种：一是室外环境污染，如玻璃幕墙。二是室内视环境污染，如室内不良的光色环境。中小学二层以上禁止采用玻璃幕墙，增加开窗面积，改善光照环境，选择清爽宜人的室内色彩，都是营造良好光环境的有效方法。

---

[1] 《建筑采光设计标准》GB50033-2013。

第九章
物理性
能设计
基本概念
光环境
声环境
风环境
节能设计

声环境——隔声、减噪

概述：

嘈杂的环境会分散人的注意力，使人容易疲劳，反应迟钝，不仅影响学习效率，还会使差错率提高。研究表明，噪声超过 50dB(A) 就会影响人们正常的工作学习，70dB(A) 以上的噪声会使人精神不集中。在声环境不良的教室里学习的学生，其注意力不能集中，对声音的辨别能力以及语言的理解能力都较差，从而也会影响读写能力和计算能力。

建筑隔声包括空气声隔声和结构隔声两个方面。所谓空气声，是指经空气传播或透过建筑构件传至室内的声音；如人们的谈笑声、交通噪声等。所谓结构声，是指机电设备、楼板上的走动等所造成的振动，经地面或建筑构件传至室内而辐射出的声音。减少空气声的传递要从减少或阻止空气的振动入手，而减少结构声的传递则必须采取隔振或阻尼的办法。

学校建筑隔声主要包括：墙体隔声、楼板隔声、门窗隔声及设备隔声。

规范要求：

教学用房环境噪声要满足《民用建筑隔声设计规范》的相应要求，教学用房的围护结构隔声量满足《中小学校设计规范》的相应要求。

室内允许噪声级 [1] 表 9.3-1

房间名称	允许噪声级（A 声级，dB）
语言教室、阅览室	≤ 40
普通教室、实验室、计算机房	≤ 45
音乐教室、琴房	≤ 45
舞蹈教室	≤ 50
教师办公室、休息室、会议室	≤ 45
健身房	≤ 50
教学楼中封闭的走廊、楼梯间	≤ 50

教学用房隔墙、楼板的空气声隔声标准 [2] 表 9.3-2

构件名称	空气声隔声单值评价量 + 频谱修正量（dB）	
语言教室、阅览室的隔墙与楼板	计权隔声量 + 粉红噪声频谱修正量 Rw+C	> 50
普通教室与各种产生噪声的房间之间的隔墙与楼板	计权隔声量 + 粉红噪声频谱修正量 Rw+C	> 50
普通教室之间的隔墙之间的隔墙与楼板	计权隔声量 + 粉红噪声频谱修正量 Rw+C	> 45
音乐教室、琴房之间的隔墙与楼板	计权隔声量 + 粉红噪声频谱修正量 Rw+C	> 45

教学用房与相邻房间之间的空气声隔声标准 [3] 表 9.3-3

房间名称	空气声隔声单值评价量 + 频谱修正量（dB）	
语言教室、阅览室与相邻房间之间	计权标准化声压级差 + 粉红噪声频谱修正量 DnT，w+C	≥ 50
普通教室与各种产生噪声的房间之间	计权标准化声压级差 + 粉红噪声频谱修正量 DnT，w+C	≥ 50
普通教室之间	计权标准化声压级差 + 粉红噪声频谱修正量 DnT，w+C	≥ 45
音乐教室、琴房之间	计权标准化声压级差 + 粉红噪声频谱修正量 DnT，w+C	≥ 45

[1] ~ [3]《建筑隔声与吸声构造》08J931。

第九章
物理性
能设计
基本概念
光环境
声环境
风环境
节能设计

外墙、外窗和门的空气声隔声标准 [1]　　　　　　表 9.3-4

构件名称	空气声隔声单值评价量 + 频谱修正量（dB）	
外墙	计权隔声量 + 交通噪声频谱修正量 Rw+Ctr	≥ 45
临交通干线的外窗	计权隔声量 + 交通噪声频谱修正量 Rw+Ctr	≥ 30
其他外窗	计权隔声量 + 交通噪声频谱修正量 Rw+Ctr	≥ 25
产生噪声房间的门	计权隔声量 + 粉红噪声频谱修正量 Rw+C	≥ 25
其他门	计权隔声量 + 粉红噪声频谱修正量 Rw+C	≥ 20

教学用房楼板的空气声隔声标准 [2]　　　　　　表 9.3-5

构件名称	撞击声隔声单值评价量（dB）	
	计权规范化撞击声压级 Ln，w（实验室测量）	计权标准化撞击声压级 L'nT，w（现场测量）
语言教室、阅览教室与上层房间之间的楼板	< 65	≤ 65
普通教室、实验室、计算机房与上层产生噪声的房间之间的楼板	< 65	≤ 65
琴房、音乐教室之间的楼板	< 65	≤ 65
普通教室之间的楼板	< 75	≤ 75

　　《中小学校设计规范》要求"学校主要教学用房设置窗户的外墙与铁轨的距离不应小于300m，与高速路、地上轨道交通线或城市主干道的距离不应小于80m。当距离不足时，应采取有效的隔声措施。""学校周界外25m范围内已有邻里建筑处的噪声级不应超过现行国家标准《民用建筑隔声设计规范》有关规定的限值。"

　　规范还从设计手法上给出了一些要求。《民用建筑隔声设计规范》规定"位于交通干线旁的学校建筑，宜将运动场沿干道布置，作为噪声隔离带。产生噪声的固定设施和教学楼之间，应设足够距离的噪声隔离带。当教室有门窗面对运动场时，教室外墙至运动场的间距不应大于25m。"

　　在建筑方案规划阶段就应对建筑周边及场地内的噪声源进行分析，采取适宜策略降低噪声影响。在初步设计和施工图设计阶段，则重点针对房间布局及围护结构隔声采取措施，围护结构隔声和设备减振做法可参考国标图集《建筑隔声与吸声构造》08J931。

　　墙体隔声

　　密实而质量大的材料隔声性能好，为了减轻重量，也可利用空气间层或轻质复合夹层墙体，其经济效益更高。常用的外墙和内墙的隔声性能可以查阅《建筑隔声与吸声构造》08J931第10 ~ 26页。

　　一般常用的墙体，外墙200厚加气混凝土砌块、200厚钢筋混凝土墙、240厚实心砖墙等可以满足隔声要求，轻质空心砌块等需加厚抹灰层或空腔填充混凝土方可满足隔声要求，保温层也可以加强隔声效果。内墙200厚GRC轻质多孔条板墙、轻钢龙骨石膏板墙内填玻璃棉等可以满足隔声要求，不能满足的空心砌块等材料可在隔墙单侧设轻钢龙骨石膏板等措施，也可采用减振隔声板加强隔声效果。

---

[1] 《建筑隔声与吸声构造》08J931。

[2] 《建筑采光设计标准》GB50033-2013。

第九章
物理性
能设计
基本概念
光环境
声环境
风环境
节能设计

楼板隔声

楼板的隔声包括对撞击声和空气声两种声音的隔绝性能。一般来说，达到楼板的空气声隔声标准不难，因为常用的钢筋混凝土材料具有较好的隔绝空气声性能。120mm 厚钢筋混凝土空气隔声量在 48 ～ 50dB，加上面层材料就更好了。但钢筋混凝土对隔绝撞击声则不明显，需采用设减震垫层、浮筑层、木地板、地毯等，方可满足隔绝撞击声要求。封材料的选用、门框缝、门槛缝的隔声构造处理。

门窗隔声

外门窗的隔声性能不但与玻璃厚度、层数、玻璃间距有关，还与其构造、窗扇的密封程度有关。

采用夹层玻璃、中空玻璃的窗隔声性能优于同厚度单片玻璃窗，这是由于夹胶层和空气层起到很好的阻尼作用。

常用的【6Low-E+12A+6 透明】中空玻璃铝合金窗，空气声隔声量为 31dB，可以满足规范要求。同时还要做好密封材料的选用、门框缝、门槛缝的隔声构造处理。

设备隔声

这一类噪声主要是设备用房、电梯及管道等产生的噪声。

设备用房主要包括水泵房、变配电房、空调机房、冷热源机房等，这些房间在方案设计初期就应合理考虑其位置，一般设在地下室或单独建造。如与其他功能房间相邻，则主要通过室内装修吸音墙面，吸音吊顶以及建筑自身隔振措施来控制噪声。

学校建筑的电梯尽量与楼梯、卫生间等组合布置，避免与教室、办公室、阅览室、会议室等有隔声要求的房间相邻。电梯设备本身应采取隔振措施，一般电梯井道墙体无需采用隔声处理。

还有给排水、暖通设备管道与墙体和楼板连接处时，要采用隔振材料连接，在穿越墙体楼板时，应先预埋套管，套管内径应比管道外径至少大 50mm，安装后填缝堵严。

建筑设计资料集（第三版）有关内容：

吸声隔声材料及吸声结构吸声系数

常用空气声隔声构造及计权隔声量

各类建筑隔声设计标准

隔声设计及计算，包括墙体、楼板、门窗

隔声楼板、隔声门窗的构造

噪声控制方法及措施

隔振设计、厅堂音质设计

风环境——通风

风环境设计应根据学校所在地的冬夏主导风合理布置建筑物，使校园风环境有利于冬季室外行走及过渡季夏季的自然通风。建筑群体布置不当会导致再生风、二次风环境问题的出现，造成不良影响。建筑物周围人行区距地 1.5m 高处风速小于 5m/s 不影响人们正常室外活动，无风区和涡流区容易形成污染物和热量聚集，也应避免。

与其他相对复杂、昂贵的技术相比，自然通风是当今建筑所普遍采取的比较容易接受而且廉价的技术措施，它具有节能、清洁的优点。

第九章
物理性
能设计
基本概念
光环境
声环境
风环境
节能设计

中小学建筑通风设计需考虑的主要内容：

1. 建筑群布局的设计

建筑群的布局对自然通风的影响效果很大。现代学校要求建筑物之间能联络方便、尽量通畅、便捷，因此学校内各类建筑物多采用集中式布局，建筑群体也多以成团的方式组合，如学校学生宿舍，则一般采用的是行列式建筑布局，虽然建筑群内部的流场因风向投射角不同而有很大变化，但总体说来受风面较小；错列和斜列可使风从斜向导入建筑群内部，下风向的建筑受风面大一些，风场分布较合理，所以通风好。

2. 门窗开口的优化设计

在学校类建筑中，尽可能的优化门窗布局，减少门窗数量、窗墙比等，可直接影响着建筑物内部的空气流动以及通风效果。据测定显示，当开口宽度为开间宽度的 1/3 ~ 2/3 时，开口大小为地板总面积的 15% ~ 25% 时，通风效果最佳。因此，在学校建筑设计中，应控制好开窗面积，过大或过小都不利形成良好的通风环境。

3. 注重"穿堂风"的组织

"穿堂风"是自然通风中效果最好的方式。所谓"穿堂风"是指风从建筑迎风面的进风口吹入室内，穿过房间，从背风面的出风口流出。此时房屋在通风方向的进深不能太大，否则就会通风不畅。

4. 采用中庭设计

当室内存在贯穿整幢建筑的"竖井"空间时，就可利用其上下两端的温差来加速气流，以带动室内通风，其实质就是"温差——热压——通风"的原理。作为建筑共享空间的中庭就可以胜任这个"竖井"的职能，一般来说，其所占空间比例以超过整幢建筑的 1/3 为宜。

5. 屋顶架空层设计

一是在结构层上部设置架空隔热层。这种做法把通风层设置在屋面结构层上，利用中间的空气间层带走热量，达到屋面降温的目的，另外架空板还保护了屋面防水层；二是利用坡屋顶自身结构，在结构层中间设置通风隔热层，也可得到较好的隔热效果

自然通风的实现受到多种因素的影响，而且自然通风系统只是建筑设计中的一部分，单靠它很难达到舒适的目的，它只是营造被动式、低能耗建筑整体方案中的一部分，加上良好的保温隔热、采光、遮阳等才能达到减少能耗的目的。因此，在学校建筑设计中，建筑设计者应该从建筑物的规划、建筑单体设计到构造设计的整个过程中都对自然通风的可应用性和效果仔细考虑，有效地利用自然通风解决学校建筑物的舒适性和空气质量问题，为学生们营造一个健康、舒适的学习环境。

建筑设计资料集（第三版）有关内容：

风环境与建筑布局的关系

风环境与建筑形式：自然通风方式、建筑构造及空间特征、材料运用及空间组织、风能利用。

室内空气环境设计

场地风环境与建筑群体布局、绿化的关系

室内气流组织分析

工业建筑通风

第九章
物理性
能设计
基本概念
光环境
声环境
风环境
节能设计

气候分区

在我国建筑热工设计分区的国家标准中，将全国划分为五个热工气候分区，即严寒地区、寒冷地区、夏热冬冷地区、夏热冬暖地区和温和地区，位于不同气候分区的教育建筑应当在开始设计时就对应不同的气候特点进行针对性排布，以满足不同气候分区的光热环境及风环境特点。

总平面布局

对于严寒地区、寒冷地区建筑布局应当主要考虑采光采暖的要求，应当在满足建筑充足光照的情况下尽量缩小体形系数达到节能的目的，而在夏热冬暖地区和温和地区则主要考虑建筑的自然通风，建筑体量可以分散布置，室内外空间相互联系，利用植物、水面形成良好的室内外风热环境，对于夏热冬冷地区，则应兼顾采光采暖与通风的要求。

建筑朝向

主要教室朝向宜朝南布置，一方面能够较好地满足自然采光要求，一方面能够在需要采暖时吸取足够的太阳辐射减少能耗，而东西向布置的房间容易带来早午情况差异大、西晒等问题，加大能耗。

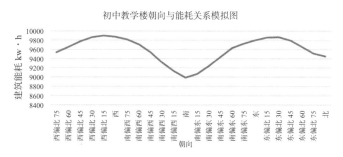

图 9.5-1　初中教学楼朝向与能耗关系模拟图 [1]

对夏热冬冷地区初中教学楼进行能耗模拟分析，模拟结果表明在南朝东 15° 和南偏西 15° 时建筑能耗最低。能耗最高峰值出现在东、西向，并且随着朝向由正南向东、西偏转时建筑能耗随着增高。因此总结来看，教学楼节能设计时最佳朝向为南向偏位 15% 内，东西朝向开窗时应采取遮阳、增加隔热等措施。

平面布局

教育建筑主要功能为教学，教室较为规整，平面多为走廊式，常用的教学楼空间布局可归纳为以下几类：南向开敞外廊、北向开敞外廊、南向封闭外廊、北向封闭外廊和内廊式。外廊有设在北向和南向两种，外廊也有开敞和封闭两种。四种外廊式教学楼各有优点，外廊式教学楼有良好的采光和通风。内廊式教学楼是一条走廊连接两侧的班级教室。在夏热冬冷地区也有案例，其优点是平面的利用率较高，体形系数相对较小，缺点则是教室通风相对较差，教学楼内噪声较大，在调研中内廊式教学楼较少。

---

[1] 《夏热冬冷地区中小学教学楼建筑节能设计研究》李颖。

9.5 物理性能设计 · 节能设计

第九章
物理性
能设计
基本概念
光环境
声环境
风环境
节能设计

教学楼空间组合形式[1]　　　　　　　　　　　　　　表 9.5-1

项目	外廊式		内廊式
开敞外廊	南向外廊	北向外廊	
封闭外廊	南向外廊	北向外廊	

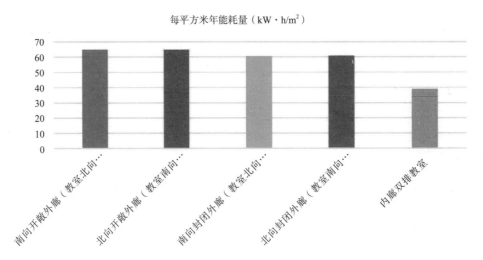

每平方米年能耗量（kW·h/m²）

图 9.5-2　初中教学楼空间组合形式能耗模拟结果[2]

功能分区

对于建筑的内部空间来说，要设置建筑室内外的过渡空间，缓解室内外的温度差对建筑造成的能耗。教室宜设置于建筑南侧或偏南侧，办公室、卫生间、楼梯以及其他一些对采光要求较小的房间设置于其他方向，并且在设置于东西向时，考虑建筑的遮阳设计。布置平面时应区分采暖房间与非采暖房间，同类型房间相邻布置，采暖房间与非采暖房间不应穿插布置。

自然通风设计

对建筑内部进行自然通风可以在夏季带走建筑内的热量，降低建筑温度，获得新鲜空气，降低空调制冷的能源消耗，减少夏季制冷的设备运行费用，减少资金投入。自然通风分为风压通风和热压通风。风吹向建筑，会在建筑的迎风面形成正压区，在建筑的背风面形成负压区，然后通过两者之间形成的风压差进行建筑室内通风，即风压通风。当建筑室内外形成温度差造成空气流动，如果建筑室内的空气温度高于室外，就会把建筑室外的空气从建筑的底部引入建筑物内，使得空气从建筑的顶部排出室外，即热压通风。在一栋建筑的自然通风中，既可单独设计热压通风和风压通风，也可以混合使用。在实际项目中，风压通风主要使用在进深相对小的建筑上，热压通风主要使用在进深相对大的建筑上。

---

[1][2]《夏热冬冷地区中小学教学楼建筑节能设计研究》李颖。

9.5 物理性能设计·节能设计

第九章
物理性
能设计
基本概念
光环境
声环境
风环境
节能设计

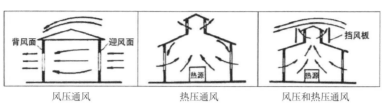

风压通风　　　　热压通风　　　　风压和热压通风

图 9.5-3　自然通风形式

围护结构设计

外墙

围护结构的传热热耗量是建筑物耗热量的主要构成部分，约占总耗热量数值的 73% ~ 77%，在围护结构耗热中，外墙耗热约占 25%，所以，改善墙体的保温性能可以极大的降低建筑的能源消耗外墙内保温、外墙外保温和夹芯保温三种。

中小学建筑节能设计墙体保温首选为外墙外保温。我国的外墙外保温技术经过多年的发展现在已经非常成熟，可以做出性能很好的保温墙体，我国的外保温技术主要包括：粘贴聚苯板外保温、粘贴挤塑聚苯板外保温、现抹聚苯板颗粒外保温、大规模内置聚苯板外保温、硬泡聚氨酯外保温和复合空气夹层的外保温。

门窗

中小学建筑门窗的保温性能由传热系数决定，而传热系数又随着玻璃层数的增加而变化，这又会减少门窗的透光性，所以要重视对玻璃的选择，常用的玻璃有 Low-E 玻璃、中空玻璃以及真空玻璃等。

窗框在窗户节能方面也扮演着重要的角色。但是其传热系数较大，不仅要提高玻璃的保温性能，而且要选择传热系数较低的窗框材料，使用高强度的非金属材料来代替金属材料以降低窗框的传热系数。

屋面

建筑屋面作为建筑围护结构的主要部件之一，位于建筑的顶部，接受太阳辐射面积较大，是中小学建筑节能的重要部位。

中小学建筑屋面的节能设计策略要通过适宜的控制温度，以达到冬季保温夏季隔热的目的，减少空调制冷的能耗，改善建筑内部的微气候。目前我国寒冷地区常用的屋面节能设计形式主要有倒置式屋面、外保温屋面和种植屋面等形式。

寒冷地区中小学建筑外墙节能保温技术 [1]　　　　表 9.5-2

	外保温方式	导热系数 KM/（m³·K）	节能特点	缺点
外墙节能保温技术	粘贴聚苯板（EPS）	0.038 ~ 0.041	保温效果稳定、安全、性价比高，新旧建都可使用	强度稍差
	粘贴挤塑聚苯板（XPS）	0.028 ~ 0.030	保温效果稳定、安全、性价比高，新旧建都可使用	施工时表面需要处理，价格相对较贵

[1] 《寒冷地区中小学建筑节能设计研究》杨力吉。

9.5 物理性能设计·节能设计

第九章
物理性
能设计
基本概念
光环境
声环境
风环境
节能设计

续表

	外保温方式	导热系数 KM/（m³·K）	节能特点	缺点
外墙节能保温技术	现抹聚苯板颗粒	0.057～0.060	充分利用废品（EPS 颗粒），系统阻燃性好，价格较低	对施工熟练度依赖大，施工周期长，与 EPS 板比保温效果差
	大规模内置聚苯板	0.038～0.041	无空腔，施工较快，保温板与外墙联结安全度性高	适用范围受到一定限制，有网体系保温层保温效果差，体系抹灰层开裂普遍存在
	硬泡聚氨酯（PUR）	0.025～0.028	具有防水功能，强度好，使用寿命较长	价格较贵，防火性差
	复合空气夹层	0.038～0.041	保温隔热性能很好，可以有效保护保温材料	价格昂较贵，短期内很难大范围的推广

寒冷地区中小学建筑节能型玻璃类型特点 [1]　　　　　　表 9.5-3

		实例	节能特点	缺点
玻璃类型	Low-E 玻璃（低辐射玻璃）		低辐射、保温、隔热、低碳节能	
	中空玻璃		具有良好的隔音，隔热，美观，同时可以降低建筑的自重	使用中空气层结露
	真空玻璃		低碳节能、隔热保温、隔声降噪、远离结露	技术含量高，成本高
	气凝胶玻璃等新型透明材料		热稳定性和耐热冲击能力强、比重很小、隔热保暖性能、隔音性能及防火性能良好	技术含量高，成本高

寒冷地区中小学建筑屋面节能设计形势 [2]　　　　　　表 9.5-4

分类	构造做法	常见做法	结构图示	节能特点
外保温屋面	保温材料的内侧为屋面楼板，外侧为保护层和防水层	挤塑聚苯板保温屋面		60～70mm 厚挤塑聚苯板可满足寒冷地区节能 65% 的要求，挤塑聚苯板的强度较好，可用于上人和不上人平屋面以及坡屋面

[1][2] 《寒冷地区中小学建筑节能设计研究》杨力吉。

续表

分类	构造做法	常见做法	结构图示	节能特点
外保温屋面	保温材料的内侧为屋面楼板,外侧为保护层和防水层	硬泡聚氨酯保温屋面		50～60mm厚挤塑聚苯板可满足寒冷地区节能65%的要求,具有良好的防水性能,运用屋面保温,只需设保护层,不需要再单独设置防水层。强度高,可运用于上人或不上人屋面
倒置式屋面	保温层设置在防水层上部,是外保温屋面的倒置形式			可以很好地避免建筑内部结露,较好的保护防水层,提高屋面构造的耐久性
种植屋面				具有防水、保温、隔热和生态环保作用

可再生能源的使用

目前,建筑能耗的能源构成主要有煤炭、石油以及电力等,然而,在建筑运营过程中,大量的能源浪费导致现在的能源缺乏的出现;所以,对可再生能源的开发利用显得特别重要。

太阳能

我国的太阳能资源非常丰富,而太阳能资源又受到地理和气候等环境条件的影响,所以,太阳能资源的分布地域性很鲜明,对我们人类来说,太阳能是取之不尽,用之不竭的且可以自由使用的可再生能源。

北京大学附属小学在教学楼上设置了太阳能集热器,和屋顶上的排风塔共同作用,形成热压通风,加强了教学楼的烟囱通风作用,对教学楼室内进行通风换气,达到节能的效果。在宿舍楼的屋顶设置了太阳能真空管集热器,收集热水供宿舍楼师生使用,从而减少了宿舍楼的能源消耗。

北京大学附属小学太阳能运用[1]   表9.5-5

项目信息	名称	可再生能源运用
	北京大学附属小学	太阳能
图示	学校鸟瞰图	学校总平面图

---
[1] 《寒冷地区中小学建筑节能设计研究》杨力吉。

第九章
物理性
能设计
基本概念
光环境
声环境
风环境
节能设计

续表

太阳能位置	学生宿舍屋顶		教学楼屋顶	
太阳能类型	宿舍屋顶集热器		教学楼屋顶集热板	
特点	收集的热水供宿舍的师生使用		通过集热板和排风塔形成热压通风，加强建筑的烟囱通风作用	
图示				

地源热泵

地源热泵 (GSHP) 主要是利用地下水或土壤中的热量作为热泵的热源，有很好的节能效果，与其他供暖系统相比，地源热泵技术具有运行周期长、运行灵活、节约水资源、占地面积少的特点，全年都可以满足供暖的要求，而且地热能也比较清洁环保，能源消耗较少，且不会向周围排放废气和废烟等污染物。

以北京金茂府小学为例，在夏天，通过地源热泵机组吸取建筑内部的热量，然后传递到地下，此外，在夏天达到制冷效果的同时还可以制取生活热水，供师生使用。在冬天，通过地源热泵机组把地热能收集出来，供建筑内部采暖，以及为师生提供生活所需热水。从而达到整个建筑的节约能源，降低制冷和供暖的费用的目的。

北京金茂府小学地热能的运用 表 9.5-6

项目信息	名称	可再生能源运用	地源热泵机组数量
	北京金茂府小学	地热能	2 台

	学校效果图	学校总平面图
图示	 图片来源：www.archdaily.com	 图片来源：www.archdaily.com

原理	地源热泵节能原理	地源热泵系统夏季工作原理	地源热泵系统冬季工作原理
图示	 图片来源：《建设科技》	 图片来源：《建设科技》	 图片来源：《建设科技》
特点	利用了地球表面浅层地热资源作为冷热源，进行能量转换	提供空调制冷能源，缓解室内温度	收集热量，共建筑内部采暖

风能等其他能源

我国具有丰富的可再生能源，如风能、水能、生物质能、和潮汐的能量等，随着我国开采

9.5 物理性能设计·节能设计

第九章
物理性
能设计
基本概念
光环境
声环境
风环境
节能设计

和使用技术的不断进步以及政府机构的推广，对这些可再生能源的运用具有很广泛的前景，或者可以逐渐替代煤炭、石油等常规能源，减少建筑或者其他行业的整体能耗。

以中国建筑材料科学研究院附属中学为例，此项目在教学楼屋顶安置了 3 台峰值 5000W 的水平轴微风发电机组，并且使用高效能的聚风型风机发电。由于风轮上的聚风系统可以随着风向的变化自动变向以及可以加大风速，因此使得风力发电系统利用率提高，可以为教学楼提供部分电能，减少建筑的用电能耗。

中国材料科学研究院附属中学风能运用 [1]　　　　　　表 9.5-7

项目信息	名称		可再生能源运用
	中国建筑材料科学研究院附属中学		风能
风能利用	用途	发电机组数量	发电机组类型
	风能发电	3 台	水平轴风力发电机组
特点	采用的是新型高能效聚风形风机，为教学楼提供部分电力，节约能源		
图示			

建筑设计资料集（第三版）有关内容：

围护结构保温设计：墙体保温、楼层及屋顶保温、门窗幕墙
采光顶及地下室保温；围护结构保温设计参数计算
围护结构防潮设计、防空气渗透设计、防热设计；
热工设计：底层地面、楼板、屋顶、门窗幕墙；
建筑遮阳设计

---

[1] 《寒冷地区中小学建筑节能设计研究》杨力吉。

[第十章] 结构设计

概述

基础教育类建筑通常指幼儿教育、小学教育、初中教育和普通高中教育相关的建筑，该类建筑的使用对象主要为未成年人，出于对自我防御能力和逃生能力都比较差的未成年人在突发地震时保护的目的，国家相关法律法规和设计规范对此类建筑有明确提高抗震设防重要性类别的要求。

抗震设防类别

《中华人民共和国防震减灾法》[1] 规定："对学校、医院等人员密集场所的建设工程，应当按照高于当地房屋建筑的抗震设防要求进行设计和施工，采取有效措施，增强抗震设防能力。"

为在发生地震灾害时特别加强对未成年人的保护，《建筑工程抗震设防分类标准》[2]GB50223规定"教育建筑中，幼儿园、小学、中学的教学用房以及学生宿舍和食堂，抗震设防类别不应低于重点设防类"。此处的"教学用房"是指所有幼儿园、小学和中学（包括普通中小学和有未成年人的各类初级、中级学校）的教学用房（包括教室、实验室、图书室、微机室、语音室、体育馆、礼堂）。

由此可见，大多数教育建筑的抗震设防类别应按重点设防类（乙类）进行设计；而对于未成年人使用较少的办公楼等，可按标准设防类（丙类）进行设计。

地震作用和抗震措施

《建筑工程抗震设防分类标准》规定："重点设防类，应按高于本地区抗震设防烈度一度的要求加强其抗震措施；但抗震设防烈度为9度时应按比9度更高的要求采取抗震措施；地基基础的抗震措施，应符合有关规定。同时，应按本地区抗震设防烈度确定其地震作用"。

即基础教育类建筑进行结构设计时，地震作用按本地区设防烈度进行取值，抗震措施应在本地区设防烈度基础上提高一度。

安全等级、使用年限和重要性系数

根据《工程结构可靠性设计统一标准》[3] GB50153附录A相关规定，基础教育类建筑为乙类建筑，其安全等级宜取为一级，结构使用年限为50年，结构重要性系数 γ_0 取1.1。

结构体系

根据抗震概念设计的要求，应优先采用体系合理、具有多道抗震防线的结构体系，如多跨框架结构、框架-抗震墙结构或框架-核心筒结构等。

同时《建筑抗震设计规范》[4]GB50011规定："甲、乙类建筑以及高度大于24m的丙类建筑，不应采用单跨框架结构"，故单跨框架在基础教育类建筑中应予以避免。

当确实需要采用砌体结构时，应严格按《砌体结构设计规范》[5]GB50003中对层数、总高度、横墙间距等的规定，采用现浇钢筋混凝土楼、屋盖，按要求设置钢筋混凝土圈梁和构造柱，保证砌体和砂浆强度的等级以及施工质量，薄弱部位还应加强抗震构造措施，确保结构安全。

[1] 《中华人民共和国防震减灾法》，中国民主法制出版社，2008。

[2] 《建筑工程抗震设防分类标准》GB50223-2008，中国建筑工业出版社，2008。

[3] 《工程结构可靠性设计统一标准》GB50153-2008，中国建筑工业出版社，2008。

[4] 《建筑抗震设计规范》GB50011-2010（2016年版），中国建筑工业出版社，2016。

[5] 《砌体结构设计规范》GB50003-2011，中国建筑工业出版社，2011。

部分省市对教育类建筑的结构体系尚有更为严格的要求，如甘肃省要求对 3 层及以上的多层中、小学和幼儿园建筑，应采用抗震性能较好的现浇钢筋混凝土框架或框架 - 抗震墙等结构体系，不得采用砌体结构。中、小学和幼儿园的教学及学生宿舍建筑，楼（屋）面均应采用整体性较好的现浇钢筋混凝土板，不得采用钢筋混凝土预制板等。[1]

第十章

结构设计
抗震设防要求
荷载设计要求
教育区结构设计特点
生活区结构设计特点
体育区结构设计特点
减隔震设计要求

---

[1] 《甘肃省关于印发〈关于加强"5.12"汶川地震后我省城乡规划编制及房屋建筑和市政基础设施抗震设防工作的意见〉的通知》甘建设［2008］249 号。

第十章
结构设计
抗震设防要求
荷载设计要求
教育区结构设计特点
生活区结构设计特点
体育区结构设计特点
减隔震设计要求

楼面荷载

楼面荷载主要分为楼面永久荷载（恒载）和可变荷载（活载）两类。

楼面恒载

楼面恒载主要为各类构件的自重，包括楼板、建筑面层、粉刷层、隔墙、吊顶及悬挂在楼板下的设备管线、固定在楼面上的设备基础、楼面降板后的回填材料等。

为了降低建筑物的地震作用，应尽可能减小结构自重，选用安全、轻质、可靠的建筑材料。

楼面活载

楼面活载根据《建筑结构荷载规范》[1]GB50009，各类基础教育建筑的楼面按使用功能大致归纳如下，见表10.2-1～表10.2-5。

教学区主要楼面活载（kN/m²）　　　　　　　　　　表10.2-1

办公室	值班室	休息室	普通教室	实验室
2.0	2.0	2.0	2.5	2.5
广播室	琴房	大教室	多媒体教室	计算机教室
2.5	2.5	3.0	3.0	3.0
阶梯教室	报告厅	微机房	消控中心	走廊、门厅
3.0	3.0	3.0	3.0	3.5
楼梯	音乐舞蹈室	活动室	储藏室	教具室
3.5	4.0	4.0	5.0	5.0
网络中心（除服务器机房及UPS电池间）				
3.0				

体育场馆主要楼面活载（kN/m²）　　　　　　　　　　表10.2-2

乒乓球室	有固定座位的看台	健身房	体操房
4.0	3.0	4.0	4.0
运动场地（篮球、羽毛球、排球等）			器械库
4.0			5.0

食堂主要楼面活载（kN/m²）　　　　　　　　　　表10.2-3

餐厅（就餐区）	餐厅（排队区）	厨房	食品加工区
2.5	3.5	4.0	4.0
主食库、副食库、预备库房等			储藏室
10.0			5.0

图书馆主要楼面活载（kN/m²）　　　　　　　　　　表10.2-4

阅览室	藏阅合一阅览室 （开架阅览室）	密集柜书库	普通书库 （且书架高度不大于2m）
2.5	5.0	12.0	5.0

---

[1] 《建筑结构荷载规范》GB50009-2012，中国建筑工业出版社，2012。

第十章
结构设计
抗震设防要求
荷载设计要求
教育区结构设计特点
生活区结构设计特点
体育区结构设计特点
减隔震设计要求

通用区主要楼面活载（kN/m²）			表 10.2-5
走廊、门厅			消防疏散楼梯
宿舍、幼儿园	办公楼	教学楼	
2.0	2.5	3.5	4.0
卫生间（蹲厕）	开水间	强、弱电间	电梯机房
2.0（8.0）	4.0	7.0	7.0
水泵房	通风机房	变电所	不上人屋面
10.0	10.0	10.0	0.5
上人屋面	屋顶花园（不含花圃、填土重）		
2.0	3.0		

此外，对于一些专业性较强的设备荷载应当按实际荷载取值。当隔墙位置可灵活自由布置时，非固定隔墙自重应取不小于 1/3 的每延米长墙重（kN/m）作为楼面活荷载附加值（kN/m²）计入，且附加值不应小于 1.0kN/m²。

楼面荷载的组合值系数、频遇值系数和准永久值系数的取值，可参考《建筑结构荷载规范》中相关条文的要求。

重力荷载代表值

计算地震作用时，建筑的重力荷载代表值应取结构和构件自重标准值和各可变荷载组合值之和。可变荷载的组合值系数，应按《建筑结构可靠度设计统一标准》[1]GB50068 及《建筑抗震设计规范》[2]GB50011 中的要求采用。需要重点指出的是，对于藏书库及档案库等，其组合值系数有别于其他荷载的组合值系数。

风荷载、雪荷载

风荷载及雪荷载根据建筑物所在地、设计基准期及建筑物自身的形状按规范选取。

---

[1] 《建筑结构可靠度设计统一标准》GB50068-2001，中国建筑工业出版社，2001。

[2] 《建筑抗震设计规范》GB50011-2010（2016 年版），中国建筑工业出版社，2016。

第十章
结构设计
抗震设防要求
荷载设计要求
教育区结构设计特点
生活区结构设计特点
体育区结构设计特点
减隔震设计要求

概述

教育区主要由各类教学用房，包括教学楼、实验楼、办公楼及相应的辅助用房等组成。教育区建筑大部分以多层建筑为主，结构高度在24m以下，结构体系为框架结构和框架 - 剪力墙结构（高烈度区），建筑的平面、立面和竖向剖面应尽可能规则、简单，避免采用特别不规则的建筑形体。

常见的结构不规则类型及处理

教育区建筑几种常见的结构抗震不规则性及处理措施（并非仅限于本建筑功能分区）：

1. 建筑平面受采光、日照或场地等限制，采用"日"形、"回"形、"凹"形、"E"形、鱼骨形等不规则形状时，宜在适当的部位设置防震缝，形成多个相对较为规则的结构单元。防震缝的设置，既要使设缝后的各结构单元满足规则性要求，又不能影响建筑使用功能的连续性，同时还应尽可能减小对立面完整性的影响。防震缝的宽度，除满足规范要求的最小宽度外，尚需满足变形缝两侧的建筑在中震作用下不发生碰撞的要求，如图10.3-1和图10.3-2。

2. 多功能教室、阶梯教室等层高较高，多为普通教室的一层半或两层高，如与普通教室在同一结构单元内，会造成结构平面楼板局部不连续。可将此类教室单独设为一个结构单元，或采取针对性的措施进行加强，如图10.3-3。

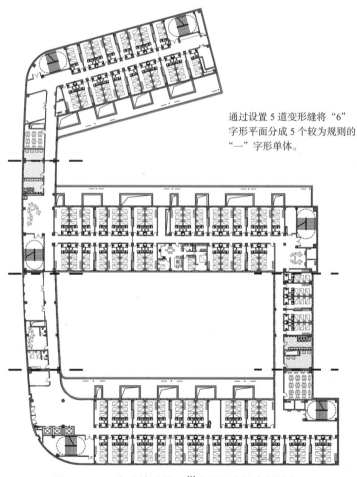

通过设置5道变形缝将"6"字形平面分成5个较为规则的"一"字形单体。

图 10.3-1 变形缝设置一 [1]（见图中粗点划线）

---

[1] 青岛中学·中学部·生活区。

第十章
结构设计
抗震设防要求
荷载设计要求
教育区结构设计特点
生活区结构设计特点
体育区结构设计特点
减隔震设计要求

通过设置4道变形缝将"日"字形平面分成北面3个较为规则的"一"字形单体和南面一个"回"字形单体。

考虑到建筑使用要求和结构平面尺寸，南侧回字形单体不再设置变形缝。

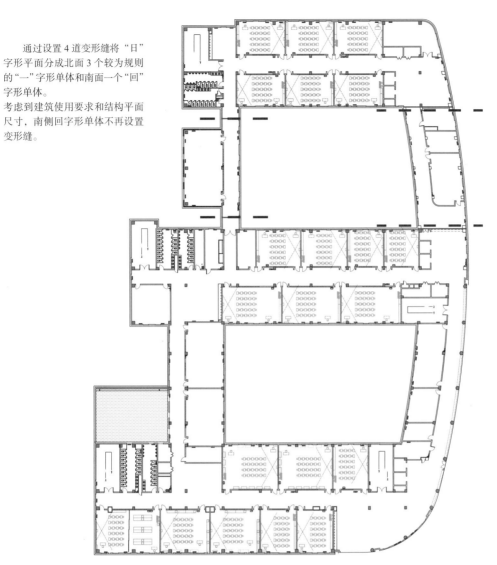

图 10.3-2 变形缝设置二[1]（见图中粗点划线）

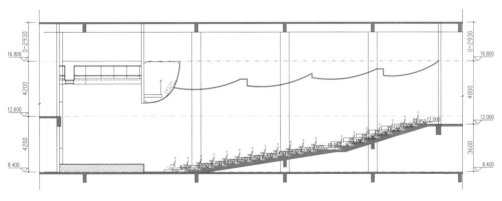

图 10.3-3 楼板不连续一[2]（有效宽度小于 50%）

3. 入口门厅处的楼板缺失，当缺失的楼板宽度大于 50% 或开洞面积大于 30% 时，形成楼板不连续，应增加开洞周边楼板的厚度并验算楼板应力。

---

[1] 青岛中学·九年一贯制部·初中区。

[2] 潍坊聋哑学校·综合教学楼。

10.3 结构设计·教育区结构设计特点

第十章
结构设计
抗震设防要求
荷载设计要求
教育区结构设计特点
生活区结构设计特点
体育区结构设计特点
减隔震设计要求

4.楼梯间与电梯间沿宽度方向排成一排时，会造成楼板的有效宽度小于50%。应尽量避免此种布置形式，当无法避免时，应加强周边楼板的厚度，确保水平力的传递，如图10.3-4。

5.当底层层高大于上层层高，且无地下室时，底层的计算层高较高，易造成侧向刚度不规则。此时需加大底层抗侧力构件的截面尺寸,或采用地面以下设置梁板减小底层计算层高的措施，满足侧向刚度的要求，如图10.3-5。

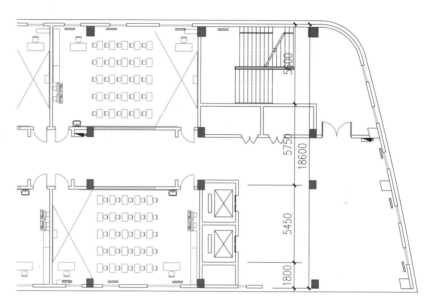

图 10.3-4 楼板不连续二[1]（有效宽度小于50%）
（1800+5750）/18600=40.6%＜50%

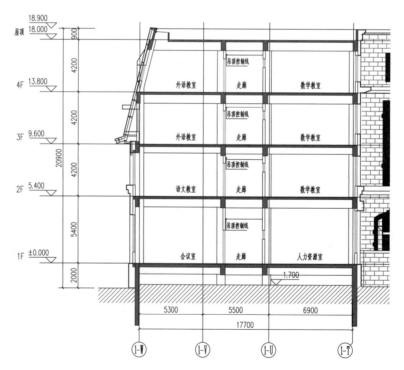

图 10.3-5 底层层高大于上层层高[2]

---

[1] 青岛中学·九年一贯制部·小学区。
[2] 青岛中学·九年一贯制部·初中区。

第十章

结构设计
抗震设防要求
荷载设计要求
教育区结构设计特点
生活区结构设计特点
体育区结构设计特点
减隔震设计要求

梁板体系

相较而言，教学用房的跨度和开间较为统一，布置较为规律，梁板的布置形式主要有以下几类：

1. 单向次梁布置方案：在同一跨内，次梁沿着一个方向布置，与黑板面平行，形成单向次梁布置的方案。该方案次梁布置灵活，便于室内空间的划分和利用，经济性较好，多用于一般教室内，如图 10.3-6 和图 10.3-7。

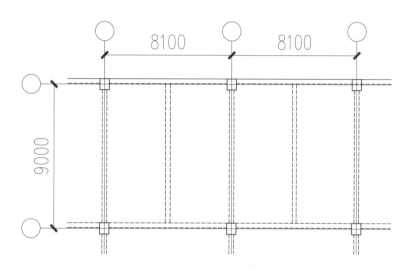

图 10.3-6　单向次梁布置方案

图 10.3-7　单向次梁布置实例 [1]

2. 双向次梁布置方案：在同一跨内，次梁沿着梁各方向布置，形成十字交叉梁或"卅"字形的方案。该方案适合于两个方向跨度相差不多时，能够充分发挥两个方向框架梁的作用，降低次梁高度，使两个方向框架梁受力比较均匀，如图 10.3-8 和图 10.3-9。

---

[1]　青岛中学·中学部。

第十章
结构设计
抗震设防要求
荷载设计要求
教育区结构设计特点
生活区结构设计特点
体育区结构设计特点
减隔震设计要求

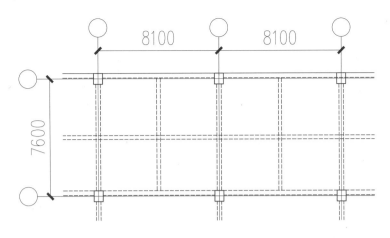

图 10.3-8　双向次梁布置方案

图 10.3-9　双向次梁布置实例 [1]

3. 密肋梁方案：在同一跨内，采用单向或双向密肋梁作为次梁的布置方案。由于次梁间距较小，可以采用较小的肋梁高度获得足够的楼板刚度，从而增加净高，当整层采用时，可有效降低层高，如图 10.3-10 和图 10.3-11。

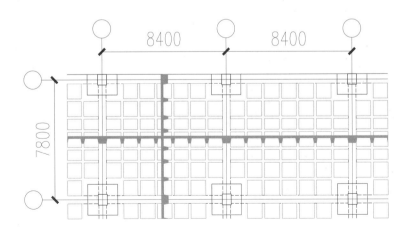

图 10.3-10　密肋梁布置方案

[1]　图片来自网络。

284

第十章
结构设计
抗震设防要求
荷载设计要求
教育区结构设计特点
生活区结构设计特点
体育区结构设计特点
减隔震设计要求

图 10.3-11　密肋梁布置实例 [1]

4. 空心楼盖方案：用轻质材料以一定规则排列并替代实心楼盖一部分混凝土而形成空腔或者轻质夹心，形成空腔与暗肋的受力结构。该方案既能减轻楼板自重，又保持了楼板的大部分刚度与强度，且美观无需吊顶，能够获得良好的空间效果，如图 10.3-12 和图 10.3-13。但同时，也需要注意，施工不当时可能会造成部分空心率降低。

框架结构楼梯间的处理

楼梯间的布置应当有利于人员疏散，尽量减少其造成的结构平面不规则，并满足以下要求 [2]：

1. 楼梯间的四角宜设置竖向抗侧力构件。

2. 对于框架结构，应计入梯板的斜撑作用对结构抗震性能的不利影响。

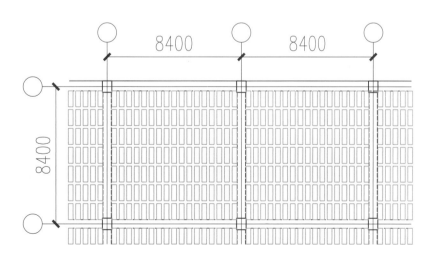

图 10.3-12　空心楼盖布置方案

[1]　图片来自网络。
[2]　《关于本市建设工程钢筋混凝土结构楼梯间抗震设计的指导意见》，上海市建筑业管理办公室，2012。

第十章
结构设计
抗震设防要求
荷载设计要求
教育区结构设计特点
生活区结构设计特点
体育区结构设计特点
减隔震设计要求

图 10.3-13　空心楼盖布置实例 [1]

3. 当楼梯设计为滑动支撑于平台梁（板）上时，可不计入楼梯构件对整体计算模型的影响，如图 10.3-14。

（注：由于滑动楼梯在实际施工中与设计假定并不完全一致，采用滑动楼梯的建筑也尚未经过实际地震的检验，因而在基础教育建筑中应慎用。）

4. 楼梯间的框架梁、柱（包括楼梯梁、柱）的抗震等级宜比其他部位同类构件提高一级，并宜适当加大截面尺寸和配筋率。

图 10.3-14　采用滑动支座的楼梯板 [2]

---

[1]　图片来自网络。

[2]　西北师范大学 文科实验实训中心。

286

第十章
结构设计
抗震设防要求
荷载设计要求
教育区结构设计特点
生活区结构设计特点
体育区结构设计特点
减隔震设计要求

概述

生活区主要由学生食堂、学生宿舍（公寓）、学生活动中心、商业服务设施等组成。学生食堂、学生活动中心和商业服务设施一般为多层建筑，可采用框架结构体系；当学生活动中心空间布置比较复杂时，也可采用钢框架结构体系。学生宿舍（公寓）可为多层建筑，也可为高层建筑，根据建筑的高度不同结构体系可为框架结构、框架-剪力墙结构或剪力墙结构。

常见的结构不规则类型及处理

生活区建筑几种常见的结构抗震不规则性及处理措施（并非仅限于本建筑功能分区）：

1. 建筑平面呈长条形，长宽比偏大，结构的扭转位移比往往会大于 1.2，形成扭转不规则。设计时可以适当增加两端竖向构件的尺寸，并增大结构的抗扭转刚度，降低位移比。当结构超长较多时可在适当的位置设置温度缝，在降低温度应力的同时，也有利于结构位移比的控制，如图 10.4-1。

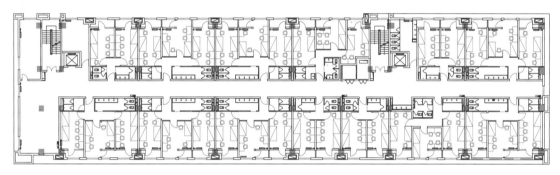

图 10.4-1　宿舍平面超长[1]（加大两端框架柱）

2. 当建筑平面由多个单元拼接而成，且为了照顾北面房间的通风采光要求形成较大的凹口，造成平面凹凸不规则，或有效楼板宽度小于 50%，为楼板不连续。可在凹口端部位置（有竖向受力构件处）每层或隔层设置一定宽度（不小于 2m）的梁板，用于传递水平力，增大有效楼板宽度，减小楼板开洞面积，如图 10.4-2。

3. 当楼梯间与电梯间、平面凹口、门厅上空等其他楼板缺失部位并排排列时，会造成楼板的有效宽度小于 50%，为楼板不连续。应加强周边楼板的厚度，满足楼板应力的要求，确保水平力的传递。

4. 建筑平面不规则或者超长时，宜在适当的部位设置防震缝，形成多个相对较为规则的结构单元，如图 10.4-3。

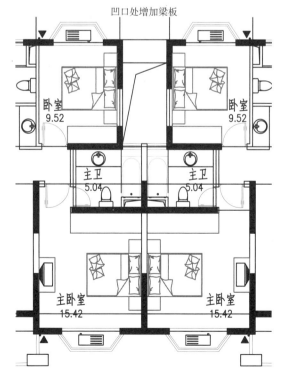

图 10.4-2　单元拼接形成凹口[2]

---

[1] 北辰中学学生宿舍。

[2] 图片来自网络。

第十章
结构设计
抗震设防要求
荷载设计要求
教育区结构设计特点
生活区结构设计特点
体育区结构设计特点
减隔震设计要求

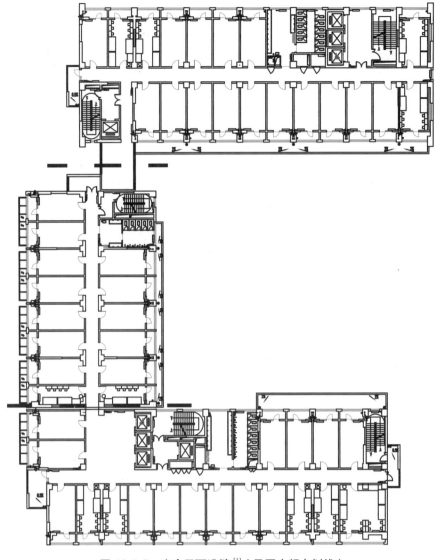

图 10.4-3　宿舍平面设缝[1]（见图中粗点划线）

生活区其他一些注意事项

1. 对于 8 度、9 度地区的悬挑阳台、悬挑走廊等悬挑长度大于 2m 的，需按规范要求计算竖向地震作用。

2. 宿舍（公寓）套间内的走廊两侧宜布置框架柱，可以减小走廊上空框架梁的高度，便于设备管线的布置，提升净高。同时，对于房间单边布置的形式，也可以避免形成单跨结构。

3. 宿舍（公寓）套间可采用主次梁体系，也可采用"梁＋厚板"的形式。当采用主次梁体系时，应注意梁的布置避让床铺位置，确保梁下净高满足使用功能的需要。

4. 学生食堂、学生活动中心内的大跨度空间，可根据跨度和净高要求，可采用混凝土密肋梁、预应力梁、钢梁或钢骨混凝土梁。当跨度大于 24m 时，对 7 度（0.15g）、8 度、9 度地区需按规范要求计算竖向地震作用。

5. 生活区之间、生活区与教育区和运动区之间的连廊，当层数超过两层时，应避免采用某一主轴方向均为单跨的框架结构，可采用框架 - 抗震墙结构，或钢框架 - 支撑结构。

---

[1]　西北师范大学 学生宿舍。

第十章
结构设计
抗震设防要求
荷载设计要求
教育区结构设计特点
生活区结构设计特点
体育区结构设计特点
减隔震设计要求

概述

体育区主要由体育馆、游泳馆、体育场及附属用房等组成。考虑学生人数的关系,该类建筑主要多为多层建筑,采用混凝土框架结构+钢结构屋面的结构体系。

常见的结构不规则类型及处理

体育区建筑几种常见的结构抗震不规则性及处理措施(并非仅限于本建筑功能分区):

1. 部分运动场馆周边布置有管理辅助用房,当运动场馆偏置在一边时,由于竖向构件布置的不均匀,容易造成结构的扭转位移比大于1.2,形成扭转不规则。

2. 入口门厅、运动场馆上空楼板缺失,形成楼板不连续,应对开洞周边楼板的厚度进行加强,确保楼板应力满足要求,如图10.5-1。

3. 斜看台板多由斜梁加斜板组成,具有剪力墙和斜向支撑的双重特性,易形成局部的刚度突变。应按实际情况建模,充分考虑斜梁斜板的支撑作用,并对因斜梁产生的短柱按规范要求进行加强,如图10.5-2。

4. 运动场馆和管理辅助用房由于层高不同,形成局部的夹层和穿层柱,为局部不规则。应按实际情况建模分析,当建模困难时,需考虑计算模型与实际情况的差别所产生的不利影响,并采取合理、有效的抗震加强措施强。

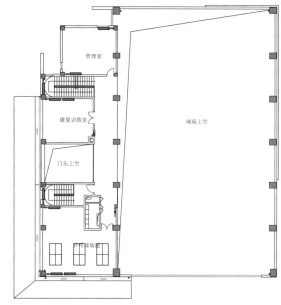

图 10.5-1 体育馆[1](扭转不规则,楼板不连续)

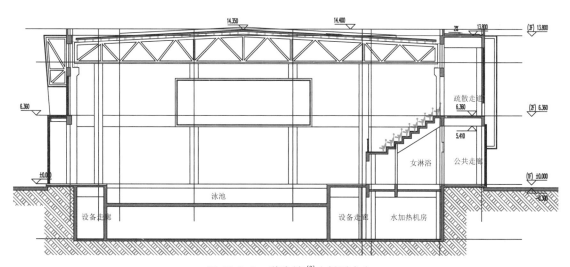

图 10.5-2 游泳馆[2](斜看台)

---

[1] 潍坊聋哑学校。

[2] 北辰中学。

第十章
结构设计
抗震设防要求
荷载设计要求
教育区结构设计特点
生活区结构设计特点
体育区结构设计特点
减隔震设计要求

屋盖结构形式

体育区的建筑，由于功能性强，跨度普遍较大，运动场所的屋面通常采用自重轻、工艺成熟、连接可靠、对下部结构影响小的屋面形式，同时又需要考虑建筑防水保温、采光通风、耐火性等因素的影响，尽可能作到适用、安全、经济、美观。

当屋面为不上人屋面，荷载较轻时，可采用网架结构、网壳结构、钢管桁架结构、折型网架、张拉弦结构、弦支穹顶，如图 10.5-3 ~ 图 10.5-8。

当屋面为上人屋面或作为绿化屋面时，荷载较大，可采用钢桁架的结构体系。

图 10.5-3 网架屋盖[1]

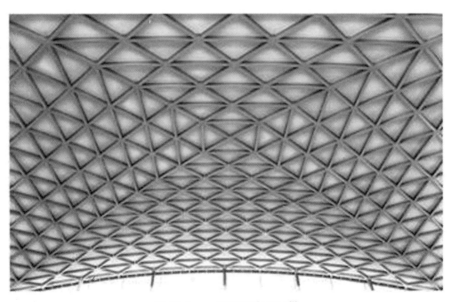

图 10.5-4 网壳结构屋面[2]

[1] 中国残疾人体育艺术培训基地。

[2] 崇明综合训练馆。

第十章

结构设计
抗震设防要求
荷载设计要求
教育区结构设计特点
生活区结构设计特点
体育区结构设计特点
减隔震设计要求

图 10.5-5 钢管桁架屋盖[1]

图 10.5-6 木结构屋面[2]

[1] 青岛中学体育馆。
[2] 崇明游泳馆。

图 10.5-7 折型网架屋盖 [1]

图 10.5-8 弦支穹顶 [2]

[1] 青岛中学游泳馆。
[2] 安徽大学体育馆。

292

第十章
结构设计
抗震设防要求
荷载设计要求
教育区结构设计特点
生活区结构设计特点
体育区结构设计特点
减隔震设计要求

相关的政策法规

近年来，一些应用了减隔震技术的工程经受了汶川、芦山等地震的实际考验，保障了人民生命财产安全，产生了良好的社会效益。实践证明，减隔震技术能有效减轻地震作用，提升房屋建筑工程抗震设防能力。2014 年 2 月，《住房和城乡建设部关于房屋建筑工程推广应用减隔震技术的若干意见（暂行）》[1] 颁布，要求"位于抗震设防烈度 8 度（含 8 度）以上地震高烈度区、地震重点监视防御区或地震灾后重建阶段的新建 3 层（含 3 层）以上学校、幼儿园、医院等人员密集公共建筑，应优先采用减隔震技术进行设计"。

各地在此基础上纷纷制定相应的政策法规，对高烈度地区的减隔震技术的推广和应用做出进一步的明确和要求。其中，云南、山东、甘肃、新疆和山西省建设厅明确发文强制要求对高烈度地区的基础教育建筑使用减隔震技术；四川、河南、江苏、海南等省推荐使用减隔震技术。

云南省：在国家政策法规出台前，就已经要求高烈度区的教育类建筑采用减隔震技术。在地震重点危险区和重点监视防御区的县级以上医院、学校、幼儿园等人员密集场所，强制推行隔震垫减隔震技术。[2] 对 8、9 度抗震设防区三层以上中小学校舍、县以上医院的三层以上医疗用房，应将减隔震技术的应用情况纳入审查内容一并审查。[3]

山东省：抗震设防烈度 8 度区的新建 3 层以上（含 3 层）中小学、幼儿园的教学用房、学生宿舍、学生食堂等人员密集的公共建筑应采用减隔震技术。[4]

甘肃省：对位于抗震设防烈度 8 度及以上的地震高烈度地区及地震灾后重建的 4 至 12 层学校教学楼、学生宿舍、医院医疗用房、幼儿园等人员密集公共建筑，要求必须采用基础隔震技术进行设计，以提高此类建筑的抗大震能力，减少人员损失和提高抗震应急水平。[5]

新疆维吾尔自治区：自 2015 年起，凡位于抗震设防烈度 8 度（含 8 度）以上地震高烈度区、地震重点监视防御区域或地震灾后重建阶段的新建 3 层（含 3 层）以上学校、幼儿园、医院等人员密集公共建筑，应当优先采用减隔震技术进行设计。[6]

山西省：抗震设防烈度 8 度区、地震重点危险区学校和幼儿园的新建教学用房、学生宿舍、食堂以及医院的新建医疗建筑，必须采用减隔震技术。[7]

四川省：地震重点监视防御区或地震灾后重建阶段的新建 3 层（含 3 层）以上学校、幼儿园、医院等人员密集公共建筑，应优先采用减隔震技术进行设计。[8]

河南省：凡我省抗震设防烈度 8 度区的市、县以及地震重点监视防御区或地震灾后重建阶段的新建 3 层（含 3 层）以上学校、幼儿园、医院等人员密集公共建筑，应优先采用减隔震技术进行设计。[9]

江苏省：位于抗震设防烈度 8 度（含 8 度）以上地震高烈度地区、地震重点监视防御区的新建 3 层（含 3 层）以上学校、幼儿园、医院等人员密集的公共建筑，应优先采用减隔震技术进

[1]《住房和城乡建设部关于房屋建筑工程推广应用减隔震技术的若干意见（暂行）》建质 [2014]25 号。

[2]《关于全面加强预防和处置地震灾害能力建设的十项重大措施》云政发 [2008]103 号。

[3]《关于进一步加快推进我省减隔震技术发展与应用工作的通知》云建震 [2012]131 号。

[4]《山东省住房和城乡建设厅关于积极推进建筑工程减隔震技术应用的通知》鲁建设函 [2015]12 号。

[5]《甘肃省住房和城乡建设厅关于转发《住房和城乡建设部关于房屋建筑工程推广应用减隔震技术的若干意见（暂行）》及进一步做好我省减震隔震技术推广应用工作的通知》甘建设 [2014]260 号。

[6]《关于加快推进自治区减隔震技术应用的通知》新建抗 [2014]2 号。

[7]《山西省住房和城乡建设厅关于积极推进建筑工程减隔震技术应用的通知》晋建质字 [2014]115 号。

[8]《四川省住房和城乡建设厅关于转发《住房和城乡建设部关于房屋建筑工程推广应用减隔震技术的若干意见（暂行）》的通知》川建勘设科发 [2014]137 号。

[9]《河南省住房和城乡建设厅关于转发《住房和城乡建设部关于房屋建筑工程推广应用减隔震技术的若干意见（暂行）》的通知》豫建〔2014〕64 号。

第十章
结构设计
抗震设防要求
荷载设计要求
教育区结构设计特点
生活区结构设计特点
体育区结构设计特点
减隔震设计要求

行设计。[1]

海南省：8度区内新建3层（含3层）以上的学校、幼儿园、医院等人员密集公共建筑，应严格按要求优先采用减隔震技术进行设计。[2]

隔震设计简介

隔震设计是指在房屋基础、底部或下部结构与上部结构之间设置由橡胶隔震支座和阻尼装置等部件组成具有整体复位功能的隔震层，以延长整个结构体系的自振周期，减少输入上部结构的水平地震作用，以达到预期防震要求。非隔震结构与隔震结构地震反应的对比如图10.6-1所示。

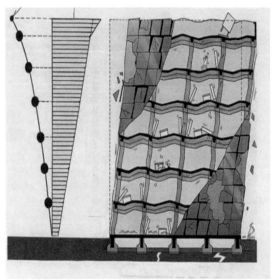
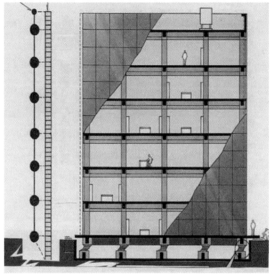

非隔震结构　　　　　　　　　　　　隔震结构

图10.6-1　非隔震结构与隔震结构地震反应的对比

隔震结构与抗震结构在结构体系、理论原理和实现方法方面的比较见表10.6-1：

隔震结构与减震结构的比较		表10.6-1
	抗震房屋	隔震房屋
结构体系	上部结构和基础牢固连接	削弱上部结构与基础的有关连接
理论原理	提高结构自身的抗震能力	隔离地震能量向结构的输入
实现方法	强化结构刚度和延性	延长结构自振周期、增大阻尼

隔震设计流程

隔震设计时一般将隔震结构系统分为上部结构、隔震层、隔震层以下结构和基础等四部分，分别进行设计。主要设计流程如图10.6-2：

---

[1] 《省住房和城乡建设厅关于在房屋建筑工程中进一步推广应用减隔震技术的通知》苏建抗 [2015]610 号。

[2] 《海南省住房和城乡建设厅转发《住房和城乡建设部关于房屋建筑工程推广应用减隔震技术的若干意见（暂行）》的通知》琼建质〔2014〕84 号。

第十章
结构设计
抗震设防要求
荷载设计要求
教育区结构设计特点
生活区结构设计特点
体育区结构设计特点
减隔震设计要求

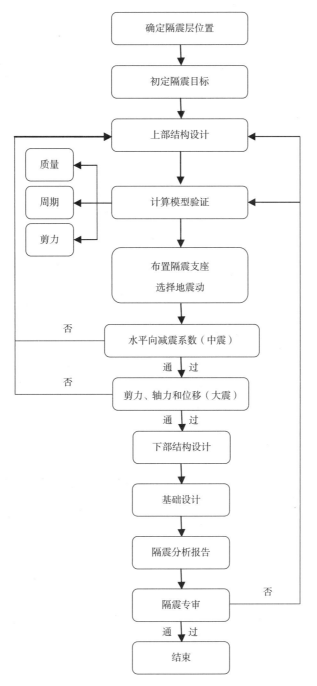

图 10.6-2　隔震设计流程图

隔震设计构造要求 [1][2]

1. 上部结构及隔震层构件应与周边相邻固定物脱开。如主体结构与穿越隔震层的坡道、台阶、散水、临近道路、绿化设施等需脱开。

2. 走廊、楼梯、电梯等部件穿越隔震层的位置，应无任何障碍物。楼梯、电梯与框架柱相邻且穿越隔震层时，需留有充分的空间，防止碰撞。

[1] 《甘肃省建筑隔震减震应用技术导则》2014。

[2] 《新疆维吾尔自治区建筑隔震技术应用导则》。

第十章
结构设计
抗震设防要求
荷载设计要求
教育区结构设计特点
生活区结构设计特点
体育区结构设计特点
减隔震设计要求

3. 上部结构与周边相邻建筑应设置防震缝，缝宽不小于隔震层在罕遇地震作用下最大位移的 1.2 倍。对两相邻隔结构，其缝宽取最大水平位移之和，且不小 400mm。

4. 上部结构（包括与其相连的构件）与地面（包括地下室和与其相连的构件）之间，应设置明确的水平隔离缝。

5. 隔震层应留有便于观测和更换隔震支座的空间。

6. 电缆、导线、蛇形软管等柔性管线在隔震层处应预留伸展长度，其值不应小于隔震层在罕遇地震作用下最大水平位移的 1.2 倍。

7. 隔震构造的具体做法可参照国家标准图集《建筑结构隔震构造详图》03SG610-1 和《楼地面变形缝》04J312 的相关详图。

隔震设计示例

位于高烈度地区的基础教育建筑，宜采用隔震设计，如图 10.6-3 所示。

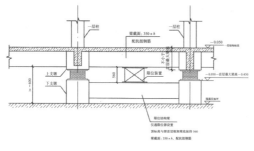

图 10.6-3 学校隔震设计示例[1]

减震设计简介

减震设计是指在房屋结构中设置消能器，通过消能器的相对变形和相对速度提供附加阻尼，以消耗输入结构的地震能量，达到预期防震减震要求。减震设计的工程抗震力学意义见图 10.6-4。

根据与位移、速度的相关性，耗能减震装置可分为速度相关型阻尼器、位移相关型阻尼器和复合型阻尼器。

速度相关型阻尼器通长由黏滞材料或黏弹性材料制成，在地震往复作用下利用其黏滞材料和黏弹性材料的阻尼特征来耗散地震能量，阻尼器耗散的地震能量与阻尼器两端的相对速度有关，比较常见的有杆式黏滞阻尼器、黏滞阻尼墙和黏弹性阻尼器等。

---

[1] 宝兴县灵关中心校。

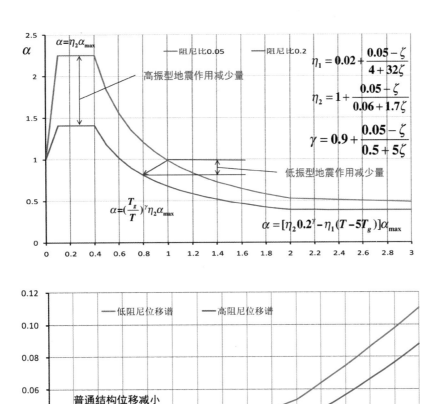

图 10.6-4 减震设计的工程抗震力学意义

位移相关型阻尼器通长由塑性变形性能好的金属材料或耐摩擦元件制成，在地震往复作用下通过金属材料屈服时产生的弹塑性滞回变形或构件相对运动产生摩擦做功来耗散地震能量，阻尼器耗散的地震能量与阻尼器两端的相对变形有关，比较常见的有屈曲约束支撑、软钢阻尼器和摩擦阻尼器等。

复合型阻尼器兼具了以上两种类型阻尼器的特征，其耗能能力与阻尼器两端的相对速度和相对位移有关，通常由塑性变形性能好的金属材料和利用剪切滞回变形耗能的黏弹性材料组成，如铅弹性阻尼器等。

减震设计流程

隔震设计的主要设计流程见图 10.6-5。

减震设计构造要求

1. 合理选用消能器产品，消能器应具有良好的力学性能与耐久性能。

2. 消能部件宜设置在结构相对变形或速度较大的部位，其数量和分布应通过综合分析合理确定，以便为结构提供适当的附加阻尼，并保证消能器在地震作用下具有良好的消能能力。

3. 消能减震结构分析应考虑主体结构和消能部件在不同水准地震作用下的工作状态和性能特征。

第十章
结构设计
抗震设防要求
荷载设计要求
教育区结构设计特点
生活区结构设计特点
体育区结构设计特点
减隔震设计要求

第十章
结构设计
抗震设防要求
荷载设计要求
教育区结构设计特点
生活区结构设计特点
体育区结构设计特点
减隔震设计要求

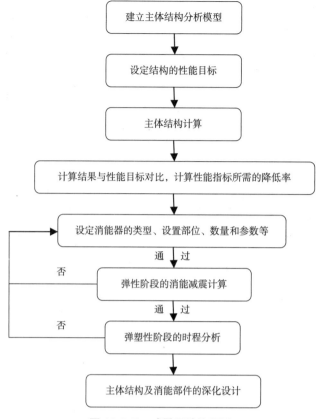

图 10.6-5　减震设计流程图

4. 预埋件、支撑和支墩、剪力墙及节点板应具有足够的刚度、强度和稳定性，消能器的支撑或连接元件或构件、连接板应保持弹性。

5. 消能减震结构构件设计时，应考虑消能部件引起的柱、墙、梁的附加轴力、剪力和弯矩作用。

6. 消能器周围存在可能限制消能器正常工作的障碍物时，应及时清除。

CHAPTER

[第十一章]　电气与智能化设计

校园供配电总体设计特点

校园供配电系统总体设计应根据校园内的负荷性质及重要性、用电容量、使用功能、管理模式、当地电源条件及电网规划，合理确定校园供配电系统的负荷等级、系统结构和配变电所的分布及规模，并应提出实施方案。

校园供电电压等级应根据用电容量、供电距离、用电设备特性、当地公共电网现状及其发展规划等因素，经技术经济比较后确定。由于基础教育建筑规模所限，供电电压通常以 10kV 为主。小负荷的学校用户，如规模较小的中、小学、幼儿园等，用电设备总容量在 250kW 以下时，可接入地区市政低压电网。

在校园供配电系统总体设计时，为便于确定供电方案、配变电站的分布和选择变压器的容量及台数，用电负荷预测（方案阶段）可以根据校园的功能分区和建筑的使用功能分类采用单位指标法（即负荷密度 W/m²，宿舍也可按 W/居室）计算，乘以同时系数。学校内各功能区的用电负荷用电时间不统一，如学生宿舍、食堂与教学实验等用电时间不同，这时就出现了我们所说的用电负荷转移。因此，按单位指标法预测的用电负荷与计算负荷之间有一定的转移系数，一般为 0.5 ~ 0.8，需结合负荷的具体情况确定。如一台变压器上同时仅带教学楼和宿舍楼的负荷，转移系数可以取 0.5。

总体来讲，一般中小学用电指标为 12 ~ 20W/m²，变压器装置指标为 20 ~ 30VA/m²（不包含空调负荷）。

校园总配变电所，一般为 10kV 配电中心，其独立设置较为安全且便于管理、维护，条件不允许也可与配变电所合用。分配变电所通常直接深入或接近负荷中心，采用附设式较为合理，也可选用户外预装式变电所。

校园高压配电系统宜根据负荷等级、容量、分布及线路路径等的情况，采用辐射式接线或环式接线。为保证用电安全，创造良好的校园环境，供配电线路优先采用电缆地下敷设方式，通常以排管及电缆沟为主，并合理规划敷设路径。

供配电系统设计特点

供配电系统的设计除应符合现行国家标准《供配电系统设计规范》GB50052、《民用建筑电气设计规范》JGJ16 及《建筑防火设计规范》GB50016 的相关规定外，尚应符合下列规定。

负荷分级

基础教育建筑的用电负荷，应根据对供电可靠性的要求及中断供电在对人身安全和经济损失上所造成的影响程度进行分级，主要用电负荷分级应符合表 11.1-1 的规定。

主要用电负荷分级表　　　　　　　　　　　　　　　　　　表 11.1-1

序号	建筑物类别	用电负荷名称	负荷级别
1	属一类高层建筑	主要通道照明、值班照明、计算机系统用电，客梯、排水泵、生活水泵	一级
2	属二类高层建筑	主要通道照明、值班照明、计算机系统用电，客梯、排水泵、生活水泵	一级
3	教学楼	主要通道照明	二级
4	图书馆	藏书超过 100 万册的，其计算机检索系统及安防系统	一级
		藏书超过 100 万册的，阅览室及其主要通道照明、珍善本书库照明及空调系统用电	二级

续表

序号	建筑物类别	用电负荷名称	负荷级别
5	实验楼	四级生物安全实验室，对供电连续性要求很高的国家重点实验室	一级★
		三级生物安全实验室，对供电连续性要求较高的国家重点实验室	一级
		对供电连续性要求较高的其他实验室；主要通道照明	二级
6	风雨操场（体育场馆）	乙、丙级体育场馆的主席台、贵宾室、新闻发布厅照明、计时计分装置、通讯及网络机房，升旗系统、现场采集及回放系统等专用电；乙、丙级体育场馆的其他与比赛相关的用房，观众席及主要通道照明，生活水泵、污水泵等用电	二级
7	会堂	特大型会堂主要通道照明	一级
		大型会堂主要通道照明，乙等会堂舞台照明、电声设备	二级
8	学生宿舍	主要通道照明	二级
9	食堂	厨房主要设备用电、冷库、主要操作间、备餐间照明[1]	二级

注：主要用电负荷分级摘自《教育建筑电气设计规范》JGJ310-2013，表中未包含消防负荷分级，消防负荷分级见相关国家规范。表中带★者，为一级负荷中的特别重要负荷。除上述一、二级负荷以外的其他用电负荷为三级。

供电电源

一级负荷应由双重电源供电，当一电源发生故障时，另一电源不应同时受到损坏。二级负荷宜由两回线路供电，在负荷较小或地区供电条件困难时，可由一回6kV及以上专用的架空线路供电。基础教育建筑通常最高负荷等级多为二级负荷，且供电可靠性要求并不高，可按两回（或多回）供电电源同时供电，某一电源线路中断供电时，其余线路应能满足全部一级及二级负荷的供电要求。

当第二电源不能满足一级负荷的条件时，或设置自备电源比从市电取得第二电源经济合理时，或所在地区偏僻，远离电力系统，或市电不能保证正常供电，设置自备电源经济合理，需保证正常教学活动和人身安全时，可设置自备电源（通常为柴油发电机组）。柴油发电机组应在低压总配电柜进线断路器处获取失压信号，当采用自动启动方式时应能保证应在30s内供电。

当建筑规模较大，或达到当地火灾高危场所标准时，应急照明系统可采用集中应急电源装置EPS，确保供电可靠性。常规应急照明灯具为自带蓄电池。

通信及网络机房的网络及交换设备，消防安保控制室的火灾自动报警控制系统、安保系统、紧急广播系统等，应设置不间断电源UPS，确保供电可靠性。

负荷计算

方案设计阶段可采用单位指标法。当不设空调时，各类教育建筑的单位面积用电指标可按表11.1-2取值；当有空调时，宜根据具体需求综合计算。

---

[1] 学生宿舍和食堂除主要设备为二级负荷外，大都为三级负荷，但考虑到停电时学生生活秩序混乱造成的不良后果，设计时通常会考虑尽可能减少学生宿舍和食堂的长时间停电事故的发生。

基础教育建筑的单位面积用电指标　　　　　　　　表 11.1-2

序号	建筑物类别	用电指标（W/m²）
1	教学楼	12 ~ 25
2	图书馆	15 ~ 25
3	实验楼	15 ~ 30
4	风雨操场	15 ~ 20
5	体育馆	25 ~ 45
6	会堂（会议及一般文艺活动）	15 ~ 30
	会堂（会议及文艺演出）	40 ~ 60
7	办公楼	20 ~ 40
8	食堂	25 ~ 70
9	宿舍	每居室不小于 1.5kW

注：单位面积用电指标摘自《教育建筑电气设计规范》JGJ310-2013。

　　初步设计及施工图设计阶段，宜采用需要系数法。各类基础教育建筑的主要负荷需要系数宜按表 11.1-3 的要求：

基础教育建筑的主要负荷需要系数　　　　　　　　表 11.1-3

负荷名称	规模	需要系数
照明	$S \leqslant 500m^2$	1 ~ 0.9
	$500m^2 < S < 3000m^2$	0.9 ~ 0.7
	$3000m^2 < S < 15000m^2$	0.75 ~ 0.55
	$S > 15000m^2$	0.6 ~ 0.4
实验室 实验设备		0.15 ~ 0.4
分体空调	4 ~ 10 台	0.8 ~ 0.6
	10 ~ 50 台	0.6 ~ 0.4
	> 50 台	0.4 ~ 0.3
空调机组		0.75 ~ 0.85
冷冻机、锅炉	1 ~ 3 台	0.9 ~ 0.8
	> 3 台	0.7 ~ 0.6
水泵、通风机	1 ~ 5 台	0.95 ~ 0.8
	> 5 台	0.8 ~ 0.6
厨房设备	≤ 100kW	0.5 ~ 0.4
	> 100kW	0.4 ~ 0.3
体育设施		0.7 ~ 0.8
会堂舞台照明	≤ 200kW	1 ~ 0.6
	> 200kW	0.6 ~ 0.4

注：主要负荷需要系数摘自《全国民用建筑工程设计技术措施—电气》2009 部分数据。

高低压供配电系统接线

　　供配电系统应简单可靠，尽量减少配电级数。用户内同一电压等级的配电级数，高压不宜多于两级，低压不宜多于三级。

高压配电系统应满足现行国家标准《供配电系统设计规范》GB50052 的规定，并根据当地供电部门的要求确定。通常采用单母线分段不联络方式，高压配出采用辐射式接线或环式接线。高压开关柜的电缆进出线方式、保护方式、计量方式、分界设置方式和建筑做法等，应符合当地供电部门的要求。

低压侧通常采用单母线分段加手动及电动联络方式，平时分列运行，当一台变压器故障时，另外的变压器可保证全部一、二级负荷用电需求，进线开关及联络开关加电气、机械联锁。

配变电所设计特点

配变电所的设计应符合现行国家标准《20kV 及以下变电所设计规范》GB50053、《民用建筑电气设计规范》JGJ16 的设计原则及有关规定。

配变电所的选址

配变电所的选址尽量接近负荷中心，采用附设式较为合理，便于管理，减少室外空间的占用。当负荷较小或室内空间不适合安装配变电设备，也可选用户外预装式变电所。

配变电所要避免将变电所附设在教学楼或宿舍楼内，如果不可避免地在教学楼或宿舍楼内设变电所时，不要将变电所与教室或宿舍相贴邻；不宜设置在人员密集场所，要避免与教室、实验室共用室内走道，若配变电所设在一层，配变电间的门宜直接开向室外；应满足实验室对电源质量、隔声、降噪、防振、室内环境等特殊要求；不应设在有剧烈振动或有爆炸危险介质的实验场所。

变压器容量

配电变压器负荷率不宜大于 85%。当低压侧电压为 0.4kV 时，单台变压器容量不宜大于1600kVA。对于户外预装式变电所变压器，单台容量不宜大于 800kVA。

配变电所的位置

对于教学、科研实验、宿舍、风雨操场等为单独建筑时，应在接近负荷中心的地方设置配变电所。在低压供电的单体建筑内，应设有独立的进线配电间。

对于大型综合体建筑（即教学、实验、办公、宿舍、食堂、活动中心等综合在一栋建筑物内），应根据建筑分区、供电距离设置配变电所，从配变电所直接配电至各分区楼层配电间。各分区楼层配电间的配电范围应按使用功能、建筑分区清晰划分，避免交叉混乱，使系统简洁，从而减少配电级数。

低压配电系统设计特点
低压配电系统

低压配电系统由配变电所低压配电屏（或单体建筑低压配电间总配电屏），经电力竖井及各楼层、各区域配电间，至各末端用电终端。采用电力电缆（或密集母线槽）供电，至重要设备的配电方式采用放射式，至一般设备的配电方式采用放射式、树干式或放射树干混合式。

根据防火分区、使用功能、负荷分布等设置楼层或区域配电间，内设楼层或区域配电柜（箱）。根据负荷性质，可分为普通照明配电箱、应急照明配电箱、普通动力配电箱、消防动力配电箱、特殊动力配电箱等。

消防风机、消防水泵、消防电梯等消防电力设备，应采用双电源供电，自动切换开关在末端自动切换，消防设备配电装置均设置明显的消防标志。

生活水泵、电梯、重要信息机房、安保系统等重要设备，可采用双回路供电，采用自动切换开关自动切换。

低压配电电线电缆的选择

消防设备配电线缆应采用矿物绝缘电缆或交联聚乙烯绝缘、聚烯烃护套无卤低烟阻燃耐火铜芯电线电缆。

一般设备配电线缆宜采用交联聚乙烯绝缘、聚烯烃护套无卤低烟阻燃铜芯电线电缆。

照明系统设计特点

照明系统的设计除应符合现行国家标准《建筑照明设计标准》GB50034的相关规定外，尚应符合下列规定。

照明标准

教学楼、实验楼、图书馆、宿舍楼、风雨操场、体育场馆等各主要场所照明标准值，应符合表11.1-4的规定。特殊教育学校各种用房照明标准值应符合表11.1-5的规定。

主要场所照明标准值　　　　　　　　　　　　　　　　表 11.1-4

房间和场所	参考平面及其高度	水平照度标准值（lx）	UGR	Ra	照明功率密度限值（W/m²）	
					现行值	目标值
教室、阅览室	课桌面	300	19	80	9	8
实验室	实验桌面	300	19	80	9	8
美术教室	桌面	500	19	80	15	13.5
多媒体教室	0.75m 水平面	300	19	80	9	8
艺术学校的美术教室	桌面	750	19	90	15	13.5
健身教室	地面	300	22	80	9	8
网络中心	0.75m 水平面	500	19	80	15	13.5
计算机教室、电子阅览室	0.75m 水平面	500	19	80	15	13.5
会堂观众厅	0.75m 水平面	200	22	80	9	8
学生宿舍	0.75m 水平面	150	—	80	5	4.5
学生活动室	0.75m 水平面	200	22	80	9	8

特殊教育学校照明标准值　　　　　　　　　　　　　　　　表 11.1-5

学校类型	房间和场所	参考平面及其高度	水平照度标准值（lx）	UGR	Ra
盲学校	普通教室、手工教室、地理教室及其他教学用房	课桌面	500	19	80
聋学校	普通教室、语言教室及其他教学用房	课桌面	300	19	80
智障学校	普通教室、语言教室及其他教学用房	课桌面	300	19	80
—	保健室	0.75m 水平面	300	19	80

注：主要场所照明标准值摘自《教育建筑电气设计规范》JGJ310-2013 及《建筑照明设计标准》GB50034-2013。

照明设计要求

基础教育建筑应分区设置一般照明，并按下列要求设置局部照明：实验室的实验桌宜设置局部照明；教室黑板应设置专用黑板照明；书库的书架宜采用局部照明；盲校弱低视力生教室课桌应设局部照明。

教室课桌区域内的照度均匀度不应小于0.7，课桌周围0.5m范围内的照度均匀度不应小于0.5。教室黑板面上的照度均匀度不应小于0.7。

教室照明灯具与桌面的垂直距离不小于1.7m。对于计算机教室、语音教室照明，限制灯具中垂线以上等于或大于65°范围的亮度。

吊扇叶片与照明灯具应错开布置，避免相互干扰。

幼儿园不宜采用裸管荧光灯灯具，应采用防频闪性能好的节能光源。寄宿制幼儿园的寝室宜设置夜间巡视照明设施。活动室、寝室、幼儿卫生间等幼儿用房宜设置紫外线杀菌灯，也可采用安全型移动式紫外线杀菌消毒设备。紫外线杀菌灯的控制装置应单独设置，并应采取防误开措施。

为防止炫光影响，教室黑板专用灯应有一定安装距离和安装角度，图11.1-1为教室黑板灯安装示意图。

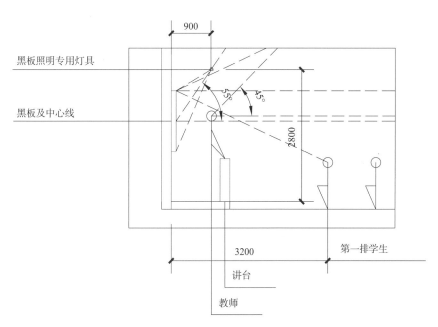

图11.1-1 教室黑板灯安装示意图

照明光源及灯具

阅览室、教室、会议室、办公室等长期工作学习的场所宜采用细管径三基色直管形荧光灯；休息厅、公共通道等活动空间宜采用紧凑型荧光灯或LED灯；风雨操场、体育场馆宜采用金属卤化物灯或大功率LED高天棚灯；校园照明宜采用紧凑型荧光灯、LED灯或金属卤化物灯；应急照明应选用荧光灯或LED灯等能快速点燃的光源。

黑板照明灯具应采用非对称性配光的灯具；书库照明宜采用隔紫外线灯具或无紫外线光源的灯具；三级和四级生物安全实验室内照明灯具宜采用密闭洁净灯，并且具有防水功能；水泵房、厨房及其他潮湿场所采用防水防潮型灯；餐厅采用不易积尘、易于擦拭的洁净灯具。

照明控制

教学楼、体育场馆、实验楼等建筑的走廊、楼梯间、门厅等公共场所的照明，宜采用集中控制。体育场馆比赛场地、多功能厅、报告厅、会议室及展示厅等场所宜采用智能照明控制系统，并可按使用需求设置调光及场景控制功能。

普通教室、实验室、办公室宜在每个门口处设开关控制，除只设置单个灯具的房间外，每个房间灯的开关不宜少于 2 个，黑板照明应单独设置开关。

图书馆的大空间阅览室等宜采用智能照明控制系统，并宜具备时间控制、照度控制功能。

书库照明用电源配电箱应有电源指示灯并设于书库之外，书库通道照明应独立设置开关。

宿舍建筑有天然采光的楼梯间、走道的照明，除应急照明外，宜采用节能自熄开关。

照明区域设有两列及两列以上灯具时，宜按下列方式分组控制：普通教室、阅览室等房间所控灯列宜与侧窗平行；书库宜按书架或走道分组，阅览室宜按阅览桌分组；多媒体教室、阶梯教室、报告厅等场所，宜按靠近或远离屏幕及讲台分组。

应急照明

应急照明除应符合现行国家标准《建筑防火设计规范》GB50016 的相关规定外，还应符合下列规定：

中小学和幼儿园疏散场所的最低地面水平照度不应低于 5.0lx；

特殊教育学校疏散楼梯宜设置导流标志灯；

应采用蓄电池作疏散照明自备电源，且连续供电时间不应小于 30min；

火灾时仍需继续工作的场所（消防控制室、配电室、消防水泵房、防烟及排烟机房、通信机房、安全防范控制中心等）应设置备用照明，并应保证正常照明的照度。

防雷接地系统设计特点

防雷接地系统的设计除应符合现行国家标准《建筑物防雷设计规范》GB50057 和《建筑物电子信息系统防雷技术规范》GB50343 的相关规定外，尚应符合下列规定。

建筑物防雷

依据规范基础教育建筑通常为第二类、第三类防雷建筑物，均应采取防直击雷、防侧击雷和防雷电波侵入的措施。

在户外线路进入建筑物，即 LPZ0A 或 LPZ0B 进入 LPZ1 区应安装电涌保护器（SPD）。

接地

当建筑物内有变电所时，低压配电系统应采用 TN-S 系统；当宿舍、教学楼等规模及用电负荷较小的建筑物内无变电所时，低压配电系统宜采用 TN-C-S 系统或 TT 系统。

接地系统应采用功能接地、保护接地和防雷接地的联合接地方式，要求接地电阻不大于 1 欧姆。

等电位联结

有洗浴功能的卫生间、集中浴室、游泳池等应设置局部等电位联结。

配变电所、锅炉房、主要空调机房、水泵房、消防安防控制室、电话和网络机房、电梯机房、厨房、强弱电竖井等应设置等电位联结。

教学区电气设计要点

教室配电

教室内电源插座、分体空调插座与照明用电应分设不同回路，各自独立控制。

普通教室前后墙上应各设置不少于一组单相两孔及三孔电源插座，并应预留供多媒体设备用的电源插座。

语言、计算机教室，学生课桌的每个座位均应设置电源插座。用于计算机的电源插座，每一单相回路不宜超过 5 个（组），且其回路的保护电器宜选用 A 型剩余电流保护器。

中小学、幼儿园的电源插座必须采用安全型,幼儿活动场所电源插座底边距地不应低于 1.8m。

教学楼内饮水器处宜设置专用供电电源装置，并应设置剩余电流动作保护器。

实验室配电

每间实验室宜设专用配电箱，教师讲台处宜设实验室配电箱总开关的紧急切断电源的按钮。

应为教师演示台、学生实验桌提供交流单相 220V 电源插座，物理实验室教师讲桌处还应设交流三相 380V 电源插座。

科学教室、化学实验室、物理实验室应设直流电源接线条件。

生物、化学实验室的通风柜的排风机配电设计，排风机应设专路电源，其控制开关宜设在教师实验桌内、屋面排风机处设两地控制。

体育区电气设计要点

体育场馆（风雨操场）要考虑体育日常教学、体育比赛、文艺演出、大型展览等多种用途。

中小学校的体育馆通常仅为日常教学训练，如有体育比赛的需求，应预留计时计分系统、现场采集及回放系统等体育工艺的负荷用电。应预留用于文艺演出的舞台灯光、音响扩声和临时演艺设备的负荷用电，并宜在场地四周预留配电箱或配电间。

场地照明应按场馆等级、运动项目类型、电视转播情况、使用情况等因素确定照明标准及照明控制方式。宜选用智能照明控制系统，并在控制方式上力求灵活多变，以满足多用途多场景的需要。

游泳池的水下灯应选用防触电等级为Ⅲ类的灯具，其配电应采用标称电压不超过 12V 的安全特低压系统。

生活区电气设计要点

学生宿舍

学生宿舍必须采用安全型电源插座。居室电源插座应与照明、空调分设不同支路。每居室电源插座的数量应按床位数确定，且每床不应少于 1 个，并不应集中在同一面墙上设置。居室内单设配电箱时，应装设可同时断开相线和中性线的电源进线开关。

供中小学使用的学生宿舍，因中小学生尚无自主的经济能力，并从安全管理考虑，宿舍用电应集中计量。根据学校的管理需求，可设置能识别恶性负载的安全用电控制型智能电表。

食堂

食堂的餐厅、厨房及配餐空间应设置电源插座及专用杀菌消毒装置。厨房配电设计时，宜在用电设备集中的房间或工作区域设置分配电箱，负荷较大的设备应有现场检修装置。

在食堂里设置厨艺教室时，应独立设置照明及配电回路，并预留烘焙等设备负荷用电。

特殊学校电气设计要点

特殊教育学校的照明、电源插座、开关的选型和安装应保证视力残疾学生使用安全。

特殊教育学校的各种教室、实验室门的外侧宜装设进门指示灯或语音提示及多媒体显示系统。聋生教室每个课桌上均应设置助听设备的电源插座。康体训练与职业技术用房的用电应设专用回路，并应采用剩余电流动作保护器。

盲学校室内照明开关一律设置在房间门开启一侧墙壁上，并应设置上下按键式开关；电源插座应一律设置在室内某一固定位置，并应使用安全插座；弱低视力生教室课桌应设局部照明，宜采用摇臂式灯具。

教室黑板应设黑板灯，其垂直照度的平均值不应低于500lx。聋学校应加强教师面部照明，其垂直照度的平均值不应低于300lx。

常用教学场所电气设计示例
普通教室

随着基础教育改革的推进，小班化、信息化特点突出，"走班制"模式出现。"走班制"是指学科教室和教师固定，学生根据自己的能力水平和兴趣愿望选择教学班级上课的教学方式。这时，专业教室和普通教室的区别消失了，都改进为专用的学科教室。教室里增加了教师工作区、学生公共电脑学习区、学科特色区所需要的工作电源需求，图11.1-2为"走班制"的普通教室照明插座平面布置图。[1]

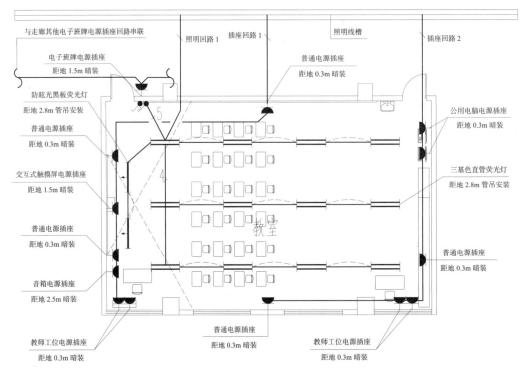

图 11.1-2　普通教室照明插座平面布置图

---

[1] 目前国家正在大力推进基础教育的改革，普通高中纳入义务教育，高考改革都在逐步推进，学校的电气设计也要改善单一的传统模式，需要多样化、精细化、定制化的专业设计。

特色教室

随着素质教育的深化，越来越多的特色教室走入中小学校。

艺术平面设计、动漫设计与制作、APP 设计制作与开发、工业设计等教室以计算机教学为主，按座位设置电源插座。

机器人、乐高、航模、车模、船模制作、3D 打印等教室主要以展示为主，在展示台、制作台等处按需要设置电源插座。

电子技术、机械技术、陶艺、影视技术、摄影技术等教室专业性较强，用电设备较多，需根据场景和设计需求设置电源插座，其中数控机床、电窑等设备需提供交流三相 380V 电源。

绘画、书法教室可按常规教室设计，雕塑、版画、茶艺教室应考虑制作设备用电。

音乐排练厅、舞蹈排练厅、琴房等教室按音乐电子设备的平面布置设置电源插座。

校园智能化总体设计特点

校园智能化系统应根据学校的等级及类型、规模、管理模式和业务需求进行配置，并应适应教学、科研、管理以及学生生活等信息化应用的发展，为教学、科研、办公和学习环境提供智能化系统的基础保障。

校园智能化系统的规模应结合学校近期和远期规划进行确定，并应制定分期实施方案。智能化系统应具有可扩展性、开放性和灵活性。

智能化系统应结合市政条件和校园管理，设置校园信息中心及消控安防总机房，并宜附设在适宜建筑物（如图书馆）内。规模较大或建筑分布较分散的学校，也可以设置消控安防分中心或消防值班室，并应确定各自的功能及各级系统之间的从属和联动关系。

智能化系统线路在校园内宜采用地下敷设的方式，并应合理布线，与校园供配电系统及其他基础设施系统协调路径。

基础教育建筑（中小学、高级中学）智能化系统的配置选项应按照表 11.2-1，表 11.2-2 进行配置。

初级中学和小学智能化系统配置表				表 11.2-1
智能化系统			小学	初级中学
信息化应用系统	公共服务系统		⊙	⊙
	校园智能卡应用系统		⊙	●
	校园物业管理系统		○	⊙
	信息安全管理系统		⊙	●
	通用业务系统	基本业务办公系统	按国家现行有关标准进行配置	
	专业业务系统	多媒体教学系统		
		教学评估音视频观察系统		
		语音教学系统		
智能化集成系统	智能化信息集成（平台）系统		○	⊙
	集成信息应用系统		○	⊙
信息设施系统	信息接入系统		●	●
	布线系统		●	●
	移动通信室内信号覆盖系统		●	●
	用户电话交换系统		○	⊙
	无线对讲系统		○	⊙
	信息网络系统		●	●
	有线电视系统		●	●
	公共广播系统		●	●
	会议系统		○	⊙
	信息导引及发布系统		⊙	●
建筑设备管理系统	建筑设备监控系统		○	⊙
	建筑能效监管系统		○	⊙

11.2 电气与智能化设计·智能化设计

第十一章
电气与智
能化设计
电气设计
智能化设计

续表

智能化系统			小学	初级中学
公共安全系统	火灾自动报警系统		按国家现行有关标准进行配置	
	安全技术防范系统	入侵报警系统		
		视频安防监控系统		
		出入口控制系统		
		电子巡查系统		
	安全防范综合管理（平台）系统		○	○
机房工程	信息接入机房		●	●
	有线电视前端机房		●	●
	信息设施系统总配线机房		●	●
	智能化总控室		●	●
	信息网络机房		○	⊙
	用户电话交换机房		○	⊙
	消防控制室		●	●
	安防监控中心		●	●
	智能化设备间（弱电间）		●	●

高级中学智能化系统配置表　　　　表11.2-2

智能化系统			职业学校	普通高级中学
信息化应用系统	公共服务系统		○	⊙
	校园智能卡应用系统		●	●
	校园物业管理系统		⊙	●
	信息设施运行管理系统		○	⊙
	信息安全管理系统		⊙	●
	通用业务系统	基本业务办公系统	按国家现行有关标准进行配置	
	专业业务系统	校务数字化管理系统		
		多媒体教学系统		
		教学评估音视频观察系统		
		多媒体制作与播放系统		
		语音教学系统		
		图书馆管理系统		
智能化集成系统	智能化信息集成（平台）系统		⊙	●
	集成信息应用系统		⊙	●
信息设施系统	信息接入系统		●	●
	布线系统		●	●
	移动通信室内信号覆盖系统		●	●

续表

智能化系统			职业学校	普通高级中学
信息设施系统	用户电话交换系统		⊙	●
	无线对讲系统		⊙	⊙
	信息网络系统		●	●
	有线电视系统		●	●
	公共广播系统		●	●
	会议系统		●	●
	信息导引及发布系统		●	●
建筑设备管理系统	建筑设备监控系统		⊙	●
	建筑能效监管系统		⊙	●
公共安全系统	火灾自动报警系统		按国家现行有关标准进行配置	
	安全技术防范系统	入侵报警系统		
		视频安防监控系统		
		出入口控制系统		
		电子巡查系统		
	安全防范综合管理（平台）系统		⊙	●
机房工程	信息接入机房		●	●
	有线电视前端机房		●	●
	信息设施系统总配线机房		●	●
	智能化总控室		●	●
	信息网络机房		●	●
	用户电话交换机房		⊙	●
	消防控制室		●	●
	安防监控中心		●	●
	智能化设备间（弱电间）		●	●
	机房安全系统		按国家现行有关标准进行配置	
	机房综合管理系统		○	⊙

注：智能化系统表配置摘自《智能建筑设计标准》GB50314-2015，表中 ●—应配置；⊙—宜配置；○—可配置。

校园信息设施系统设计特点

校园信息设施系统宜由通信系统、信息网络系统、综合布线系统、有线电视及卫星电视接收系统、广播系统、信息导引及发布系统等子系统组成。

通信系统

校园设置通信系统总机房，接入市政通信网络。通信系统总机房内设置的通信接入系统设备，应为未来通信方式的发展提供扩充设备的空间和进出机房的备用管道。

电话交换系统为学校提供普通电话业务、ISDN 和 IP 等通信业务，其终端用户可与各公用通信网互通，满足语音、数据、图像和多媒体通信业务的需求。电话端口应按使用功能配置，并应在干线设计和系统设置时预留有发展余地。

室内移动通信覆盖系统应满足中国移动、中国联通、中国电信多家运营商语音及数据通信业务的要求。

信息网络系统

中小学校通常对信息安全要求不高，可不分内网和外网，采用统一的有线信息网络系统，并具备信息安全保障和网络管理的措施。

信息网络系统宜采用以太网等交换技术。网络结构的层次应符合学校信息网络系统的规划，并应按建筑的规模和需求设置主干（核心）层、汇聚层和终端接入层等三个层次，或设置主干层和终端接入层两个层次。

根据学校需求，确定无线网络系统的覆盖范围。通过多个接入点分别与有线网络联接，形成以有线网络为主干的多接入点的无线网络，所有无线终端都可以通过就近的无线接入点接入计算机网络并访问网络资源。

综合布线系统

综合布线系统应满足基础教育建筑和建筑群内信息网络、通信网络等系统布线的要求，并应支持语音、数据、图像和多媒体业务对信息传输的要求。

主要包括工作区子系统、配线子系统、干线子系统、设备间子系统和管理子系统。结合学校的规模和需求，数据主干至少达到千兆光纤，数据水平布线采用超五类及以上 UTP 电缆，至少达到百兆到桌面。

有线电视及卫星电视接收系统

应设置有线电视系统，引入当地有线电视台信号，并宜预留卫星电视、学校自办节目的接口。高级中学的国际部或有接收远程教育卫星的资源需求的学校宜设置卫星电视接收系统。

有线电视系统采用光纤和同轴电缆混合组网，860MHz 的双向邻频传输方式，满足数字电视的传输需要。

广播系统

应设置公共广播系统，其功能宜根据学校使用和管理的要求确定，可包括音频制作、播放教学、晨操和上下课铃声等业务广播和紧急广播等。会堂、体育场馆、报告厅等场所宜设置独立的扩声系统。

通常业务广播与紧急广播可合用主机设备、传输线路及扬声器，紧急情况下广播系统应能被强制切换到紧急广播状态。

信息导引及发布系统

宜在图书馆、教学楼、办公楼、餐厅、体育场馆、学生宿舍门厅、校园主出入口等处设置信息导引及发布系统，并应具有发布公共信息、提供告知和查询等功能。

走班制的学校[1]，也可在教学楼每层公共通道入口处或每个教室门口设置电子班牌，接入信息发布系统，具有发布教室标牌、提供通知和教学信息等功能。

校园信息化应用系统设计特点

校园信息化应用系统宜包括信息化应用管理系统、学校门户网站、校园智能卡应用系统、校园网络安全管理系统等子系统。

信息化应用管理系统

信息化应用管理系统可以分为教学管理、科研管理、办公管理、学生学习管理、学校资源管理和学校物业管理等应用管理系统，是面向学校各部门和各层次用户的多模块综合单项或综合信息管理系统。具体设计可以根据学校的规模、管理模式和经济能力，统筹规划设计,分步实施。

中小学运用最广泛的信息化应用子系统是教学管理系统和学习管理系统。

教学管理系统宜具有教务公共信息、学籍管理、师资管理、智能排课、教学计划管理、数字化教学管理、学生成绩管理、教学仪器和设备管理等功能。

学习管理系统宜具有考试管理、选课管理、教材管理、教学质量评价体系、毕业生管理、招生管理以及综合信息查询等功能。

学校门户网站

学校门户网站宜包含电子邮件、计数器、BBS、招生信息、新闻发布、人才交流等应用模块。

校园智能卡应用系统

校园智能卡应用系统宜具有身份识别、出入口控制、图书借阅、考勤签到、车辆管理和消费等功能，并应根据不同的功能需求进行智能卡的软件设计。

办公楼和教学楼可设置身份识别、出入口控制、考勤签到管理系统;图书馆可设置身份识别、图书借阅系统;宿舍楼可设置身份识别、出入口控制系统;食堂、浴室、体育馆、学生超市可设置消费系统;校内路口、车库入口、电梯乘坐等可设置身份识别、车辆管理系统。

校园公共安全系统设计特点

校园公共安全系统宜包括火灾自动报警系统、安全技术防范系统和应急响应系统等。

火灾自动报警系统

火灾自动报警系统的设计应符合现行国家标准《火灾自动报警系统设计规范》GB50116及《建筑防火设计规范》GB50016的规定。通常幼儿园，中小学校的体育馆、大型剧场等人员密集场所应设置火灾自动报警系统;其他无消防联动的场所或部位，如教学楼可不设置火灾自动报警系统。

---

[1] 走班制教学模式，指学生上课不固定教室，而是通过选课系统进入相应的专业教室听课，因此需要每个专业教室均公布相应的教学信息。

安全技术防范系统

安全技术防范系统，可包括视频安防监控系统、入侵报警系统、出入口控制系统和电子巡查系统等。各系统宜独立运行，并应具有应急响应功能，各系统之间可协同。

视频安防监控系统的设计应对校园室外活动空间、校园出入口，建筑的出入口、通道、电梯厅及电梯轿厢、地下停车库、人员密集区域（餐厅、体育馆、多功能厅等）和重要部位及场所（信息机房、财务室等）等进行监控，并应具有视频监视、图像显示、记录与回放等功能。

视频安防监控系统可结合考场监控系统和远程教学系统进行设置。在装备了考场监控、远程教学系统的教室，其摄像头可接入视频安防监控系统。

对非法入侵、盗窃、破坏和抢劫等进行探测和报警的区域（校园围墙、信息机房、财务室等），设置入侵报警系统。系统宜独立运行，并宜具有网络接口和扩展接口。入侵报警系统发生报警时，宜能启动视频监控系统进行实时录像。

在重点区域（教学区和宿舍区）的出入口、通道和重要部位及场所（主要办公室及实验室、主要设备用房、重要库房、信息机房、财务室等）宜设置出入口控制系统。幼儿园入口可设置生物辨识系统。不同出入口应设定不同的出入权限，并应对设防区域的通行对象及通行时间等进行实时控制和多级程序控制。出入口控制系统能与入侵报警系统、视频安防监控系统和火灾自动报警系统联动。

规模较大的校园宜设置电子巡查系统，通过预置巡查程序和信息识读器等对保安人员巡查的工作状态进行监督、记录，并应能对意外情况及时报警。一般可采用离线式电子巡查系统。

机房工程设计特点

机房工程主要针对消控及安保控制室、通信及信息网络机房、移动通信覆盖机房（运营商机房）、有线电视前端机房等，应按智能化设施的机房设计等级及设备的工艺要求进行设计。

设计内容包括：机房设备、机房电气（含机房照明、供配电、防雷、接地、静电防护、安全防护）、机房装修、机房空调等内容。

信息网络机房宜设于建筑的中心区域位置，地面一、二层为宜，多建筑宜设在信息点多且运维便利的场所（如图书馆）。当火灾自动报警系统、安全技术防范系统、建筑设备管理系统、公共广播系统等的中央控制设备集中设在消控及安保控制室内时，各系统应有独立工作区。机房面积应满足设备机柜（架）的布局要求，并应预留发展空间。

机房不应与变配电室及电梯机房贴邻布置，不应设在水泵房、厕所和浴室等潮湿场所的贴邻位置，应采取防水、降噪、隔音、抗震等措施。与机房无关的管线不应从机房内穿越。

教学区智能化设计要点

普通教室的信息插座数量不应少于2个，并应至少有一个布置在讲台或教学多媒体控制台处，其他固定计算机或多媒体设备按需设置信息插座。

多功能教室和普通实验室应按 20 ~ 50m² 划分工作区，且每个工作区应设 1 ~ 2 个信息插座。办公室按教师工位设置信息插座。多媒体教室和计算机教室应按课桌位置布置信息插座。

教室应设置多媒体教学系统，以每间教室为单位，以多媒体控制主机为核心，多媒体触摸一体机、无线发言设备、扬声器等多种教学设备共同构成。触摸一体机作为显示终端已大量应用，将代替投影仪等显示设备，交互性能佳。教室无线话筒可通过多媒体教学主机接入音频信号并通过扬声器进行扩声。

11.2　电气与智能化设计·智能化设计

第十一章
电气与智
能化设计
电气设计
智能化设计

根据学校需求建设若干录播教室，每个录播教室部署 1 台嵌入式录播主机、1 台教师定位摄像头、1 台高清云台摄像机（学生特写）、2 台高清全景摄像机（学生和板书）、3 个全向拾音器。嵌入式录播主机支持直接嵌入至多媒体触控一体机中，实现实时直播、同步录制、在线点播等功能。

体育区智能化设计要点

体育场馆（风雨操场）要考虑体育日常教学、体育比赛、文艺演出、大型展览等多种用途。

体育场馆宜设置信息显示（LED 大屏）系统，平时可用于教学、文艺演出、集会、展览等；当有体育比赛的要求时，应具有连接计时计分及现场成绩处理系统、电视转播系统、现场影像采集及回放系统、场地扩声系统等的接口。

体育场馆的比赛场地、观众席应设置独立的语言兼音乐扩声系统，且不应低于二级扩声指标的要求。扩声系统设计宜兼顾体育比赛和日常使用，应预留流动扩声系统的扩展接口。

当体育场馆的比赛需求不确定时，可仅预留计时计分及现场成绩处理系统、电视转播系统、现场影像采集及回放系统等体育专用设施系统的接口及相应设备机房。

生活区智能化设计要点

供中小学使用的宿舍，每层宜设公用电话。餐厅、学生活动中心等公共活动场所宜设公用电话。

宿舍每居室宜设信息插座，或采用无线接入方式。信息插座的数量、接入方式，应根据使用要求和管理方式确定。

公共活动室、餐厅等场所设置有线电视插座，居室内不要求设置电视插座。

特殊学校智能化设计要点

特殊学校根据需要应在教室、宿舍等学生学习、生活、活动的场所设置声光提示和导引标志。聋哑学校应设置应急广播系统，并增设发出闪动信号的装置，使学生迅速撤离，条件允许的可设置 LED 电子显示系统直接显示警报信息。

盲学校律动舞蹈教室需在地板下安装震动传感系统。

聋哑学校的学生宿舍，有条件的可设置唤醒系统及电子提示装置。

常用教学场所智能化设计示例

随着基础教育教学信息化程度的日益提高，教室的信息插座、多媒体设备的数量也比传统教室大大提高。

图 11.2-1 为普通教室弱电平面布置图，图 11.2-2 为多媒体教室（计算机教室）弱电平面布置图，图 11.2-3 为智能录播教室机位布置平面图，图 11.2-4 为典型宿舍强弱电平面布置图，图 11.2-5 为宿舍走廊强弱电管线布置图。

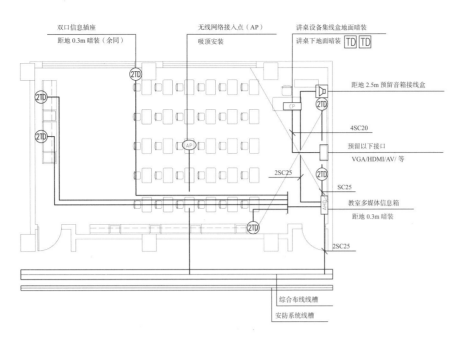

图 11.2-1 普通教室弱电平面布置图

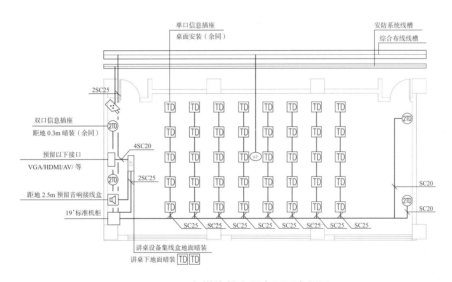

图 11.2-2 多媒体教室弱电平面布置图

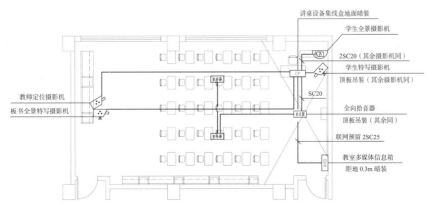

图 11.2-3 智能录播教室机位布置平面图[1]

[1] 本图为作者自绘。为常规四机位录播教室布置图，精品录播教室需增加特写机位。

注 1. 此处沿墙安装两个插座，位于书桌工作面以上，距地 0.9m 暗装。

　　2. 卫生间局部等电位联结端子箱。

　　3. 单管 LED 灯管吊 2.5m。

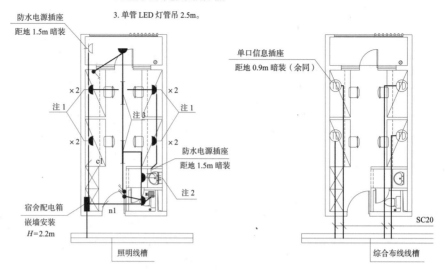

图 11.2-4　典型宿舍强弱电平面布置图[1]

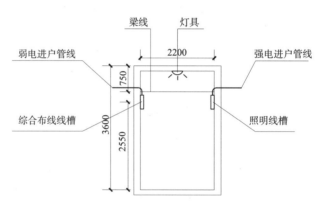

图 11.2-5　宿舍走廊强弱电管线布置图[2]

---

[1]　本图为作者自绘。为普通四人间宿舍强弱电布置图，每人配置高低组合家具（上床下桌型）。

[2]　本图为作者自绘。宿舍的走廊通常没有吊顶，设备管线通常都要明装，本就狭小的空间更显得杂乱。线槽贴墙敷设，最大限度地减少顶部空间的占用，不仅美观，而且避免了设备管线遮挡灯光，照明效果不佳的弊端。

CHAPTER

[第十二章] 给排水设计

第十二章
给排水设计
给水系统
热水系统
排水系统
消防系统及安全措施
设计要点

给排水设计概述

基础教育建筑涉及的使用功能大致可分为教学、实验、体育活动、行政办公、宿舍、食堂等，建筑的使用人群以适龄学生为主体。不同使用功能的建筑，在校园内按照不同的方式组合，对给排水专业设计也提出了更高的要求。给排水设计需结合各类建筑的使用功能，兼顾消防安全及节能、节水、绿色建筑的相关要求，并充分考虑适龄儿童的特殊性，精心设计，为孩子们创造一个安全、舒适的生活和受教育环境。

给水水量计算

给水水量的设计参照标准为现行国家标准《建筑给水排水设计规范》GB50015 中的教育建筑相关类型的给水设计定额及要求，具体取值参照表 12.1-1。

生活用水定额选用表   表 12.1-1

用水项目名称	单位	最高日用水定额	平均日用水定额	使用时数（h）	小时变化系数
幼儿园、托儿所 有住宿 无住宿	升 / 每儿童每日 升 / 每儿童每日	50 ~ 100 30 ~ 50	20 ~ 40 15 ~ 20	24 10	3.0 ~ 2.5 2.0
教学、实验楼 学生 教师	升 / 每人每日 升 / 每人每日	20 ~ 40 30 ~ 50	15 ~ 35 25 ~ 40	8 ~ 9 8 ~ 9	1.5 ~ 1.2 1.5 ~ 1.2
宿舍 设公共卫生间、盥洗室 设公共卫生间、盥洗室和淋浴室 设公共卫生间、盥洗室、淋浴室、洗衣室 设单独卫生间及淋浴设备、公用洗衣室	升 / 每人每日 升 / 每人每日 升 / 每人每日 升 / 每人每日	50 ~ 100 80 ~ 130 100 ~ 150 150 ~ 250	20 ~ 30 35 ~ 45 45 ~ 55 50 ~ 70	24 24 24 24	3.0 ~ 2.5 3.0 ~ 2.5 3.0 ~ 2.5 3.0 ~ 2.5
食堂	升 / 每人每次	20 ~ 25	15 ~ 20	12 ~ 16	1.5 ~ 1.2
公共浴室	升 / 每人每次	100	75 ~ 90	12	2.0 ~ 1.5
体育场（馆） 运动员淋浴 观众	升 / 每人每次 升 / 每人每场	30 ~ 40 3	25 ~ 40 3	4 4	3.0 ~ 2.0 1.2

注：1. 表中用水量包括热水用量在内，空调用水应另计。

2. 实验室用水量应考虑实验类型的用水量区别，用水量较大的特殊功能的实验单元用水量需有工艺提资确定。

3. 现行国家标准《建筑给水排水设计规范》GB50015-2003（2009 年版）中 3.1.10 条文明确了Ⅰ，Ⅱ，Ⅲ和Ⅳ类宿舍分类，中小学校宿舍以Ⅲ，Ⅳ类宿舍居多，用水定额参照《建筑给水排水设计手册》第二版（上册）表 1.1-2 的相关内容。

4. 住宿学生在学校每日三餐，老师和非住宿学生在学校每日一餐。

5. 幼儿园的用水定额中含食堂用水，中小学教学用水定额不含食堂用水。

6. 进行节水计算时应参照现行国家标准《民用建筑节水设计标准》GB50555 中相关的平均日节水用水定额。

绿化浇洒用水定额根据气候条件、植物种类、土壤理化性状、浇灌方式和管理制度等因素综合确定。当无相关资料时，绿化浇灌最高日用水定额可按照浇灌面积 1.0 ~ 3.0L/m² · d 计算，干旱地区可酌情增加。平均日用水定额参照现行国家标准《民用建筑节水设计标准》GB50555-2010 第 3.1.6 条的规定确定。

室外道路、广场的浇洒最高日用水定额按照浇洒面积 2.0 ~ 3.0L/m² · d 计算。平均日用水定额参照现行国家标准《民用建筑节水设计标准》GB50555-2010 第 3.1.5 条的规定确定。

游泳池和水景用水量可按现行国家标准《建筑给水排水设计规范》GB50015-2003（2009 年版）第 3.9.7、3.9.18、3.11.2 条的规定确定。

锅炉用水和冷冻机冷却循环水系统的补充水等应根据工艺确定。

第十二章

给排水设计
给水系统
热水系统
排水系统
消防系统及安全措施
设计要点

水量计算注意事项

由于学校教学区和生活区用水时间不同，计算最大时用水量时不应叠加，可选取最大一组的最大时用水量加另一组的平均时用水量作为最高日用水量。

实验室用水量应考虑实验类型的用水量区别，用水量较大的特殊功能的实验单元用水量需由工艺提资确定。宿舍（Ⅰ，Ⅱ类）、幼儿园、教学楼、办公楼的生活给水管道设计秒流量应按当量折算法进行计算；宿舍（Ⅲ，Ⅳ类）、公共浴室、体育场馆、普通理化实验室等建筑的生活给水管道设计秒流量，应按照同类型卫生器具的同时供水百分数进行计算。宿舍（Ⅲ，Ⅳ类）同类型卫生器具的同时供水百分数应按照设置单独卫生间和集中卫生间分类取值。[1]

有中水、雨水利用的项目，应根据实际情况，进行水量平衡计算。

规划方案阶段的用水量估算

在规划方案阶段，依据现行国家标准《城市给水工程规划规范》GB50282 中关于教育科研用地的用水量指标，日用水量按 40 ~ 100m³/hm²·d 进行计算。

用水量和当地经济发展繁荣程度及使用方要求密切相关，而且随着住宿比例、规模、建筑容积率以及附属设施的完善程度有所不同，用水量指标的选取应充分考虑以上因素。

给水系统图示表 表 12.1-2

	类型	图示	适用范围
主干给水系统	市政压力供水与变频压力供水相结合		外网能满足建筑物下区各用水点水量和水压要求的多层建筑。如外网压力可满足最不利供水点的供水压力需求时，可由市政压力直接供水
	市政压力供水与变频压力分区供水相结合		有热水供应的高层宿舍楼（50m 以下），外网能满足建筑物下区各用水点水量和水压要求。由于高区热水系统需要分区且不适合采用减压阀分区，冷水高区供水系统也需要分区设置变频增压泵组
配水系统	竖向配水系统		各层用水点位置相当固定的教学楼和宿舍楼。采用同一根立管供应竖直位置不同楼层的用水点竖向管道系统
	横向配水系统		各层用水点布置不固定且较为分散的实验楼。由一根主立管和各楼层横向供水主管层层供水，管道设于本层或下层吊顶内

---

[1] 宿舍（Ⅰ，Ⅱ类）、幼儿园、教学楼、办公楼为用水分散型建筑；宿舍（Ⅲ，Ⅳ类）、公共浴室、体育场馆、普通理化实验室等为用水密集型建筑。

第十二章
给排水设计
给水系统
热系统
排水系统
消防系统及安全措施
设计要点

供水水质要求

基础教育建筑的生活用水水质应符合现行国家标准《生活饮用水卫生规程》GB5749 的有关规定。

基础教育建筑的二次供水系统及自备水源应遵循安全卫生、节能环保的原则，并应符合国家现行标准的有关规定。二次供水工程应符合现行国家标准《二次供水工程技术规程》CJJ140 的有关规定。

采用用二次供水方式时（除叠压供水外），出水应经消毒处理（如紫外线消毒器、微电解消毒器、次氯酸钠消毒器、二氧化氯消毒器）。二次供水消毒设备选用与安装，可参见现行国家标准图集《二次供水消毒设备选用与安装》14S104。

给水泵房内不应有污水管穿越。二次供水的生活饮用水池（箱）应与其他用水的水池（箱）的分开设置。所有供水设施在交付前必须清洗和消毒。二次供水工程严禁与其他供水系统和自备水源等管网直接连接。

采用中水用于绿化、冲厕及浇洒道路时，中水管道和预留接口应设明显标识。坐便器安装洁身器时，洁身器应与自来水管连接，禁止与中水管连接。

防水质污染措施

从生活饮用水给水管道上直接接出下列用水管道时，应在这些用水管道上设置管道倒流防止器或其他有效的防止倒流污染的装置：

从城市不同环网的不同管段接出引入管向建筑小区供水，且小区供水管与城市给水管形成环状管网时，其引入管上；

单独接出消防用水管道时，在消防用水管道的起端；不含室外给水管道上接出的室外消火栓；

从城市给水管道上直接吸水的水泵，其吸水管起端；

当游泳池、儿童水上游乐池、水景观赏池、循环冷却水集水池等的充水或补水管道出口，与溢流水位之间的空气间隙小于出口管径 2.5 倍时，在充（补）水管上；

体育场地、绿地、植物栽培园、小动物饲养园等如安装自动喷灌系统、当喷头为地下式或自动升降式。其管道起端；

垃圾处理站、小动物饲养园的冲洗管道及小动物饮水管道的起端；

由城市给水管直接向锅炉、热水机组、水加热器、气压水罐等有压容器或密闭容器注水的注水管上。

供水水压要求

给水系统应满足给水配件最低工作压力要求，且最低配水点进水压力不宜大于 0.45MPa，且分区内低层应设减压设施保证各用水点处供水压力不大于 0.20MPa。设集中热水系统时，最大分区压力可为 0.55MPa。水压大于 0.35MPa 的配水横管宜设置减压措施。

化学实验室给水水嘴的工作压力大于 0.02MPa，急救冲洗水嘴的工作压力大于 0.01MPa 时，应采取减压措施。

计量要求

常规计量：

总体进水管进入基地的引入管段起端上；

第十二章
给排水设计
给水系统
热水系统
排水系统
消防系统及安全措施
设计要点

各单体建筑的总用水控制给水点；

集中淋浴冷热水管、卫生间、绿化、空调系统、景观等起端上；进入消防水池、消防水箱进水，生活水池进水，热交换器的冷水入口处。

特殊计量：

各付费或管理单元的引入管。[1][2]

给水系统管材选择及卫生器具选型　　　　　　　　　　　　表 12.1-3

室内给水和热水管	（根据学校的投资充裕程度）薄壁不锈钢管、薄壁铜管、钢塑复合塑料管、塑料管
埋地给水管	球墨给水铸铁管、钢丝网骨架塑料复合管给水管道、给水塑料管
开水管、饮用净水管	薄壁不锈钢管；达到卫生食品级要求
卫生器具	幼儿园、托儿所便池宜设置感应冲洗装置

---

[1] 现行规范规定，托儿所、幼儿园不应设置在四层及以上，小学的主要教学用房不应设在四层以上，中学的主要教学用房不应设在五层以上，故基础教育建筑的供水对象以多层建筑为主，应充分利用外网水压供水。

[2] 寄宿制学校用水高峰时间较为集中，为保证不间断供水，宿舍区室外给水管网宜采用环状供水。

第十二章

给排水设计
给水系统
热水系统
排水系统
消防系统及安全措施
设计要点

热水水量计算

热水用水定额应根据卫生器具完善程度、热水供应方式、热水供应时间、供水水温、生活习惯和地区条件等确定，具体取值参照表 12.2-1。

热水用水定额选用表				表 12.2-1
用水项目名称	单位	最高日用水定额	使用时间（h）	小时变化系数
幼儿园、托儿所 　有住宿 　无住宿	升/每儿童每日 升/每儿童每日	20 ~ 40 10 ~ 15	24 12	4.8 ~ 3.2 4.8 ~ 3.2
宿舍 设公共卫生间、盥洗室和淋浴室 设公共卫生间、盥洗室、淋浴室、洗衣室设 单独卫生间及淋浴设备、公用洗衣室	升/每人每日 升/每人每日 升/每人每日	40 ~ 60 50 ~ 80 70 ~ 100	定时供应 定时供应 定时供应	3.0 ~ 2.5 3.0 ~ 2.5 3.0 ~ 2.5
食堂	升/每人每次	20 ~ 25	12 ~ 16	1.5 ~ 1.2
公共浴室	升/每人每次	40 ~ 60	定时供应	2.0 ~ 1.5
体育场（馆） 运动员淋浴	升/每人每次	30 ~ 40	4	3.0 ~ 2.0
洗衣	升/每公斤干衣	15 ~ 30	12	1.5 ~ 1.2

注：1. 热水温度按照 60℃计。2. 表里所含定额均已包括在冷水定额内。

基础教育建筑热水系统的特殊性

教学区和生活区热水需求时间不同、开放时间不同。教学区仅上课时段有热水需求，热水多用于教室或公共卫生间盥洗。生活区的热水需求一般集中在课后时段，多为学生和教工的洗浴用水；厨房洗涤用热水均集中在厨房工作的时间段。

基础教育建筑的宿舍（Ⅲ，Ⅳ类）、公共浴室基本上是每天定时提供热水，设计前务必与学校管理方征询热水开放时间。

学生热水供应标准高，要求卫生、安全、可靠、稳定、噪音小；幼儿园、盲校和弱智学校热水要求有防烫伤措施。

热水系统的选择

集中系统：宿舍、公共浴室、食堂为用水密集型建筑，用水时间相对集中，宜采用定时集中热水供应系统；当宿舍条件不允许时，宜预留安装热水器的相关条件，设置分散式热水系统。从节能角度出发，宿舍、公共浴室的热水供应还是以定时供应为主。

分散系统：教学区用水为分散型，教学区公共卫生间洗手盆，教室、实验室及教师休息室内零散设置的洗手盆，可以配备分散式热水器[1]，供应盥洗热水。

系统分区：食堂、体育场（馆）的集中用水时段与宿舍、公共浴室有所不同，且运营、管理单元相对独立，宜单独设置热水供应系统。

热源系统的选择

生活热水系统的能源，宜利用余热、废热、太阳能等可再生能源；当采用太阳能时，宜采用可自动控制的其他辅助能源。

---

[1] 分散设置的燃气热水器、电热水器应安装在安全适当的位置，并应采取完善的措施保证用气、用电安全。

第十二章
给排水设计
给水系统
热水系统
排水系统
消防系统及安全措施
设计要点

太阳能热水系统

作为可再生能源，太阳能热水系统分为直接加热式和间接加热式两种。由于教育建筑属于用水重要建筑，对热水的使用要求比较高，因此不适宜采用直接加热的方式，而是选用间接加热并配置贮水罐（水箱）的系统，见图 12.2-1。尤其是洗浴高峰时，用水比较集中，全天用水量曲线极不均匀，因此设置贮水装置不仅有利于减少系统初期投资，而且能减轻太阳能加热装置的运行负荷，同时能提高生活热水系统供水的安全性。

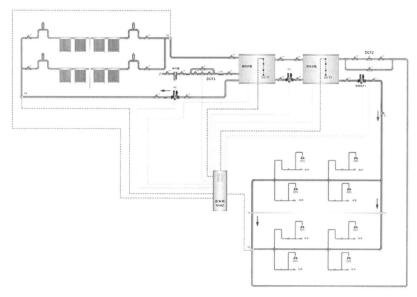

图 12.2-1 太阳能热水系统原理图[1]

空气源热泵热水系统

热泵热水机组（器）利用逆卡诺循环原理，通过压缩机运动，使工质发生相变，利用这一反复循环相变过程，从外界（空气、水等）吸热，向冷水中放热，使冷水逐步升温，制取的热水通过水循环系统送至用户，见图 12.2-2。

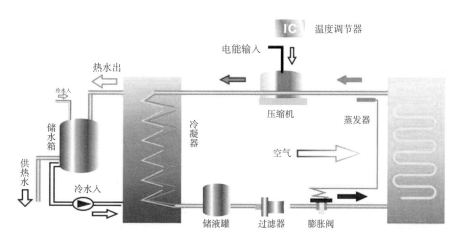

图 12.2-2 空气源热泵热水系统原理图[2]

---

[1] 太阳能热水系统原理图

[2] 空气源热泵热水系统原理图

第十二章
给排水设计
给水系统
热水系统
排水系统
消防系统及安全措施
设计要点

空气源热泵机组本身也有一定的局限性，主要缺点是供热能力和供热性能系数随室外温度降低而降低，不适用于寒冷地区。[1][2]

燃气热水炉

燃气热水炉依靠其专业的燃烧技术，智能点火控制程序，确保了安全高效的运行。热负荷模块化组合，实现较高的季节运行效率，避免能源浪费，见图12.2-3。

每台设备开启均在设计负荷下运作，不会存在热效率衰减现象，保持高效、节能运行，可作为太阳能热水系统及空气源热泵热水系统可靠的后继加热热源。

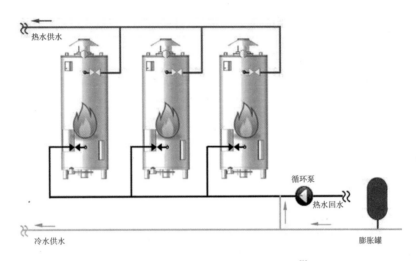

图 12.2-3　燃气炉水加热系统原理图 [3]

热交换器的选择

热水系统的水加热器优先采用无死区且效率较高的弹性管束、浮动盘管容积或半容积式水加热器。也建议采用半即热式或即热式热交换器配备热水贮水罐形式。使其热水供应系统水温始终保持在60℃以上区域进行供水，以避免军团菌滋生。[4]

热水制备设备不宜少于2台，当一台检修时，其余设备应能供应60%的设计用水量。

热水循环系统的选择

热水系统在任何用水点打开关后，宜10~15s内出热水。因此须设置循环系统。管道应采用同程布置的方式，并设循环泵，采取机械循环，干管、立管循环，同时宜有热水支管循环措施，如局部无法参与循环的管道，可设置电伴热；反之，热水支管应尽量缩短。

[1]　在冬季供暖计算温度 tw ≥−3℃的地区，空气源热泵大体上可以正常运行；而在 tw <−3℃的地区空气源热泵运行很困难。而在我国的"三北地区"，绝大部分地区的冬季供暖计算温度都要低于−3℃，这也正是空气源热泵无法在寒冷地区直接应用的原因。

[2]　空气源热泵热水供应系统设置辅助热源应按下列原则确定：最冷月平均气温不小于10℃的地区，可不设辅助热源；最冷月平均气温小于10℃且不小于0℃时，宜设置辅助热源。

[3]　燃气炉水加热系统原理图。

[4]　生活热水中在20 ~ 50℃，pH值5.0~8.5的水中最容易繁殖军团菌，因此世界卫生组织（WHO）推荐："热水应在60℃以上储存，并至少在50℃以上循环"。

第十二章

给排水设计

给水系统
热水系统
排水系统
消防系统及安全措施
设计要点

热水系统的关键阀件设置

幼儿园、托儿所设置集中热水供应系统时，应采用混合水箱单管供应定温热水系统。

盲校和弱智学校使用的淋浴间应采用单管固定温度的温水淋浴，聋哑学校的淋浴间宜采用脚踏式或扳手式开关控制。

平衡阀：为避免淋浴或水龙头出水温度不易调节造成人员烫伤，以及淋浴时忽冷忽热，冷、热水供水压力不平衡，当压差超过 0.20MPa，宜设置平衡阀。

混合水温控制装置：防止烫伤，建议在淋浴用水点设置混合水温控制装置；但使用水点最高出水温度在任何时间都不应大于 49℃，见图 12.2-4。

自动排气阀：热水管道系统最高点设置自动排气阀，避免系统堵气发生。

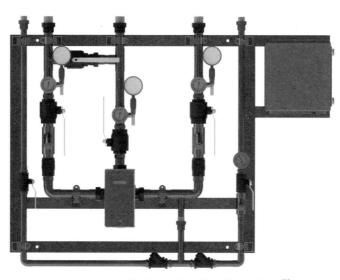

图 12.2-4　组合式混合水温控制装置示意图[1]

防止水质污染措施

为保证用水终端的水质符合现行国家生活饮用水水质标准的要求，一般的做法有：选用无滞水区的水加热设备，控制热水出水温度为 55 ~ 60℃；选用内表光滑不生锈、不结垢的管道及阀件，保证集中热水系统循环管道的循环效果；设置热水专用消毒措施；采用高温消毒措施。

开水系统

基础教育建筑应根据所在地区的生活习惯，设置开水供应系统。宿舍建筑内每层宜设置开水设施或开水间。

开水供应以分散制备为主，常采用小型电开水器，其使用灵活方便，可随时满足要求。由于存在着反复加热，破坏水中矿物质，容易结垢，水质二次污染等问题，电开水器宜选用净水型设备。[2]

开水器应有专人管理，应有防止热水误开启、防止烫伤的措施。

---

[1] 组合式混合水温控制装置示意图。

[2] 开水供应系统分为：分散制备供应、集中制备分散供应、集中制备管道供应等，考虑到基础教育建筑服务的适龄儿童自取开水的安全性，实际实施已分散式制备供应为主。

第十二章
给排水设计
给水系统
热水系统
排水系统
消防系统及安全措施
设计要点

直饮水供应系统

基础教育建筑必须为学生提供安全卫生、充足的饮用水以及相关设施，饮用水供应必须安全卫生，水质应符合国家现行标准《饮用净水水质标准》CJ94 的规定。[1]

直饮水供应设备分为末端处理整体式直饮水设备和管道直饮水系统。管道直饮水系统的设置应满足现行国家标准《管道直饮水系统技术规程》CJJ/T110 的相关要求；终端设备的设置应满足协会标准《公用终端直饮水设备应用技术规程》T/CECS468 的相关要求。教学区、体育场（馆）区的直饮水供应系统的设置应满足下列要求：

以自来水为源水的直饮水，应进行过滤和消毒处理；应设循环管道，循环回水应经消毒处理；

出水水嘴高度应便于盛器接水，当为中小学时，应根据使用区域学生身高确定；饮水器的喷嘴应倾斜安装并设有防护装置，喷嘴孔的高度应保证排水管堵塞时不被淹没；同组使用的喷嘴压力应一致；

饮水器应采用不锈钢、铜镀铬或瓷质、搪瓷制品，其表面应光洁易于清洗。

直饮水供应系统与开水系统相结合

末端处理整体式直饮水设备和管道直饮水系统的取水处一般和电开水器合建，以满足不同水温的饮水需求，方便检修和设置相关给排水管线。

---

[1] 直饮水一般有纯净水和优质水之分。纯净水多采用反渗透技术，几乎能除掉水中所有的无机盐类，而优质水则在去除有害物质的同时保留对人体有益的矿物质和微量元素。对于直饮水的选择需考虑用水群体的安全健康，同时兼顾用水经济的因素，推荐采用优质水及相关的处理工艺。

第十二章

给排水设计
给水系统
热水系统
排水系统
消防系统及安全措施
设计要点

排水体制

基础教育建筑室内生活排水系统一般采用污废合流，首层及首层以上的生活污水直接排至室外管网，地下室部分采用成品污水提升装置提升后排至室外污水管网。

局部区域污水需经处理后方可排至污水管网。其中食堂餐饮废水需经成品隔油器处理；化学实验室废水应排至室外酸碱中和池处理；用于教学实践的小动物饲养园区废水排放需设置消毒池处理。

室内排水管及通气管设置　　　　　　　　　　　　　　　表 12.3-1

1	排水立管应尽量设在靠近建筑外墙的地方，以免底层排出走管过长，影响地下室净高；无奈设在建筑中部的排水立管，应该利用当层没有横支管接入的机会，尽早向建筑外墙方向转换
2	通气立管尽量靠近排水横支管的起端，争取多根排水横支管共用一根通气立管
3	排水管不能穿越电气房间、宿舍、厨房操作台上方
4	裙房的通气立管宜在裙房出屋面，应远离空调新风口并在新风进口下风向，宜高出屋面不小于 2m

地漏设置要求 [1]　　　　　　　　　　　　　　　　　表 12.3-2

1	卫生间、盥洗室和空调机房等经常有水流的房间应设置地漏。地漏应设置在易溅水的器具附近地面的最低处
2	洗衣机位置应设置洗衣机专用地漏或洗衣机排水存水弯
3	厨房的操作间、公共浴室宜采用排水沟排水，当公共浴室采用地漏排水时，宜采用带网框地漏
4	对于空调机房等季节性地面排水，以及需要排放冲洗地面、冲洗废水的场所，如垃圾房、卸货场地等区域应采用可开启式密封地漏
5	化学实验室、药品室、准备室应设置密闭地漏
6	无水封、直通型地漏加存水弯，密闭地漏应设存水弯或间接排水；存水弯的水封不得小于 50mm，且不得大于 100mm，地漏的通水能力应满足地面排水的要求

同层排水设置　　　　　　　　　　　　　　　　　　　表 12.3-3

沿墙敷设	排水支管和器具排水管暗敷在非承重墙或装饰墙内时，墙体厚度或空间应满足排水管道和附件的敷设要求，宜为 205～220mm；当采用隐蔽式水箱时，应满足水箱的安装要求。 卫生器具的布置应便于排水管道的连接，接入同一排水立管的器具排水管和排水支管宜沿同一墙面或相邻墙面敷设。大便器、小便器应靠近排水立管布置，并选用挂便器。地漏宜靠近排水立管布置，并单独接入立管。 卫生间的建筑面层厚度应满足地漏的设置要求，并不宜小于 70mm。 淋浴房宜采用内置水封的排水附件，地漏宜采用内置水封的直埋式地漏
降板敷设	宿舍卫生间设置蹲便器必须降板时，降板高度应根据卫生器具的布置、降板区域、管径大小、管道长度、接管要求、使用管材等因素确定。[2] 降板区域应采取有效的防水措施

卫生间排水　　　　　　　　　　　　　　　　　　　　表 12.3-4

1	公共卫生间排水横管超过 10m 或大便器超过 3 个时宜采用环形通气管
2	卫生器具排水支管长度不宜超过 1.5m

---

[1] 地漏选用可参照行业标准《地漏》CJ/T186 附录 C。

[2] 降板敷设的同层排水存在较多防水隐患，在学校建筑中不推荐。

第十二章
给排水设计
给水系统
热水系统
排水系统
消防系统及安全措施
设计要点

排水系统管材选择		表 12.3-5
室内排水管	HDPE 静音管、聚丙烯静音排水管、柔性机制排水铸铁管[1]	
耐高温排水管	柔性机制排水铸铁管。（热水机房、洗衣房、厨房操作间等）	
实验室排水管	应采用耐腐蚀管材，一般可采用塑料管	

实验楼排水		表 12.3-6
1	实验室排水按污水性质、成分及污染的程度可以设置不同的排水系统。被化学杂质污染、含有有害有毒物质的污水应设置独立的排水管道，这些污水经局部处理或回收利用才能排入室外排水管网	
2	实验室由于化验盆、洗涤盆等卫生器具和其他用水设备数量较多且分散，所以相应的室内排水支管、干管也较多，因此实验室内管道布置时，要求管道能相对集中，排放整齐，使施工安装和操作维修方便；管道转外较多，以减少管内阻塞的可能性；主管道要尽量靠近设备排水量很大、杂质较多的排水点设置；介质在管道内要有良好的水力条件	
3	管道敷设一般是尽量能沿墙、柱、墙角、柱脚、吊顶内、走廊等设置；管道应尽量避免穿越放置有精密仪器、仪表、电气设备等的房间或卫生要求较高的房间。在化学实验室、纯水室等应设置地漏，以保证水管爆裂、水龙头跑水等特殊情况发生时能够及时排水，防止实验室被浸泡、危及仪器设备安全	

实验室废水处理

基础教育建筑教学实验室废水主要为有机合成实验室实验器皿洗涤废水和少量实验溶剂废水。因此废水主要污染物为 COD_{Cr}、BOD_5、SS、盐酸和盐分超标。

该废水需单独收集，应设置专用处理水池（酸碱中和池）定期处理。处理工艺流程如下：

药剂
↓
实验室废水→贮水池→反应→沉淀→上清液→排放
↓
污泥→委托处理

工艺流程说明：加碱调 pH 值综合沉淀或采用硫化物沉淀处理，加药后用潜水泵抽取池中的废水进行自循环搅拌，使其充分搅拌，充分反应，生成溶度积很小的金属氧化物或硫化物沉淀。

---

[1] 铸铁排水管应符合现行国家标准《排水用柔性接口铸铁管、管件及附件》GB/T12772 的要求。

第十二章
给排水设计
给水系统
热水系统
排水系统
消防系统及安全措施
设计要点

消防系统设计

中小学所在的区域总是防火工作要求关注的重点区域之一，中小学校、幼儿园是中小学生、幼儿学习和生活的主要场所，也是未成人大量聚集的特殊场所。他们年龄小，自我保护、救护能力差，所以做好校园消防系统设计尤为重要，消防系统设计应该合理，可靠。

消防系统设置要求　　表 12.4-1

规范名称	具体条文
《建筑设计防火规范》GB 50016-2014（2018 年版）	8.2.1.3　体积大于 5000m³ 的图书馆建筑应设置室内消火栓
	8.2.1.5　建筑高度大于 15m 或体积大于 10000m³ 的教学建筑应设置室内消火栓
	8.3.4　除本规范另有规定和不宜用水保护或灭火的场所外，下列单、多层民用建筑或场所应设置自动灭火系统。 1. 超过 2000 个座位的会堂或礼堂，超过 3000 个座位的体育馆，超过 5000 人的体育场的室内人员休息室与器材间； 3. 设置送回风道（管）的集中空气调节系统且总建筑面积大于 3000m² 的办公建筑等； 5. 大、中型幼儿园
《建筑灭火器配置设计规范》GB50140-2005	体育场（馆），会堂、礼堂的舞台及后台部位，幼儿住宿床位在 50 张及以上的幼儿园，学生住宿床位在 100 张及以上的学校集体宿舍建筑灭火器配置为严重危险级；幼儿住宿床位在 50 张以下的幼儿园，学生住宿床位在 100 张以下的学校集体宿舍，学校教室、教研室为中危险级
《托儿所、幼儿园建筑设计规范》JGJ39-2016	6.1.10　当设置消火栓灭火设施时，消防立管阀门布置应避免幼儿碰撞，并应设置防止幼儿接触的保护措施
《中小学校设计规范》GB 50099-2011	10.2.7 室内消火栓箱不宜采用普通玻璃门

室内消火栓系统设置　　表 12.4-2

设置要求	消火栓布置应保证同层 2 股充实水柱同时到达任何位置
设置位置	消火栓的首选位置是楼梯出口附近
特殊要求	消防立管阀门布置应避免幼儿碰撞，并应设置防止幼儿接触的保护措施。托儿所、幼儿园消火栓应暗装设置。 室内消火栓箱不宜采用普通玻璃门

喷淋系统设置　　表 12.4-3

喷头形式	宿舍宜采用家用型喷头。 少儿、残疾人的集体活动场所宜采用快速响应型喷头
特殊要求	餐厅建筑面积大于 1000m² 的餐馆或食堂，其烹饪操作间的排油烟罩及烹饪部位应设置自动灭火装置，并应在燃气或燃油管道上设置与自动灭火装置联动的自动切断装置

气体灭火系统的设置

学校的变配电室，不宜用水消防的贵重设备房，如信息中心（网络）机房等部位应设置气体灭火系统；可采用全淹没预制式七氟丙烷灭火系统或局部全淹没的火探管式自动探火及灭火系统。

第十二章

给排水设计

给水系统
热水系统
排水系统
消防系统及安全措施
设计要点

安全措施 表 12.4-4

供水水质	生活用水水质应符合现行国家标准《生活饮用水卫生规程》GB5749 的有关规定
	二次供水工程应符合现行国家标准《二次供水工程技术规程》CJJ140 的有关规定
	管道直饮水系统的设置应满足现行国家标准《管道直饮水系统技术规程》CJJ/T110 的相关要求
	集中热水供应系统应设消灭致病菌的措施或消毒措施
供水水压	化学实验室给水水嘴的工作压力大于 0.02MPa，急救冲洗水嘴的工作压力大于 0.01MPa 时，应采取减压措施
热水使用安全	盲校和弱智学校、幼儿园、托儿所应采用单管固定温度的温水淋浴；淋浴用水点设置混合水温控制装置，防止烫伤
	饮用开水器应有专人管理，应有防止热水误开启、防止烫伤的措施。托儿所、幼儿园建筑的开水炉应设置在专用房间内，并应设置防止幼儿接触的保护措施
室外工程	室外检查井应按相关规范要求设置防人员跌落措施
	室外埋地的雨水收集池、地下水处理机房、地下污水处理机房、化粪池等的检查井、人员出入口、设备吊装井等应有防止人员跌落、误入的措施
游泳池	基础教育学校的游泳池、游泳馆内不得设置跳水池，且不宜设置深水区 [1]

---

[1] 泳池设计应符合现行国家标准《建筑给水排水设计规范》GB50015 及《游泳池给水排水工程技术规程》CJJ122 的有关规定。

第十二章
给排水设计
给水系统
热水系统
排水系统
消防系统及安全措施
设计要点

给水排水专业设计要点　　　　表 12.5-1

1	基础教育建筑应选择与其等级和规模相适应的用水器具、设备
2	在寒冷及严寒地区的中小学校中，教学用房的给水引入管上应设泄水装置。有可能产生冰冻的给水管道应有防冻措施
3	基础教育建筑各类用水水质要求详见表格 12.4-4
4	基础教育学校的用水器具和配件应采用节水性能良好、坚固耐用，且便于管理维修的产品
5	实验室化验盆排水口应装设耐腐蚀的挡污篦，排水管道应采用耐腐蚀管材
6	基础教育学校的植物栽培园、小动物饲养园和体育场地应设洒水栓及排水设施
7	基础教育学校应根据所在地的自然条件、水资源情况及经济技术发展水平，合理设置雨水收集利用系统。雨水利用工程应符合现行国家标准《建筑与小区雨水利用工程技术规范》GB 50400 的有关规定
8	基础教育学校应按当地有关规定配套建设中水设施。当采用中水时，应符合现行国家标准《建筑中水设计规范》GB50336 的有关规定

建设项目拟采取的防治措施　　　　表 12.5-2

类型	排放源	污染物	防治措施
水污染物氨氮	生活污水	COD_{Cr}、氨氮	中水站处理后回用
	游泳馆废水	COD_{Cr}	
	食堂废水	COD_{Cr}、氨氮、动植物油	隔油池处理后经化粪池处理后经市政污水管网排入污水厂
	实验室废水	COD_{Cr}、氨氮	经化酸碱中和池处理后经市政污水管网排入污水厂
	实验废液	废液	交由有资质的单位无害化处置
固体废弃物	师生生活	生活垃圾	由环卫部门定期清运
	食堂	餐厨垃圾	交由有资质的单位处置
	中水站	废活性炭	供应商回收
	中水站	污泥	环卫部门定期清理
	实验室	废玻璃、废包装品	交由有资质的单位无害化处置

集中热水供应系统的消毒措施及要求　　　　表 12.5-3

1	目前推荐的生活热水系统消毒装置有两项：银离子消毒器、紫外光催化二氧化钛（AOT）消毒装置
2	采用系统或阀件对热水系统中热水定期升温至约 60～70℃，可 2～30 分钟内杀死系统内的致病菌
3	供给热水系统的冷水系统设有二次消毒设备者，热水系统仍应设置灭菌消毒设施或采取消毒措施

实验楼给排水

实验、安全消防以及实验操作后洗手、洗涤仪器都需要用水。要求实验室有良好的供水排水条件，需要达到下列要求：水质好，压力足，水量大，有足够的供水水嘴和供水设备，任何时间都能保证满足所有实验室连续用水的需要。

从给水干管引入实验室的每根支管上，应装设阀门。实验室水管管径的选择视用水量大小而定，安装水管的接口、开关和水龙头应密闭不漏水。供水水嘴最好同时安装两种。一种是长

第十二章

给排水设计
给水系统
热水系统
排水系统
消防系统及安全措施
设计要点

颈的，专供洗涤仪器用，如滴定管，出水嘴应尖而小；一种是短颈的。选配水嘴时注意不用普通的家用铁水嘴，而应用带金属索节的铜芯水嘴。长颈水嘴的控制阀应安装铜球阀。铜芯水嘴和铜球阀应选用加工精细，不易磨损，不易漏水的产品。

使用和清洗仪器设备的废水应设计专门的排废水沟排放。室内水沟的排布要相对集中，排列整齐，以利施工和维护；排水沟转弯要少，沟底要有一定坡度，避免沟内积水。为防止酸、碱等废液腐蚀，进水管道不能放在排水沟里。为维护、检修方便，应采用盖板明沟排水。

实验室污水及废水的最大小时流量和设计秒流量，应按工艺要求确定。排出有毒和有害物质的污水，应与生活污水及其他废水废液分开；对于较纯的溶剂废液或贵重试剂，宜在技术经济比较后回收利用。

[第十三章] 供暖空调通风设计

设计计算参数（中小学校）[1]

供暖设计温度　　　　　　　　　　　　　　　　　　表 13.1-1

房间名称		室内设计温度（℃）
教学及教学辅助用房	普通教室、科学教室、实验室、史地教室、美术教室、书法教室、音乐教室、语言教室、学生活动室、心理咨询室、任课教室办公室	18
	舞蹈教室	22
	体育馆、体质测试室	12 ~ 15
	计算机教室、合班教室、德育展览室、仪器室	16
	图书室	20
行政办公用房	办公室、会议室、值班室、安防监控室、传达室	18
	网络控制室、总务仓库及维修工作间	16
	卫生室（保健室）	22
生活服务用房	食堂、卫生间、走道、楼梯间	16
	浴室	25
	学生宿舍	18

空气调节室内设计计算参数　　　　　　　　　　　　表 13.1-2

房间名称	夏季		冬季	
	温度（℃）	相对湿度（%）	温度（℃）	相对湿度（%）
教室、办公室	26 ~ 28	≤ 65	16 ~ 18	—
礼堂	26 ~ 28	≤ 65	16 ~ 18	—

主要房间人员所需新风量　　　　　　　　　　　　　表 13.1-3

房间名称	人均新风量（m³/(h·人)）
普通教室	20
化学、物理、生物实验室	20
语言、计算机教室、艺术类教室	20
合班教室	20
保健室	38
学生宿舍	20

注：人均新风量是指人均生理所需新风量与排除建筑污染所需新风量之和，其中单位面积排除建筑污染所需新风量按 1.1m³/（h·m²）计算。参照《中小学校教室换气卫生要求》GB/T17226-2017 的规定，人员新风量标准不宜低于 20m³/（h·人）。

采用换气次数确定室内通风量时，各主要房间的最小换气次数标准　　　表 13.1-4

房间名称		换气次数（次/h）
普通教室	小学	2.5
	初中	3.5
	高中	4.5
实验室		3.0
风雨操场		3.0
厕所		10.0
保健室		2.0
学生宿舍		2.5

---

[1] 《中小学校设计规范》，GB50099-2011。

设计计算参数（托儿所、幼儿园）[1]

供暖设计温度（托儿所、幼儿园）　　　　表 13.1-5

房间名称	室内设计温度（℃）
活动室、寝室、喂奶室、保健观察室配奶室、晨检室（厅）、办公室	20
乳儿室	24
盥洗室、厕所	22
门厅、走廊、楼梯间、厨房	16
洗衣房	18
淋浴室、更衣室	25

空气调节室内设计计算参数　　　　表 13.1-6

房间名称	夏季		冬季	
	温度（℃）	相对湿度（%）	温度（℃）	相对湿度（%）
活动室、寝室、喂奶室、保健观察室、配奶室、晨检室、办公室	25	40 ~ 60	20	30 ~ 60
乳儿室	25	40 ~ 60	24	30 ~ 60

主要房间人员所需新风量　　　　表 13.1-7

房间名称	人均新风量（m³/（h·人））
活动室	20
寝室	20
保健观察室	38
多功能活动室	20

采用换气次数确定室内通风量时，各主要房间的最小换气次数标准　　　　表 13.1-8

房间名称	换气次数（次/h）
活动室	3.0
寝室	3.0
厕所	10.0
多功能活动室	3.0

适用于基础教育类建筑的供暖空调系统形式

严寒或寒冷地区冬季供暖系统宜采用集中式供暖系统，主要有以下形式：

1. 散热器热水供暖系统

采用闭式机械循环系统，其形式分为垂直双管系统、垂直单管跨越式系统、水平双管系统等。供暖设计供水温度不宜高于 85℃。图 13.1-1 为采用双管系统的教室供暖平面图，末端为散热器。

2. 低温热水地面辐射供暖系统

适用于舒适度要求较高或不便于设置散热器的场所，如泳池、中庭等。

---

[1] 《托儿所、幼儿园建筑设计规范》，JGJ39-2016。

13.1 供暖空调通风设计·概述

第十三章
供暖空调
通风设计
概述
系统设计特点
设计要点

空调系统一般分为集中式、半集中式和分散式等，主要有以下一些具体形式：

1. 集中空调冷热源＋风机盘管＋新风机组

可采用空气源热泵机组、集中式水（地）源热泵系统、适用于使用时间较为统一的教学楼等场合。集中冷热源可采用空气源热泵机组、集中式水（地）源热泵系统、水冷冷水机组＋换热机组、蓄冷蓄热系统等。

2. 变频变冷媒多联空调＋新风机组或全热回收换气机组

适用于多个教室、实验室等在使用时间上有较大差异、要求各个房间能独立使用及调节、采用合理的运行方式可节约运行费用的场合。图 13.1-2 为一个典型教室空调平面图，空调末端可以是多联空调室内机或风机盘管等。

3. 分体式热泵空调机

适用于普通教室或教室休息室及建造标准要求不高的场合。

4. 单元式可接风管型空调机（整体式或分体式）

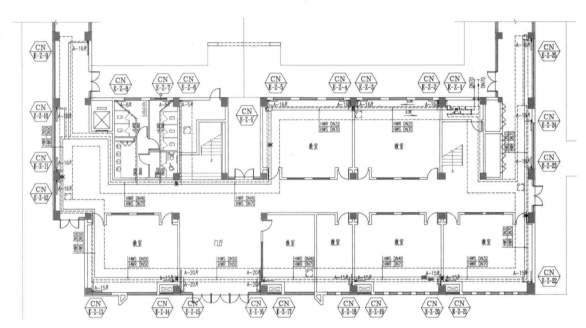

图 13.1-1　教室供暖平面图[1]

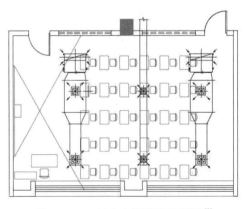

图 13.1-2　教室空调通风平面图[2]

[1][2]　作者自绘。

供暖系统设计特点

1.严寒或寒冷地区的基础教育建筑，均需设计集中热水供暖系统，水温一般为 95℃ /70℃、85℃ /60℃等。室内设计温度为：主要房间 18℃ ~ 20℃，辅助房间 12℃ ~ 16℃。

2.供暖系统的热源，一般为城市或区域集中热网提供的高温热水，经校区换热站换热后的供暖热水（不超过 95℃），分别独立供应各个单体或组团。校区规模较小时，可全校园集中设置一个换热站；校区规模较大时，宜分区或分片设置几个换热站，将供暖管网规模控制在适当的范围内。每个单体的内部供暖系统的循环距离较短，热损耗和阻力较小，便于调节维护及运行管理。如无市政或区域供热，也可在满足安全要求的前提下通过设集中热水锅炉房解决。

3.散热器供暖系统按照干管的位置不同，分为不同的系统。

基础教育类建筑，除了办公室、走道、休息厅等公共区域设有吊顶外，其他教室、实验室等一般均不设置吊顶。为避免顶层出现大量的供暖干管，从美观等角度考虑，宜采用垂直双管下供下回系统（图 13.2-1）。每组散热器设有温控阀且满足水力平衡要求时，该系统可不受楼层高度限制。

4.游泳馆、舞蹈教室等舒适度要求较高的场所，可设置低温热水地面辐射供暖系统（图13.2-2）；教室、实验室等房间设有书桌和沉重设备，容易破坏地暖系统的管道，且设备的遮挡会影响地暖系统的有效散热量；采用塑胶地面的风雨操场等，地暖系统的地面温度高，会缩短塑胶地面的使用寿命[1]；多功能厅、报告厅等设有台阶及密集座椅，布置地暖盘管有困难。因此以上这些场所不宜采用地板辐射供暖系统。

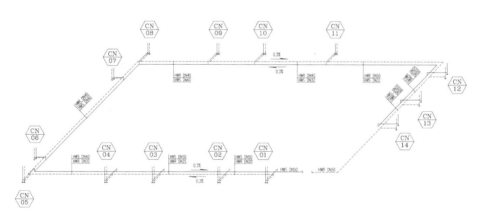

图 13.2-1　垂直双管下供下回供暖系统轴侧图[2]

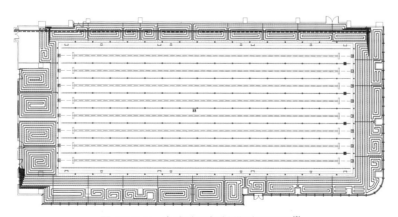

图 13.2-2　泳池地面辐射供暖平面图[3]

---

[1]《关于中小学采暖空调设计的几点思考》，《暖通空调》，2013（s1）: 40-43，作者：樊燕 徐征。

[2][3]　作者自绘。

空调通风系统设计特点

1. 基础教育建筑的负荷特点为，一年中最冷和最热的季节，学校均为假期，因此应根据当地室外气象条件确定是否设置空调系统。严寒地区、温和地区一般不考虑夏季防热，可不采用空调系统；部分寒冷地区、夏热冬冷地区、夏热冬暖地区，则建议设置空调系统。以长江中下游地区为例，六月为梅雨季，温度高湿度大，体感舒适度很差，严重影响学生学习效率，因此应设置空调系统。

2. 最热月平均室外气温大于和等于25℃地区的托儿所、幼儿园建筑，宜设置空调设备或预留安装条件。

3. 校区的规模一般较大，且寒暑假期间人员较少，各单体的空调系统运行方式和时间各不相同。近年来新建的基础教育建筑，有一些开始采用走班制的教学模式，教室的空调使用要求和时段并不固定。因此，空调系统宜采用分区设计小规模集中系统的形式，或分单体建筑、单独房间独立设置。

4. 在一些人员密集场所，如教室、多功能厅等，设置空调系统的新、排风量都很大，应采用热回收技术，设置全热交换机组或热回收新风机组，在满足风量平衡的前提下，达到节能的效果。图13.2-3为采用热回收新风机组的教室空调通风。

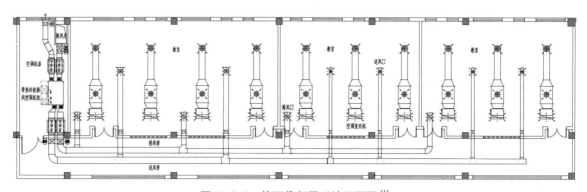

图 13.2-3 热回收新风系统平面图[1]

5. 应充分认识到自然通风的重要性。为满足由于人员密集而需补充的大量新风及过渡季节利用自然通风冷却的要求，应特别注重自然通风所需的建筑构造设计。教室不设置空调时，仍然需要安装吊扇，以较小的机械能耗，达到空气流通和帮助换气的目的。

6. 化学、生物实验室会有污染物产生，应采用机械排风的方式，包括全面排风和局部排风（图13.2-4），补风以自然补风为主，在不利情况下考虑机械补风。

7. 考虑到校园景色和建筑物的美观，在创造一个安全、宁静和舒适的学习环境的前提下，暖通空调设备应尽可能隐蔽，并与建筑设计风格相协调。应重视机械设备的噪声和振动的控制，尽量减少噪声对室内环境的影响。

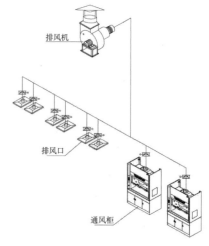

图 13.2-4 实验室排风示意图[2]

8. 主要设备宜考虑标准化配置，设计选型的标准宜尽量统一，减少运行维护成本。

---

[1][2] 作者自绘。

供暖系统设计要点

1. 供暖地区学校的供暖系统热源宜纳入区域集中供热管网。无条件时宜设置校内集中供暖系统。非供暖地区，当舞蹈教室、浴室、游泳馆等有较高温度要求的房间在冬季室温达不到规定温度时，应设置供暖设施。

2. 集中供暖系统应以热水为供热介质，其供暖设计供水温度不宜高于85℃。

3. 供暖系统应实现分室控温：宜有分区或分层控制手段。

4. 严寒、寒冷地区的宿舍建筑应设置供暖设施，宜采用集中供暖，并按连续供暖设计，且应有热计量和室温调控装置；当采用集中供暖有困难时，可采用分散式供暖。

5. 设置集中供暖的通廊式宿舍的走廊和楼梯间宜设供暖设施。

6. 舞蹈教室的散热器必须暗装或加防护罩。

7. 托儿所、幼儿园建筑采用低温地面辐射供暖方式时，地面表面温度不应超过28℃；当采用散热器供暖时，散热器应暗装；与其他建筑共用集中热源时，宜设置过渡季供暖设施。

8. 供暖系统应设置热计量装置，并应实现分室控温。

空调通风系统设计要点

1. 空调冷热源形式应根据所在地的气候特征、能源资源条件及其利用成本，经技术经济比较确定。当具备条件时，优先利用可再生能源作为冷热源。

2. 计算机教室、视听阅览室及相关辅助用房宜设空调系统。网络控制室应单独设置空调设施，其温、湿度应符合现行国家标准《数据中心设计规范》GB50174-2017的有关规定。

3. 应采取有效的通风措施，保证教学、行政办公用房及服务用房的室内空气中CO_2的浓度不超过0.10%。在各种有效通风设施选择中，应优先采用有组织的自然通风设施。

4. 除化学、生物实验室外的其他教学用房及教学辅助用房的。

通风应符合下列规定：

1）非严寒与非寒冷地区全年，严寒与寒冷地区除冬季外应优先采用开启外窗的自然通风方式；

2）严寒与寒冷地区于冬季，条件允许时，应采用排风热回收型机械通风方式；

3）严寒与寒冷地区于冬季采用自然通风方式时，应符合下列规定：

①宜在外围护结构的下部设置进风口；

②在内走道墙上部设置排风口或在室内设附墙排风道（图13.3-1），此时排风口应贴近各层顶棚设置，并应可调节；

③进风口面积不应小于房间面积的1/60；当房间采用散热器采暖时，进风口宜设在进风能被散热器直接加热的部位；

④当排风口设于内走道时，其面积不应小于房间面积的1/30；当设置附墙垂直排风道时，其面积应通过计算确定；

⑤进、排风口面积与位置宜结合建筑布局经自然通风分析计算确定。

5. 化学与生物实验室、药品储藏室、准备室的通风设计应符合下列规定：

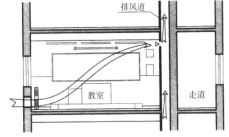

图13.3-1 教室自然通风图示[1]

---

[1] 摘自（11J934-1）《〈中小学校设计规范〉图示》。

1）采用机械排风通风方式。最小通风效率应为 75%。各教室排风系统及通风柜排风系统均应单独设置；

2）补风方式应优先采用自然补风，条件不允许时，可采用机械补风；

3）室内气流组织应根据实验室性质确定，化学实验室宜采用下排风；

6. 化学与生物实验室、药品储藏室、准备室的通风设计应符合下列规定：

1）采用机械排风通风方式。最小通风效率应为 75%。各教室排风系统及通风柜排风系统均应单独设置；

2）补风方式应优先采用自然补风，条件不允许时，可采用机械补风；

3）室内气流组织应根据实验室性质确定，化学实验室宜采用下排风；

4）强制排风系统的室外排风口宜高于建筑主体，其最低点应高于人员逗留地面 2.50m 以上；

5）进、排风口应设防尘及防虫鼠装置，排风口应采用防雨雪进入、抗风向干扰的风口形式。

7. 化学实验室的外墙至少应设置 2 个机械排风扇，排风扇下沿应在距楼地面以上 0.10 ~ 0.15m 高度处。在排风扇的室内一侧应设置保护罩，采暖地区应为保温的保护罩。在排风扇的室外一侧应设置挡风罩。实验桌应有通风排气装置，排风口宜设在桌面以上。药品室的药品柜内应设通风装置。

8. 在夏热冬暖、夏热冬冷等气候区，当教学用房、学生宿舍不设空调且在夏季通过开窗通风不能达到基本热舒适度时，应按下列规定设置电风扇：

1）教室应采用吊式电风扇。各类小学中，风扇叶片距地面高度不应低于 2.80m；各类中学中，风扇叶片距地面高度不应低于 3.00m（图 13.3-2）。

2）学生宿舍的电风扇应有防护网。

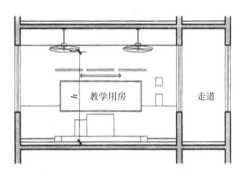

注：小学教育 $h \geqslant 2.80m$，中学教室 $h \geqslant 3.00m$。

图 13.3-2 教室电风扇设置图示 [1]

9. 严寒地区的居室应设置通风换气设施。

10. 托儿所、幼儿园的幼儿用房应有良好的自然通风，其通风口面积不应小于房间地板面积的 1/20。夏热冬冷地区的幼儿用房应采取有效的通风措施。

11. 托儿所、幼儿园建筑当采用集中空调系统或集中新风系统时，应设置空气净化消毒装置和供风管系统清洗、消毒用的可开闭窗口。当采用分散空调方式时，应设置保证室内新风量满足国家现行卫生标准的装置。

12. 新风净化系统的设计可参照以下标准执行：《民用建筑新风系统工程技术规程》CECS439-2016、《新风净化系统施工质量验收规范》T/CAQI25-2017、《中小学教室空气质量测试方法》

---

[1] 摘自（11J934-1）《〈中小学校设计规范〉图示》。

T/CAQI26-2017、《中小学教室空气质量标准》T/CAQI27-2017、《中小学新风净化系统设计导则》T/CAQI28-2017、《中小学教室空气质量管理指南》T/CAQI29-2017、《中小学新风净化系统技术规程》T/CAQI30-2017、《室内空气质量在线监测系统技术要求》T/CAQI31-2017。

特殊学校暖通设计要点

1. 化学实验室应设排气扇或在实验台面上设置桌面排气装置。

2. 烹饪实习教室室内应有良好的通风及排风措施，对操作时灶具处所产生的油烟、蒸汽应做到安全有效地排出。

3. 严寒及寒冷地区的冬季供暖，宜采用集中热水供暖系统。

4. 教学楼及学生宿舍冬季设备供暖设计温度应符合下列规定：

1）聋学校供暖设计温度应为 16℃ ~ 18℃；盲学校、弱智学校的普通教室供暖设计温度不应低于 18℃；

2）盲学校的按摩教室，冬季的室内供暖设计温度不宜低于 22℃。

5. 盲学校、弱智学校可选用地板辐射供暖；当使用普通铸铁或钢散热器时，必须暗藏或设暖气罩。

6. 夏热冬冷地区教室内应保证开窗通风时，气流应经教室中心区域，或设置空调。

7. 严寒及寒冷地区，冬季室内换气次数不应低于下表规定。

表 13.3-1

房间名称	换气次数（次 /h）
普通教室、实验室	1
保健室	2
学生宿舍	2.5

8. 各种教学用房的换气、通风应符合下列规定：

1）夏热地区应采用开窗通风的方式，而温和地区应采用开窗与小气窗相结合的方式；

2）寒冷和严寒地区可采用在教室外墙和过道开小气窗或室内做通风道的换气方式；小气窗设在外墙时，其面积不应小于房间面积的 1/60；小气窗开向过道时，其开启面积应大于设在外墙上的小气窗的 2 倍；当在教室内设通风道时，其换气口设在顶棚内或内墙上部，并安装可开关的活门；

3）室内二氧化碳浓度应低于 1.5‰。

动力系统设计要点

1. 学校厨房、锅炉房等在使用燃气时，应按照安全、消防的要求，设计气瓶储藏间和燃气管道，燃气引入管应设手动快速切断阀和紧急自动切断阀，紧急自动切断阀停电时必须处于关闭状态；用气房间应设置燃气浓度监测报警器，并由管理室集中监视和控制，并应设置烟气一氧化碳浓度监测报警器；用气设备应具有泄漏报警装置和熄火保护装置。

2. 厨房、锅炉房等使用燃气的场所，均应保持良好的通风，并设有独立的排烟风道。锅炉房设计应严格执行《锅炉房设计规范》GB50041-2008 的相关要求。

3. 设置在地下室、半地下室（液化石油气除外）和地上密闭房间的用气设备，应设置独立的送排风系统，正常工作时，换气次数不应小于 6 次 /h；事故通风时，换气次数不应小于 12 次 /h；不工作时换气次数不应小于 3 次 /h。

CHAPTER

14

[第十四章] 绿色建筑

基本概念

绿色建筑设计是在设计中采用可持续发展的技术措施，在满足建筑结构安全和使用功能的基础上，实现建筑全寿命周期内的资源节约（节能、节地、节水、节材）、保护环境、减少污染，为人们提供健康、适用和高效的使用空间。

中小学校的绿色设计应追求在建筑全寿命周期内，实现环境效益和经济效益的和谐统一。选择最适宜的建筑形式、技术、设备和材料，并注重地域性特点，着力营造自然、和谐、健康、舒适的校园环境。

评价标准 [1]

一般按照国标《绿色建筑评价标准》。如有地方标准，则采用各省的《绿色建筑评价标准》。评价指标体系由节地与室外环境、节能与能源利用、节水与水资源利用、节材与材料资源利用、室内环境质量、施工管理、运用管理 7 类指标组成。每类指标均包括控制项和评分项。评价指标体系还统一设置加分项。

设计评价时，不对施工管理和运营管理 2 类指标进行评价，但可预评相关条文。运行评价应包括 7 类指标。

绿色建筑分为一星级、二星级、三星级 3 个等级。3 个等级的绿色建筑均应满足本标准所有控制项的要求，且每类指标的评分项得分不应小于 40 分。当绿色建筑总得分分别达到 50 分、60 分、80 分时，绿色建筑等级分别为一星级、二星级、三星级。

评价指标——节地与室外环境设计

主要内容：场地选址、场地规划与设计、室外环境。

主要措施：

1. 良好的日照、风环境、声环境、光环境、热环境、绿化环境

（1）托儿所、幼儿园生活用房，中小学普通教室等空间。建筑布局要考虑合理的朝向，以便该类房间拥有良好的日照。见图 14.3-1。

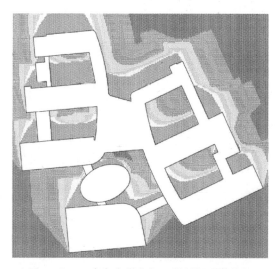

图 14.3-1　青岛中学九年一贯制部日照分析

---

[1] 《绿色建筑评价标准》GB/T50378-2014。

　　本页图表均为作者自绘，照片为聘请摄影师拍摄。

14.1–14.3　绿色建筑·评价指标

第十四章

绿色建筑
基本概念
评价标准
评价指标
绿色校园评价

（2）中小学校的总平面设计应根据学校所在地的冬夏主导风向合理布置建筑物及构筑物，可采用模拟计算软件对场地风环境状况进行模拟分析，使建筑布局有利于人体活动的舒适性和自然通风。减少气流对区域微环境的不利影响，降低室外热岛效应，实现低能耗通风换气。

（3）学校周边及教学区的声环境质量应符合现行国家标准《民用建筑隔声设计规范》GB50118的有关规定。

（4）各类教室的外窗与相对的教学用房或室外运动场地边缘间的距离不应小25m。见图14.3-2。

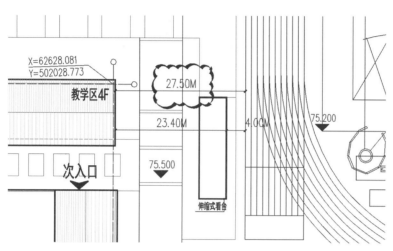

图14.3-2　青州中学总平面图（局部）

（5）托儿所、幼儿园，中小学校内：不应有高压输电线、燃气、输油管道主干道等穿过。

（6）中小学校的绿化用地宜包括集中绿地、零星绿地、水面和供教学实践的种植园及小动物饲养园。合理配置绿化植物，有利于防止太阳辐射，改善室外热环境，还能吸收噪音，抵挡风沙。

2.地上地下空间开发利用强度的合理控制

合理利用地下空间，结合下沉庭院，绿坡等措施，优化地下室外环境。见图14.3-3 ~ 图14.3-5。

图14.3-3　青岛中学九年一贯制部（照片）

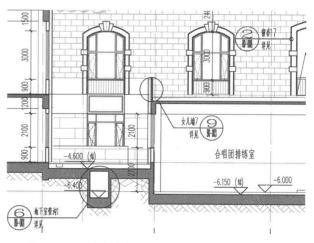

图14.3-4　青岛中学九年一贯制部立剖面图（局部1）

第十四章
绿色建筑
基本概念
评价标准
评价指标
绿色校园评价

图 14.3-5 青岛中学九年一贯制部立剖面图（局部 2）[1]

3. 便捷的交通和配套服务设施

托儿所、幼儿园不应与大型公共娱乐场所、商场、批发市场等人流密集的场所相毗邻；

中小学校周边应有良好的交通条件，有条件时宜设置临时停车场地。与学校毗邻的城市主干道应设置适当的安全设施，以保障学生安全跨越；

学校的规划布局应与生源分布及周边交通相协调。应远离殡仪馆、医院的太平间、传染病院等建筑。

4. 对场地雨水的规划利用

通过建筑、景观、道路及市政等专业的配合，结合海绵城市低影响开发的要求。对雨水径流总量控制、污染物控制、雨水资源化利用进行全面统筹规划。

评价指标——节能与能源利用

主要内容：建筑热工节能设计、通风供暖系统、自然采光和照明设计、可再生能源利用。

主要措施：

1. 建筑与围护结构节能

控制建筑窗墙比和屋顶中庭的透明部分面积；屋面采用浅色面层，如热反射涂料；设置种植屋面等措施，有效改善室内的热舒适性。

在夏季需要防热地区，通过挑檐、百叶、格栅等细部的设计，可以达到通风、隔热和优化采光等多重效益。在冬季需要保温地区，通过对梁柱楼板和外墙连接处的保温构造设计，防止产生结露现象。在湿热地区，可通过在建筑底层和顶层设计通风架空层，通过空气流动带走热量。

中小学建筑平面设计时，应考虑有利于冬季日照，夏季有利于自然通风。建筑主要采用南北向布置，减少东西向开窗，在温暖和炎热地区可采用南向外廊布置，起到很好的遮阳作用。

2. 能耗独立分项计量

设置校园能耗管理系统，对电、水、冷热量、燃气的用量参数进行计量和监测，并与上级公共建筑能耗监测系统数据库联网。

能耗系统以建筑单体、楼层、功能分区、负荷类型为单位设置能耗计量装置，满足分户计量、分类计量的要求。例如耗电量的考核中包括如下分项能耗：空调用电、动力用电、照明插座用电和特殊用电。

---

[1] 本页图表均为作者自绘。

第十四章

绿色建筑
基本概念
评价标准
评价指标
绿色校园评价

通过建立实时能耗数据采集系统，可以对设备能耗情况进行监视，提高整体管理水平，并找出低效率运转的设备，找出能源消耗异常，降低峰值用电水平。该系统的最终目的是通过数据统计和分析，降低能源消耗，节省学校管理成本。

3. 暖通空调系统选择和优化

冷热源的选择需结合建筑的负荷特点、当地能源、资源、气候、设备性能、能耗等方面，通过技术经济比较而合理确定。

采用集中供暖或集中空气调节系统的建筑，其冷热源设备的性能参数比当地现行公共建筑节能标准的基本要求高一个等级；采用房间空气调节器的建筑，房间空气调节器的能效比不低于现行国家标准《房间空气调节器能效限定值及能效等级》GB12021.3 的 2 级要求。

通风空调系统风机的单位风量耗功率和冷热水系统的输送能效比符合现行国家和地方的公共建筑节能标准相关规定；集中热水供暖系统热水循环水泵的耗电输热比符合现行国家和地方的公共建筑节能标准相关规定。

对于集中供暖或空调的教学实验用房，在确定供暖或空调负荷时，考虑学生寒暑假期间使用率较低的影响，在设备选型时对负荷进行修正。

4. 过渡季节节能措施

在过渡季当房间有供冷需要时，应优先利用室外新风供冷或冷却塔免费供冷。过渡季全新风和冷却塔免费供冷技术，应通过经济性计算的结果来判断是否采用。在严寒、寒冷地区冬季利用冷却塔免费供冷时，应注意采取防冻措施。

5. 部分负荷、部分空间使用节能措施

空调、供暖系统应根据使用时间、温湿度要求、房间朝向等进行合理分区，并对系统进行分区控制。空调方式采用分体式空调及多联机的可直接认定满足要求。

合理选配空调冷、热源机组台数与容量,制定实施根据负荷变化调节制冷（热）量的控制策略。冷热源在选配时，不宜少于两台，同时选用卸载灵活，能量调节装置灵敏可靠的机型。

6. 分区照明

根据照明部位的灯光布置形式和环境条件选择合适的照明控制方式：房间或场所设有两列或多列灯具时，设计所控灯列与侧窗平行；每个房间灯的开关数不少于 2 个（只设置 1 只光源的除外），每个照明开关所控光源数尽可能少。车库、走道、门厅、大空间公共活动区域等场所采用集中控制的方式。有条件时宜在面积较大、管理困难的公共场所设置智能照明控制系统。

道路照明采用集中控制方式，除采用光控、程控、时间控制等智能控制方式外，还应具有手动控制功能，同一照明系统的照明设施设分区或分组集中控制。

景观照明采用集中控制方式，并根据使用情况设置一般、节日、重大庆典等不同的开灯方案。除采用光控、程控、时间控制等智能控制方式外，还应具有手动控制功能，同时设有深夜减光控制及分区或分组节能控制。

7. 照明功率密度

照明设计应符合《建筑照明设计标准》GB50034 中规定的照度标准、照明均匀度、统一眩光值、光色、照明功率密度（简称 LPD）、能效指标等相关要求。

照明功率密度是照明节能的重要指标，LPD 限值为强制性标准，并应以达到目标值为绿建评价标准。

8. 排风热回收系统

集中空调系统宜合理利用排风对新风进行预热（预冷）处理，降低新风负荷。通常情况下，排风热回收技术在全年室内外焓差或温差较大的气候区应用时经济性更好，例如严寒和寒冷地区。

第十四章

绿色建筑
基本概念
评价标准
评价指标
绿色校园评价

由于排风热回收系统的节能效果受所在地气象参数的影响，同时与建筑的功能和使用情况有关，故针对不同基础教育建筑项目，应对排风热回收方案进行经济性分析后，再确定是否适宜和最宜采用哪种排风热回收方案。

9. 合理采用蓄冷蓄热系统

应根据当地能源政策、峰谷电价、能源紧缺状况、空调冷、热负荷和设备系统特点等选择采用。

10. 可再生能源利用

太阳能光热利用

（1）光热系统在建筑中的应用可以分为：太阳能供热水、太阳能供暖、太阳能制冷和太阳能除湿制冷。

（2）中小学校的太阳能光热利用主要集中在制备教职工盥洗热水、学生洗浴热水和游泳馆的池水加热等。

（3）太阳能光热利用系统的设置，应根据当地气候条件，项目的实际情况、不同系统形式的特点及国家地方政策综合确定。同时应对太阳能供热采暖系统进行经济性分析，初步优化方案。方案初步确定后宜对收集装置的效率、太阳能保证率、水箱容积等影响较大的设计参数进行优化设计。

（4）太阳能光热系统适合为间歇性大用量用热水的学生澡堂或宿舍制备热水，初投资比较经济；此外，太阳能也较为适合游泳池加热，其低温大容量的特点，可以保证太阳能系统高效率利用。太阳能光热系统与常规能源有机结合，充分利用太阳能节约常规能源。

（5）太阳能的辅助能源宜选用点热管、燃气锅炉、燃油锅炉、空气源地源热泵等。

（6）室外的太阳能光热集热器应有防冻、防结露、防过热、防雷、抗雹、抗风、抗震等措施。

太阳能光伏发电

根据建筑形态、使用需求、投资成本综合考虑太阳能光伏发电系统的规模和形式。

太阳能光伏发电系统的运行形式有并网和非并网两种，系统应有计量装置、防逆流和防孤岛效应保护。

评价指标——节水与水资源利用

主要内容：
生活用水、绿化景观用水、雨水回收利用。

主要措施：

1. 使用较高的节水器具。

2. 在场地内设置透水沥青、透水地砖，利用其透水性能良好的特点，使雨水快速渗入土壤，补充土壤水和地下水，同时也可增强道路及铺地的耐久性和强度。

3. 当用地内有景观水体是，应优先选择景观水体储存雨水，将其用作：水体补水、绿化灌溉和地面浇洒等杂用水。景观设计应考虑不同水位时的景观效果，植物配置也应适应水位变化。

4. 将屋面、道路、停车场等不同场所收集到的雨水径流，进行一定的净化处理后，作为绿化灌溉、景观水体、再生水等水源系统，见图 14.3-6。

5. 利用中水是合理利用水资源、节约用水的一项重要措施，可遵照学校所在地有关部门的规定和意见确定中水设施设置内容。一些学校所在地有地区集中建设的处理厂生产中水，并建有中水输送管网时，应设计中水利用系统。学校所在地尚未建设成该地区的集中处理设施，学校可建设小型处理站实现水的循环利用。

第十四章

绿色建筑
基本概念
评价标准
评价指标
绿色校园评价

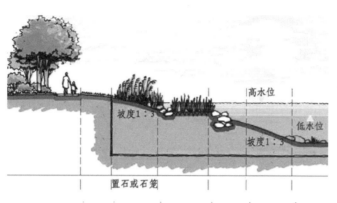

种植位置	要求水深（m）	常见植物类型
A	<0.3	水芋、水蓼、慈姑等
B	<0.6	千屈菜、香蒲、水葱等
C	<1.0	荷花、睡莲、黑藻等

图 14.3-6　生态型水景做法示意图[1]

6. 中水为再生水，只要用于绿化、冲厕及浇洒道路等，不得饮用。为确保中水的安全使用，防止学生误饮、误用，设计时应采取相应的安全措施。

评价指标－节材与材料资源利用

主要内容：就地取材、建筑材料用量控制、建筑材料回收利用。

主要措施：

1. 建筑材料

可利用当地特有的材料进行加工，制成生态环保材料，利用这些材料，不但具有地域特色，而且可以降低造价。

采用土建与装修工程一体化设计，可有效避免装修时对原有构建打凿穿孔，避免破坏或者拆除原有建筑构件，可减少材料消耗、降低建设成本。

合理使用可再利用建筑材料，可延长仍具有使用价值的建筑材料的使用周期，减少新建材的使用量，同时也减少生产加工新材料带来的资源、能源和环境污染。如果原貌形态的建筑材料或制品不能直接回用在建筑工程中，但可经过破碎、回炉等专门工艺加工形成再生原材料，用于替代传统形式的原生原材料生产出新的建筑材料，例如钢筋、钢材、铝合金型材、玻璃等。

2. 建筑装饰性构件判定

通过使用装饰和功能一体化的构件，利用功能构件作为建筑造型的语言，可以在满足建筑功能的前提下表达丰富的美学，并节约资源。对于不具备遮阳、导光、导风，载物等作用的装饰性构件，应对其造价进行控制。

3. 结构优化

结构的规则性与否对主体结构材料的用量有较大的影响，选择规则的建筑形体和结构布置，能够达到节约材料的目的。结合建设地的特点与建筑的特征，从地基基础、结构体系、结构构件等方面对设计进行优化，使得资源、能源的消耗量相对减少。

优先选用高强度、高耐久性的结构材料及耐久性好、易维护的装饰性材料。尽量选择本地

---

[1] 《绿色建筑评价标准》GB/T50378-2014。

第十四章

绿色建筑
基本概念
评价标准
评价指标
绿色校园评价

生产的建筑结构材料，选用预拌混凝土及预拌砂浆等。以减少材料用量及对环境的污染。

评价指标－室内环境质量

主要内容：

室内热、光、声环境；室内空气质量。

主要措施：

室内噪声控制

对于校园声环境设计，窗户是外墙综合隔声效果的关键影响因素，控制窗墙比是外墙综合隔声设计的有效技术手段；楼板撞击声对教学环境影响也很大，可采用铺设复合木地板，设置橡胶隔震垫等措施。

通过动静合理分区，将噪音声源与对声音要求较高的房间隔开。例如：舞蹈，音乐教室与需要安静的普通教室，图书室分区设置。机房，电梯井道等不要紧贴教室设置，不可避免时应采取有效隔声和减震措施。

自然通风换气是改善室内热环境和室内空气质量，降低空调开启时间的有效措施，也是最经济适用的通风方式。

绿色校园评价 [1]

基本要求：

以单个校园整体作为评价对象

应进行校园全寿命周期技术和经济分析，合理确定校园

规模，选用适当的技术、设备和材料，并应提交相应分析报告。应按本标准的有关要求，对规划、设计、施工与运营阶段

进行过程控制，并应提交相关文档。

评价方法与等级划分：

绿色校园评价的指标体系由规划与可持续发展场地、节能与能源利用、节水与水资源利用、节材与材料资源利用、室内环境与污染控制、运行管理、教育推广七类指标组成。

对绿色校园的评价，分为设计和运行两个阶段。

评价内容：

绿色校园评价内容：规划与可持续发展场地、节能与能源利用、节水与水资源利用、节材与材料资源利用、室内环境与污染控制。详见本章评价指标及第三章中小学总体设计。

---

[1] 《绿色校园评价标准》CSUS/GBC04-2013。

[第十五章]　校园防灾

第十五章
校园防灾
设计原则
设计内容与方法
上位规划调整策略
电气设备抗震安全

在广义建筑学范畴内，"防灾校园"的设计有着其他城市避难场所设计的共通性原则，同时，由于校园的特殊性，也有着他自身特有的设计原则。

一般性原则

根据国内外设置地震避难所的经验，共同性原则（即一般性的设计原则）包括：选址的安全性、通达性、平灾结合、综合防灾、均衡布局以及可操作性原则。

1. 选址的安全性原则

作为防灾避难场所，选址的安全性必须作为首要条件予以考虑。一般的避难场所应该尽量选择地势开敞平坦的区域，便于疏散救护；同时避开可能导致次生灾害易燃、易爆危险点；也需要避让具有严重地质问题的区域。这些选址要求与学校选址基本一致。因此，作为"防灾校园"同样应该首先遵循安全性原则。城市用地抗震适宜性评价要求见表15.1-1。

城市用地抗震适宜性评价要求 [1]   表 15.1-1

类别	适宜性地质、地形、地貌描述	城市用地选择抗震防灾要求
适宜	不存在或存在轻微影响的场地地震破坏因素，一般无需采取整治措施： 1. 场地稳定； 2. 无或轻微地震破坏效应； 3. 用地抗震防灾类型Ⅰ类或Ⅱ类； 4. 无或轻微不利地形影响	应符合国家相关标准要求
较适宜	存在一定程度的场地地震破坏性因素，可采取一般整治措施满足城市建设要求： 1. 场地存在不稳定因素； 2. 用地抗震防灾类型Ⅲ类或Ⅳ类； 3. 软弱土或液化土发育，可能发生中等及以上液化或震陷，可采取抗震措施消除； 4. 条状突出的山嘴，高耸孤立的山丘，非岩质的陡坡，河岸和边坡的边缘，平面分布上成因、岩性、状态明显不均匀的土层（如故河道、疏松的断层破碎带、暗埋的塘滨沟谷和半填半挖地基）等地质环境条件复杂，存在一定程度的地质灾害危险性	工程建设应考虑不利因素影响，应按照国家相关标准采取必要的工程治理措施，对于重要建筑尚应采取适当的加强措施
有条件适宜	存在难以整治场地地震破坏性因素的潜在危险性区域或其他限制使用条件的用地，由于经济条件限制等各种原因尚未查明或难以查明： 1. 存在尚未明确的潜在地震破坏性威胁的危险地段； 2. 地震次生灾害源可能有严重威胁； 3. 存在其他方面对城市用地的限制使用条件	作为工程建设用地时，应查明用地危险程度，属于危险地段时，应按照不适宜用地相应规定执行，危险性较低时，可按照较适宜用地规定执行
不适宜	存在场地地震破坏因素，但通常难以整治： 1. 可能发生滑坡、崩塌、地陷、地裂、泥石流等的用地； 2. 发震断裂带上可能发生地表位错的部位； 3. 其他难以整治和防御的灾害高危害影响区	不应作为工程建设用地。基础设施管线工程无法避开时，应采取有效措施减轻场地破坏作用，满足工程建设要求

注：1. 本表摘自《城市抗震防灾规划标准》GB50413-2007。
    2. 根据该表划分每一类场地抗震适宜性类别，从适宜性最差开始向适宜性好依次推定，其中一项属于该类即划为该类场地。
    3. 表中未列条件，可按其对工程建设的影响程度比照推定。

2. 通达性原则

当震灾发生时，为了使逃生避难人员在最短时间内顺利的进入到校园指定空间进行避难，校园与居民区之间的道路应通畅。同时，校园内部各功能建筑与避难场所间也应有直接的联系，便于内部人员的疏散。

3. 平灾结合原则

在"防灾校园"设计之初便应该考虑到将校园的平常时期功能与震灾时功能统筹考虑、综合

---

[1] 表格引用《建筑设计资料集4》（第三版）P202。

设计。在平常时期，校园除了是为师生提供正常的学习生活的场所外，还应该加入对周边社区居民的防救灾宣传教育，作为防灾教育中心。而在震灾来临时，迅速转换各部分功能，结合各种防救灾设备，成为供校内师生职工及校园周边社区居民提供避难安置所的校园防灾避难体系。

4.综合防灾、统筹规划原则

校园不仅可以作为地震防灾避难场所，还可以用于其他灾害（火灾、洪水等）的防灾避难，应与其他避难场所统筹规划、协调布置。

5.均衡布局原则

均衡布局原则即为就近避难原则。为了使市民在发生灾害时能够迅速到达"防灾校园"进行避难，"防灾校园"应比较均匀地分布在城区。

6.可操作性原则

在现今国际社会中存在着许多先进的设计理念及技术，但是在我国的"防灾校园"设计中，应该从我国国情出发，使得设计出的校园符合国情，具有可操作性及实用性，使其易于设置、使用及管理。

特殊性原则

在"防灾校园"的设计中，除了应该遵循上述普遍防灾避难地共性的原则外，同样具有其针对性的特有原则。

1.建筑物安全性原则

不同于公园、广场等纯开放场所，在校园内具有较多的大型建筑物。为了保障在建筑内的师生职工的生命安全，在地震来临的短暂时间内，首先必须确保的是建筑物的坚固。因此，提高校园建筑的安全性是在进行"防灾校园"设计时必须满足的条件。

2.可识别性原则

由于校内开放场所较为分散，因此各指定防灾避难场所应有较强的可识别性，校内建筑物到避难场地之间有明确清晰的标识系统或者标志物，从而确保处于校内的师生以及校外的社区居民能够尽快进入避难场所进行避难，减少损失。

由于地震灾害具有不可预测性及短暂性，为了确保在地震发生时这个紧急的情况下人们迅速到达避难地进行避难，以上两个原则以及通达性原则是专门针对地震发生这一时刻的防灾校园设计原则。

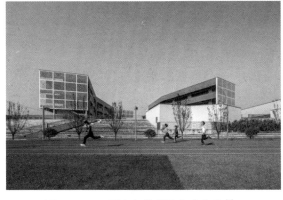

图 15.1-1　同济大学附属实验小学 [1]

图 15.1-2　杭州未来科技城海曙学校 [2]

[1]　图片引用谷德网，同济大学附属实验小学。

[2]　图片引用谷德网，杭州未来科技城海曙学校。

第十五章
校园防灾
设计原则
设计内容与方法
上位规划调整策略
电气设备抗震安全

3. 分区安置原则

"防灾校园"与防灾公园不同，其服务对象包括校内师生职工，同时也包括了校园周边社区居民。由于服务对象在行为、心理等各方面的不同，因此，"防灾校园"应按照不同服务对象类型，进行防灾避难分区安置。

4. 动态性原则

由于校园和城市都在不断的发展，人口在不断地变化，而"防灾校园"应该时刻适应校园及城市的发展。因此，"防灾校园"也应根据变化进行不断的调整，具有动态性，从而确保其防灾避难功能的充分发挥。可以以一定的时间年限（例如五年）作为调整期，根据校园及周边城市的变化进行阶段性的适应调整。

5. 改造与新建相结合原则

"防灾校园"的建立并不一定是只有新建校园才可以，对于现有校园，经过适当的改建优化并增加原本校园缺乏的防救灾必要设施，也可以成为"防灾校园"。对于准备新建的学校，则可以在设计之初便将"防灾校园"的理念融入设计之中，统筹设计，使校园的各项功能更加系统化。

6. 与周边社区的互融性原则

从城市设计的观点出发，在校园规划设计时，应注意与周边社区的互融发展原则，做到在风貌、习惯、生活方式上的协调统一。这样，才能在平常时期最大限度的做到校园与周边社区的资源共享，从而为震灾发生时居民在最短时间内到达校园进行避难提供熟悉方便的环境。

图 15.1-3 杭州未来科技城海曙学校[1]

图 15.1-4 高雄美国学校运动中心[2]

设计原则重要程度分类研究

上述各项设计原则，在设计时应该分清各个原则的轻重程度，以便更好地使其具有普遍的现实指导意义。可以将以上各原则按照防灾避难要求的轻重程度分为三类：

（1）任何条件下都必须满足的原则：

包括选址的安全性原则，建筑物安全性原则。

（2）正常条件下应该满足的原则：

包括通达性原则，平灾结合原则，综合防灾、统筹规划原则，均衡布局原则，可操作性原则，可识别性原则，与周边社区的互融性原则。

（3）稍有选择，在条件许可时首先应满足的原则：

包括分区安置原则，动态性原则，改造与新建相结合原则。

---

[1] 图片引用谷德网，杭州未来科技城海曙学校。
[2] 图片引用谷德网，高雄美国学校运动中心。

第十五章
校园防灾
设计原则
设计内容与方法
上位规划调整策略
电气设备抗震安全

1. 避难层级

我国相关规范将避震疏散所分为紧急疏散所和固定疏散所两类。而在日本，其分级方式更加详细。更为细致的分级方式，能够使管理机构对避难场所进行有侧重、有目的的设计与功能配置。校园防灾避难体系分级见表15.2-1。

表15.2-1[1]

分类	适宜类型	功能说明	服务半径（m）	人均面积（m²）
紧急避难场所	小学及中学校园	灾害发生后第一时间人员寻求紧急躲避的场所，这种避难行为具有较强的自发性	500	1
临时避难场所	中学校园	暂时安置无法直接进入中长期安置所的避难人员，是在较长一段时间进行避难的场所	<2000	2~4
中长期安置场所	具有一定规模的大学校园	可以为本校师生以及周边多个社区受灾居民服务，同时可用作抗震救灾指挥中心、医疗抢救中心等	2000~3000	5~8

（1）紧急避难所：小学及中学校园

紧急避难所是灾害发生后第一时间人员寻求紧急躲避的场所，这种避难行为具有较强的自发性。根据对日本阪神大地震的研究表明，在震灾发生时，街区公园和居民区附近的小学中学避难人员最多且最接近居民，是最适合紧急避难的空间。人均服务面积约1m²/人，满足人们紧急避难时站立或者坐下时所需空间。

（2）临时避难安置所：中学校园

临时安置所主要以暂时安置无法直接进入中长期安置所的避难人员为主，是人们在较长一段时间进行避难的重要场所。人均服务面积2~4m²/人，满足人们躺下时所需空间。

（3）中长期安置所：具有一定规模的大学校园

作为中长期安置所的校园，可以为本校师生以及周边多个社区受灾居民服务，同时可用作抗震救灾指挥中心、医疗抢救中心等。人均服务面积5~8m²/人，满足人们临时生活所需空间。而对于校园内部的各开放场所，同样进行分级分区设计，从而使校园整体防灾更加系统化。需要特别说明的是，校园防灾体系并不能作为单独的体系存在，而是应该与其他防灾体系配合使用，校园防灾体系只是城市防灾体系中的一个部分。在震灾防灾避难行动中，校园空间应结合校园周边的各种防救灾资源，协同工作，从而更加有效地减少灾害带来的损失。

2. 防灾避难功能设计

校园在满足日常教学、生活要求以及坚固安全的前提下，还应该着重考虑以下几个方面的设计要点：

（1）校园边沿设计

1）校园出入口

出入口应该有明确的标志性和识别感，并以相应的防救灾层级进行区分，从而让逃生避难人员在紧急情况下能够在最短时间内清楚辨认出入口位置，以便迅速进入校园避难。合理的应急功能设计也是不可缺少的。另外，校园出入口内应有相对开敞的开放空间，在地震灾害来临时，其可作为大量涌入校园的周边灾民的缓冲空间，从而减少次生灾害的发生。同时，作为进入校园避难场所的第一道防线，其本身结构也应该具有安全性。参考案例见图15.2-1。

---

[1] 表格作者绘制。

第十五章
校园防灾
设计原则
设计内容与方法
上位规划调整策略
电气设备抗震安全

图 15.2-1　上海音乐学院附属实验学校 [1]

2）校园围墙

围墙是在震灾发生时阻碍灾民迅速进入校内避难场所的因素之一。根据我国国情，校园采用全开放式围墙并不现实。建议在位于校园边缘的体育场、体育馆、球场等处，设置可穿越式的校园围墙，例如可移动的栏杆、低矮的植栽等，从而增加校外灾民达到校内避难场所的可及性。参考案例见图 15.2-2。

图 15.2-2　桃李园实验学校 [2]

（2）道路体系防灾避难设计

1）外连道路

外连道路指的是连接人们的居住区与校园防灾避难场所之间的道路。道路是在避难行为中首先发挥作用的防灾系统，同时其他防灾系统的运转也要依靠道路系统来维持。因此，应该做到安全、便捷，同时在道路宽度、密度上予以总体考虑，并进行合理的功能分配，使防灾避难过程中各功能流线不相互干扰，从而保障灾民能够在最短时间内到达避难所。

[1]　图片引用谷德网，上海音乐学院附属实验学校。

[2]　图片引用谷德网，桃李园实验学校。

第十五章
校园防灾
设计原则
设计内容与方法
上位规划调整策略
电气设备抗震安全

2）校园内部道路

在校园加入了防灾避难功能概念，成为"防灾校园"之后，校园的内部道路除了是人们行走及车辆通行的基础设施外，同样是供师生员工避难的紧急避难地。同时，内部道路应该连接校园内部各个避难安置空间、指挥点、医疗站以及物质储备点，并按避难层级进行分类设计，确保防救灾及避难车辆人群在互不影响的情况下共同进行。参考案例见图 15.2-3。

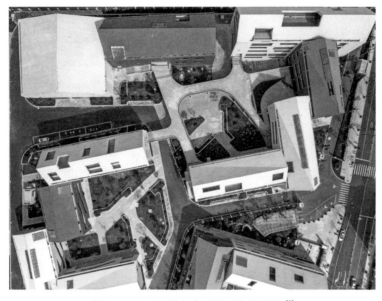

图 15.2-3　杭州未来科技城海曙学校[1]

3. 开放空间防灾避难设计

（1）建筑内部疏散

建筑的安全性是校园首先应该注重的问题，稳固的建筑结构及满足规范要求的抗震等级，是保证师生安全的前提条件。而建筑内部关于疏散方面的设计，同样是保障人们生命安全的重要条件。因此，在校园内部建筑设计上，应该满足以下几点：

1）方便、明确的出入口位置；

2）便捷的垂直交通；

3）尽量简明的建筑内部空间设计；

4）建筑平面上应尽量减少不必要的高差；

5）明确的标识体系。

（2）室外开放空间防灾避难设计

在震灾发生时，校园的室外开放空间被作为避难人员的主要避难场所。因此应该在设计上着重考虑室外开放空间的避难功能。

首先，校园各建筑与开放空间应该有直接的联系。在震灾发生时，人们的精神处于高度紧张状态，若建筑与开放空间之间联系不紧密，例如道路曲折、存在较多阻碍物、较多的高差等，便会造成更加混乱的局面，引起严重的后果。

其次，校园内部开放空间应较为平坦。在震灾发生时，开放空间是大量人群聚集的场所。

[1] 图片引用谷德网，杭州未来科技城海曙学校。

第十五章
校园防灾
设计原则
设计内容与方法
上位规划调整策略
电气设备抗震安全

其容量越大就有越多的人进入安全场所。因此，在设计时，应该尽量减少开放空间中无功能性价值的障碍物，尽量避难高差的出现，同时布置的设施也以可移动式为宜。

再次，对校内避难场地进行合理的应急预案设计，包括分级分区设计、服务对象及数量划定、避难安置场所出入口设计等。同时，合理布置安置区域，配备管理、医疗、物质发放、临时厕所等功能区域，也应适当设置公共空间作为避难人群活动场地。

（3）室内、半室内开放空间防灾避难设计

除了作为主要避难场所的校园户外开放空间，校园内某些建筑同样可以作为避难安置场所使用，例如具有大跨度且结构较为稳固的体育馆、多功能厅及风雨操场等。在"防灾校园"的设计中，需要对这些具有可变功能的建筑进行应急预案设计，加入避难场所的功能，使其在震灾发生时能够充分地发挥作用。同时，应该设计好室内避难场所各个区域的功能，同时应留出必需的通道空间，以满足在紧急情况下各种交通的顺畅。

4. 校园避难疏散流线设计

在地震灾害来临时，逃生疏散是最先开始的避难行为。对于校园来说，校内人员相对较为密集，这对于震灾逃生疏散比较不利。因此，合理设计各人群的疏散流线，对于提高人们的逃生避难速度，减少震灾带来的各种损失有着重要的意义。

在疏散流线设计时，应充分考虑灾害情况下人们的心理状况及避难特点，为了使疏散过程安全并且快捷，应该遵循以下各点：

（1）避难疏散路径应该简明，具有较高的可识别性及可达性（便捷度较高）；

（2）避难疏散路径不能出现尽端式道路，路径的终点应该是避难安置所；

（3）每个区域应该有多条疏散路径到达避难场所，以便于灾民的分流；

（4）各疏散路径不能交叉布置，更不能将相反避难通行方向的两条疏散路径重叠；

（5）在避难疏散路径上尽量避免高差，或者以坡道来缓解高差；

（6）在避难疏散路径中间不能出现阻碍通行的障碍物；

（7）避难路径两侧应避免出现锅炉房等危险物。

5. 校园设施防灾避难设计

校内各种公共设施的设计都应该做到"平灾结合"。在平常时期，是为校内师生提供休憩、娱乐等服务的设施，而在灾害时期，也可以成为能够人们使用的防救灾设施为灾民服务，从而提高灾民避难的安全性及避难生活的舒适感。

第十五章

校园防灾
·　设计原则
设计内容与方法
上位规划调整策略
电气设备抗震安全

上位规划调整策略

在"防灾校园"的设计中，为了使上述各项原则及设计方法具有更加现实的指导意义，必须对现有的上位规划原则及法律法规进行相应的调整规定：

（1）严格规定校园的选址用地要求，确保校园的安全性；

（2）放宽校园用地指标，增大校园用地面积与校园人口比例；

（3）减小校园建筑密度指标，增加校园开放场所比率；

（4）明确规定校园作为避难场所应具备的功能；

（5）界定"防灾校园"在地震防灾避难体系中所起到的作用。

电气设备抗震安全

教学用房及学生宿舍和食堂等人员密集场所的电气设备抗震安全，应以预防为主，采取必要的抗震设防技术措施。当学校的某些场所被确定为城市紧急避难疏散场所时，其照明、供水、供电及通信设施的负荷等级不宜低于二级，有关场所应设置备用照明，并预留自备发电机的安装条件。

电气设备的抗震措施

开关柜、配电及控制柜（屏）、直流屏等电气设备应采取防柜（屏）内电器松动、滑动、倾倒、震脱等抗震措施。

电气设备及装置安装采用的金属螺栓、预埋件和焊接强度应满足抗震要求。

基本地震烈度为 7 度及以上地区的电气设备安装应符合下列规定：

（1）变压器、UPS 等装置宜拆除滚轮，并采用地脚螺栓等方法固定在基础上，当采用滚轮及轨道时，其轨道型钢应设固定卡具；

（2）油浸式变压器本体上的油枕、潜油泵、冷却器及其连接管道等附件应符合抗震要求；

（3）8 度及以上地区，成列开关柜、配电及控制柜（屏）之间，应在重心位置以上采用螺栓连接成整体，或用连接件将柜体与建筑结构可靠连接和锚固；

（4）柜（屏）间连接的硬母线、接地线等，在通过建筑物防震缝、沉降缝处，应加设软连接；

（5）电气设备的支架应有足够的刚度和承载力。

照明灯具的安装应符合下列规定：

（1）吊灯不应采用软电线自身吊装；

（2）大于 0.5kg 的灯具采用吊链安装时，软电线宜编叉在吊链内，电线不应受力；

（3）灯具重量大于 3kg 时，应固定在螺栓或预埋吊钩上；

（4）高大空间学生活动场所的壁灯及吊灯宜设防护网或防护玻璃罩；

（5）在 8 度及以上地区，吸顶和嵌入吊顶的灯具，可采用钢管作杆件固定在楼板上，且钢管内径不应小于 10mm，钢管厚度不应小于 1.5mm。

CHAPTER

[第十六章] 设计案例

张家口莱佛士幼儿园及早教中心

项目位置：河北省怀来县
设计单位：空格建筑
学校规模：9 班
建筑面积：10594m²

复合功能与空间组织

设计通过用一条折线型体量，将场地分成条状肌理，用建筑体量替代围墙，对幼儿园的各个功能进行组织与区分，令面向东侧支路的尺度与相邻的住宅区呼应；早教部分作为对外经营的区域，将幼儿园区域与北侧主干道隔开。

褐色体量部分是有明确功能界限的房间，如早教中心、职工住宅、班级活动室、专业教室、教室办公、后勤服务区等。而白色体量则是公共性较强的活动区域，将其他功能体块连接在一起。

沿街立面[1]

内院[2]

室内[3]

图 16.1-1　张家口莱佛士幼儿园及早教中心实景照片

[1] ~ [3]　图片来源：空格建筑

自北向南根据建筑高度限制与日照要求，依次布置早教中心、职工住宅和幼儿园。三种功能之间分别有 600mm 的高差，这些高差又通过内部庭院的台阶联系起来。即是分隔，也是过渡。职工住宅和早教中心通过后勤广场分隔，并将儿童的活动场所与这些区域隔离。横跨班级活动室与职工住宅区的体育活动室，有着开阔的视野。孩子们在上体育活动课时，也可以看到操场。

院落产生空间层次

褐色与白色相间的体量之中，植入了若干大小不一的院落，比如入口小院、西侧外挂楼梯小院、后勤院落等。这些院子不仅给孩子们提供了夏天的户外活动场地，也为每个房间都提供了良好的自然通风采光。同时也为从室外与室内空间之中产生了一种过渡及缓冲的空间，增加了空间层次与丰富性。

交通即交流空间

儿童需要通过奔跑、玩耍来释放能量以及认识这个世界，幼儿园的设计规范也一直强调需要户外的班级活动场地。但是在怀来，刮大风的时候，只要张嘴就会吃到一口沙子，连成年人也无法在风中站稳。

设计方案提出了一个超尺度的、满足全园儿童四季可用的室内活动空间。它颠覆了以往走廊的概念，将该走廊拓宽至 6m，形成中庭。长度达 80 多米，连接 15 个班级活动室。因为这个空间足够长，幼儿园的小朋友不仅可以在里面做普通的游戏，还可以进行羽毛球等活动，甚至还可以骑自行车。小朋友各个班级之间的活动也可以相互看见，产生视觉听觉上的联系。

室内设计中考虑到过大的建筑尺度会对儿童造成心理压力，在大空间的墙上嵌入一些符合幼儿尺度的小盒子，为幼儿提供了玩耍攀爬的空间。班级活动室外的橙色墙面下的小柜子，既可以用来存放孩子们室外穿的鞋，也是他们玩累了坐下来休息的小凳子。

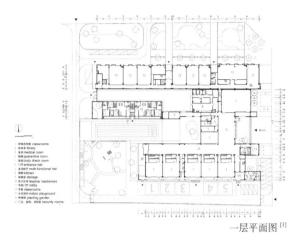

一层平面图 [1]

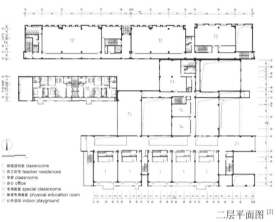

二层平面图 [2]

图 16.1-2 张家口莱佛士幼儿园及早教中心平面图

图 16.1-3 张家口莱佛士幼儿园及早教中心实景照片 [3]

[1] ~ [3] 图片来源：空格建筑

日本千叶弥森幼儿园

项目位置：日本，千叶县，船桥市
设计单位：Aisaka 建筑工作室
学校规模：160 人
建筑面积：12051m²

圆环形结构建筑围绕着中心的土壤、水体和绿地

这个双层幼儿园坐落在船桥市，三维式环形结构，带有一个屋顶阳台。建筑的设计理念是为 160 名儿童提供足够大的户外玩耍空间，并让所有的家长和幼儿园工作人员感到安心。

场地南侧的四分之一是入口人行道，其余的部分作为幼儿活动室。办公人员、幼儿园老师和厨师们的办公室位于入口和幼儿活动室之间的边界，以实现简洁性和安全性。我们设计的环形结构不仅为孩子们提供了充满趣味的游乐场，而且能在危险发生时快速通向紧急疏散路线。建筑外围种植着一些树，和中心庭院通过露天平台，斜坡、楼梯和桥连接起来。外立面和屋顶都是结实的梯形墙体，结构设计保护着孩子的安全。这个回字形建筑沿着中心庭院的一侧设有走廊和防雨的屋檐，为成人提供安全舒适的感受。从另一方面，整个结构的设计便于忙碌的父母在幼儿园工作人员的帮助下快速接送他们的孩子，免去了脱鞋进入的麻烦。

每层的外部空间不仅是单纯的开放空间，更有诸多的变化。如丰富多样的阳光和阴影；高起的屋檐和一些屋檐下的狭窄的空间；通过改变楼层和屋顶的高度和方向，可以形成一些小山丘和洞。孩子在这样的环境下一年四季都不会感到无聊。半圆形斑点花园的中心绿植不仅能为整个建筑提供良好的通风，还可以增进孩子们与自然的感情。

室外踏步 [1]　　　　　　　　　　　　　　　　　　屋顶平台 [2]

夜景 [3]　　　　　　　　　　　　　　　　　　　　内庭院 [4]

图 16.1-4 日本千叶弥森幼儿园实景照片

[1] ~ [4] 图片来源：https://www.archdaily.cn/cn/788034/mi-sen-you-er-yuan-aisaka-architects-atelier.

细部设计

栏杆和墙体的圆形倒角设计主要是出于对安全的重视，与此同时，建筑所有部分的天窗也用它作为主要的图案。这个半圆形的斑点花园通过中心绿植吸引孩子们的注意，培养孩子对自然事物的感知。

为了让孩子们有机会去通过感受材料的质感去学习不同材料的名字，我们尝试让"木像木头，钢铁像钢铁，石头像石头"，去保持原有材料的质感。从这个角度来说，我们不用原色，相反地，我们开发三维的和所谓的"原色状"的结构，在使用多样空间特性和环境中，将获得鲜明对比的体验。

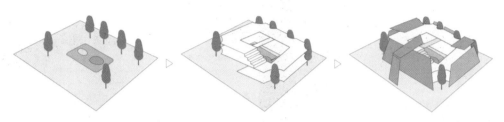

图 16.1-5 日本千叶弥森幼儿园概念生成[1]

室内[2]　　　　　　　　　　　　　庭院[3]

图 16.1-6 日本千叶弥森幼儿园实景照片

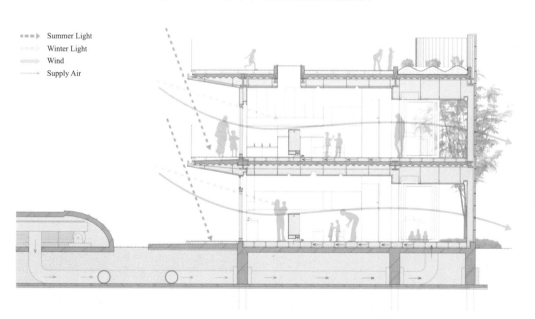

图 16.1-7 日本千叶弥森幼儿园采光通风分析[4]

[1] ~ [4] 图片来源：https://www.archdaily.cn/cn/788034/mi-sen-you-er-yuan-aisaka-architects-atelier.

夜景[1]   景观[2]

图 16.1-8　日本千叶弥森幼儿园实景照片

"弥（Amane）"

　　"弥（Amane）"是一个代表"圆形""环绕""周围"的日本汉字，代表着这个幼儿园对孩子的祝福。希望孩子们能感受到来自围绕他们的自然环境，和林子周围建筑特色环形结构的庇佑。我们希望孩子们能在建筑物的内部和外部多转转，感受周围的一切，并培养他们的感受力和思考能力。

[1][2]　图片来源：https://www.archdaily.cn/cn/788034/mi-sen-you-er-yuan-aisaka-architects-atelier.

上海嘉定新城双丁路公立幼儿园

项目位置：上海嘉定新城
设计单位：阿科米星建筑设计事务所
建筑面积：6116m²

设计者认为无论从基地面积、周边环境还是确定的使用方可能带来的独特功能和教育理念各方面来看，该项目并无太多特殊点可拿来做文章。

建筑场地景观融合式设计

国内幼儿园规划通常采用建筑和场地分离的模式：主体建筑 3 层高，南面尽可能多地留出活动场地和绿化景观。不过这种布局至少存在以下不足：第一，活动场地面积有限，功能区划分过于拘谨；第二，除首层外，其他楼层活动室与集中场地相隔离；第三，对身高 1.2m 以下的儿童来说，3 层楼形成的近 12m 高的建筑体量和场地围合界面尺度太大。

双丁路幼儿园的设计策略是：采用聚合而非分离的布局模式，将建筑、场地与景观作整体融合式设计。这不仅能实现活动场地的最大化，还有利于形成儿童学习、生活、活动交融穿插的新天地。

具体的做法是：将大面积的室外集中活动区从地面层上移至首层屋面。除了必要的入口广场、服务兼消防车道以及回车场外，所有的基地面积都被用来构筑一个安全而丰富的幼儿活动容器。

图 16.1-9 上海嘉定新城双丁路公立幼儿园鸟瞰图 [1]

3 层高的主体建筑贴紧基地北边布置，首层设各类专用教室、教师和服务用房，2、3 层是 9 个幼儿班全部朝南的活动单元，每层南面还通过退台形成了分班活动场地。主体建筑南面贴着宽扁的一层体量，用以布置 5 个托儿班、1 个早教班和 1 个多功能活动室，低幼儿可方便进出，其上屋顶就是全园集中活动场地。首层活动单元的南面分别设有一座椭圆形的庭院，这既满足了日照要求，又创造了安全而私密的分班户外空间，使内部活动单元得以自然延伸和扩大，还同屋顶场地形成了互相观望的态势。

这片利用首层屋顶创造的活动场地至少具有 3 个优点：第一，面积是采用建筑场地分离的做法能留出的最大场地的 2.43 倍（超过 3800m²）；第二，因为处于中间高度，跟上下层面仅需一层楼梯就可顺畅连接；第三，与所有室外活动场地直接毗邻的建筑界面均为一层高，空间尺度亲切宜人。

更进一步，设计者还创造了一片连续而有趣的微地形，将幼儿园的活动空间跟基地内外的城市空间联成一个整体。具体来说是建筑体量南面的场地在竖向上被平均分割成为 3 组，每组由一斜一平两片东西向延展的草坡构成，这一区域用于种植四季树木，布置沙坑水池、旗杆、种植园和其他趣味活动设施。这段微地形的草坡，其顶部设计与 2 层硬质场地无缝连接，底部则与双丁路北面的绿化隔离带连为一体，每组坡地高差统一为 1m。

[1] 图片来源：阿科米星建筑设计事务所

屋顶活动平台 [1]

屋顶活动平台 [2]

图 16.1-10　上海嘉定新城双丁路公立幼儿园实景照片

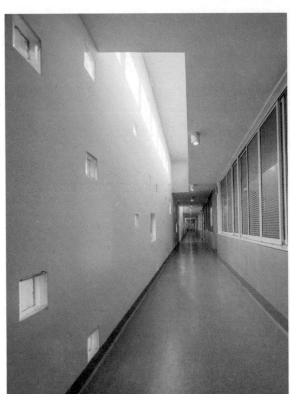
室内 [3]

屋顶活动平台 [5]

室内 [4]

屋顶活动平台 [6]

图 16.1-11　上海嘉定新城双丁路公立幼儿园实景照片

[1] ~ [6]　图片来源：阿科米星建筑设计事务所

　　建筑师脑海里的场景是：阳光下，不同年龄段的孩子在这高高低低，不同材质的场地上自由地奔跑、嬉戏、躺着晒日光浴。整座幼儿园体量和空间从北面最高处层层跌落，直到城市道路，仿佛是一片彩色大毛毯，承载并呵护着孩子们的活动和梦想。而在不同楼层的孩子，其视线还可以穿过层层叠叠的彩色圆钢栏杆和疏密交织的树枝，一直抵达城市的车水马龙和远处的风景。奇妙的关系就此产生了：通常相当封闭的幼儿园获得了某种罕见的开放性和公共性，然而因为场地全部是抬高的，又不会丧失应有的安全感。

层次丰富的微地形集中活动场地

　　此外，在这片构成活动平台的厚厚基座内部，同样有着层次丰富的室内外空间与活动的交融。比如最南面3个活动单元，从庭院里可以顺着一座弧形楼梯上到邻近的草坡上。而大活动室外的庭院则是一座与草坡相连的露台小剧场。首层体量虽然直接对外的界面长度有限，但因为中间挖出了多个庭院，大大地增加了自然采光和通风面积。而且活动单元沿走廊的边界都采用玻璃围合，这样，在不规则的走廊里行走时，不时有阳光撒入，能看到听到活动室和庭院内孩子的嬉戏，自然会感受到空间的通透性和连续性。值得一提的是，为了构造方便，首层活动用房及外部庭院采用的都是多边形，而2层平台上围合的栏杆却采用了更加顺畅安全的椭圆形，且并非与多边形内切或是外切而是略有放大，以利于采光，这样一来就在庭院的内沿形成了很多不规则的小平台。再加上活动平台的构造比一般屋顶高出近30cm，按照规范设计的圆钢栏杆那11cm的间距，实际上正好适合幼儿将小腿伸进去，小脚搁在小平台上休息和观看下层庭院小朋友的活动。

色彩融合式设计

　　跟很多幼儿园设计一样，双丁路项目外立面最初的颜色方案是用在实体部位的，主要是希望为每个幼儿活动单元创造出一种特殊的颜色，以产生识别性，栏杆等镂空部位则拟用浅灰色喷涂，与铝合金门窗框料相协调。然而在施工过程中，一方面由于高质量的彩色外墙涂料价格较高，另一方面想强调活动场地完整性这一核心概念，色彩方案作了大幅度的修改。

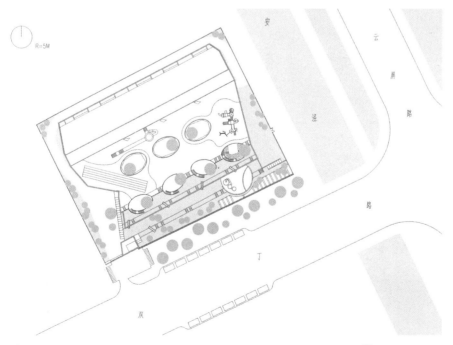

图 16.1-12　上海嘉定新城双丁路公立幼儿园总平面图 [1]

[1]　图片来源：阿科米星建筑设计事务所

371

　　具体做法是：主体建筑外墙面和门窗框料分别保持浅灰和中灰，庭院内壁、场地面层和栏杆则采用彩色，并且不同颜色的分区是超越材质和界面的。

　　首先，7个椭圆形庭院被赋予了3种彩度，各2～3种不同明度的颜色。同一庭院内壁墙面和上面金属栏杆采用同一颜色，以形成统一的空间和体量感。2层集中场地上因为功能需要划分出两片塑胶场地，分别布置跑道和大型组合活动器械。为了与椭圆形庭院边界相协调，塑胶场地采用弧线划分出2个区块，颜色则根据被各自圈入的庭院颜色来确定。塑胶地面跟木地板标高一致，在使用时，不同材质的场地在空间上是连贯的。从3层平台通到2层的钢楼梯也被刷成统一色。这样一来，从各层室外平台望出去，那些彩色的庭院和透空的栏杆、楼梯就像虚虚实实的大型彩色玩具一样，空间隔而不断，场地如同一块完整的画布。颜色的融合式设计不仅实现了空间整体统一的效果，一些施工粗糙和误差问题也不那么突兀了，甚至反而在统一颜色主宰下，形成一些微妙的光影，显得颇为有趣。

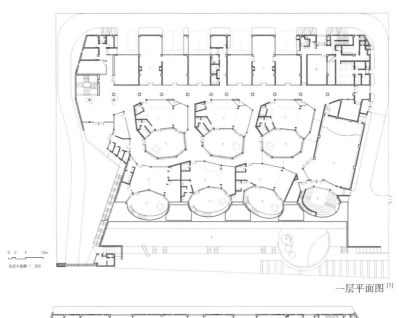

一层平面图 [1]

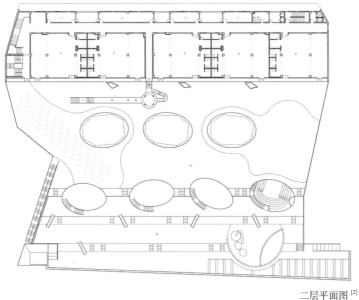

二层平面图 [2]

图 16.1-13　上海嘉定新城双丁路公立幼儿园平面图

[1][2]　图片来源：阿科米星建筑设计事务所

1. 门厅
2. 托儿班活动室
3. 早教指导中心
4. 多功能活动室
5. 庭院兼分班活动场地
6. 草地活动区
7. 专用活动室
8. 教师餐厅
9. 幼儿班
10. 活动场地
11. 办公区域

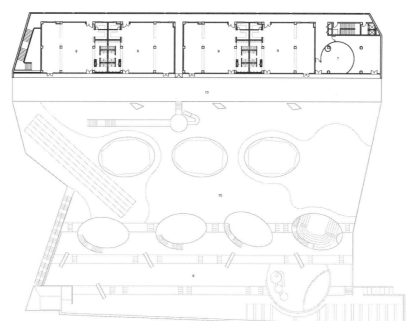

图 16.1-14　上海嘉定新城双丁路公立幼儿园平面图[1]

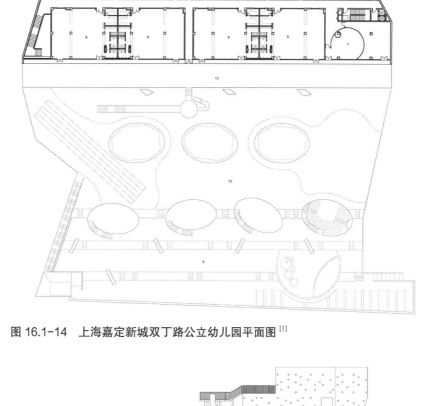

图 16.1-15　上海嘉定新城双丁路公立幼儿园立面图[2]

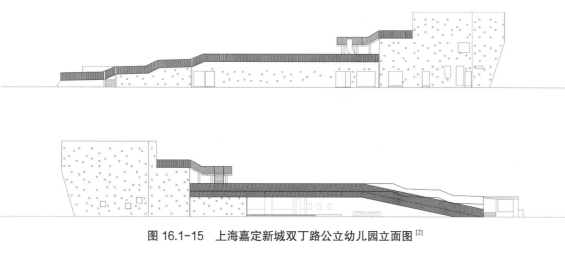

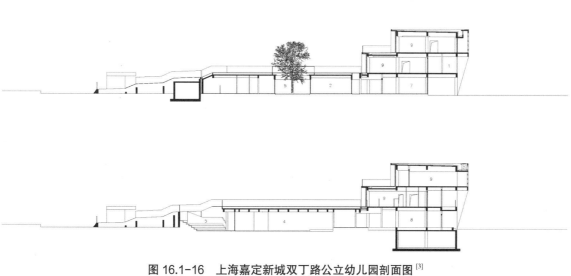

图 16.1-16　上海嘉定新城双丁路公立幼儿园剖面图[3]

[1] ~ [3]　图片来源：阿科米星建筑设计事务所

江镇江柳路幼儿园
（中福会浦江幼儿园）

建设地点：中国上海

总建筑面积：15000m²

设计公司：同济大学建筑设计研究院（集团）有限公司

竣工时间：2015 年

班级数：20 班

布局形式：上下叠合

项目概况：

中福会江浦幼儿园将公共空间、各专业活动室整合在一层，20 个生活单元置于 2 层、3 层，形成上私密下公共的功能划分，在公共基座上部是多个班级小的坡屋顶房子的集合。每个日托班的活动室外都配有可以延展幼儿活动的放大走廊空间，并配有数个贯通上下楼层的小型共享空间，让每个楼层密集的班级空间在这些地方可以得到释放，同时也加强了楼层间的互动。

图 16.1-17 江镇江柳路幼儿园实景照片[1]

1 主入口门厅   12 美工活动室
2 晨检   13 舞蹈活动室
3 接待室   14 认知活动室
4 图书室   15 结构木工室
5 室内活动空间   16 办公室
6 多功能厅   17 会议室
7 更衣室   18 器材室
8 保健   19 急救室
9 隔离   20 室内泳池
10 科学探索室   21 水池
11 音乐活动室

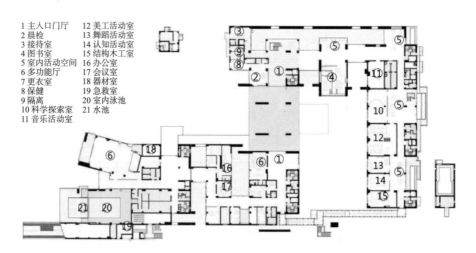

图 16.1-18 江镇江柳路幼儿园平面图[2]

[1][2] 本页图片均来自 https://www.gooood.cn/.

图 16.1-19　江镇江柳路幼儿园分析图 [1]

图 16.1-20　江镇江柳路幼儿园室内实景照片

[1] ～ [3]　本页图片均来自 https://www.gooood.cn/.

上海华东师范大学附属双语幼儿园

建设地点：中国上海

总建筑面积：6600m²

设计公司：山水秀建筑事务所

竣工时间：2016 年

班级数：15 班

布局形式：蜂窝型

项目概况：

上海华东师范大学附属双语幼儿园采用不规则的六边形作为生活单元的基本型，其中三个边等长，蜂巢状的组合能够更好地适应斜边的转折，其内部和外部空间更有活力和凝聚感。一层顶可作为二层的活动平台，每一层每一间的教室都与室外的分班活动场地直接相连，两个班级可共享一个活动庭院。

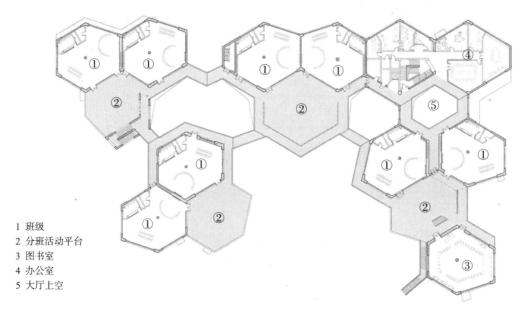

1 班级
2 分班活动平台
3 图书室
4 办公室
5 大厅上空

图 16.1-21 上海华东师范大学附属双语幼儿园平面图 [1]

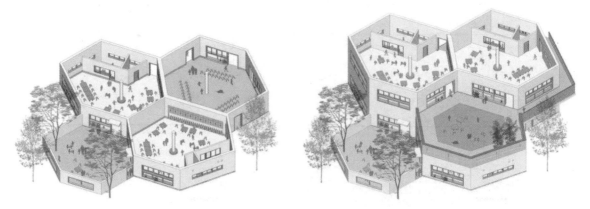

图 16.1-22 上海华东师范大学附属双语幼儿园剖透视 [2]

[1][2] 本页图片均来自山水秀建筑事务所

图 16.1-23　上海华东师范大学附属双语幼儿园实景图片

[1] ~ [3]　本页图片均来自山水秀建筑事务所

哥伦比亚埃尔波韦尼尔幼儿园

建设地点：哥伦比亚波哥大

总建筑面积：2100m²

设计公司：Giancarlo Mazzanti

竣工时间：2009 年

班级数：5 班

布局形式：自由型

项目概况：这座幼儿园有 5 个生活单元，随意布局，外围以一个完型的圆形路径连接起来。教室都是简单的两层楼混凝土盒子结构，两端是玻璃立面。室外的几何形廊道用椭圆形的不锈钢网面，将活动场地界定，让孩子安全地在内部玩耍，是幼儿主要的交往空间。

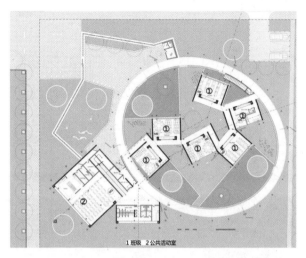

图 16.1-24 哥伦比亚埃尔波韦尼尔幼儿园平面图 [1]

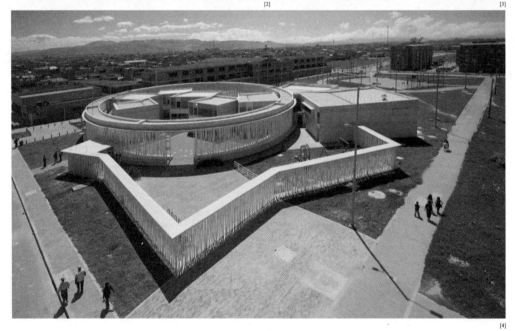

图 16.1-25 哥伦比亚埃尔波韦尼尔幼儿园实景照片

[1] ~ [4] 本页图片均来自 https://www.gooood.cn/.

丹麦诺肯幼儿园

建设地点：丹麦哥本哈根

总建筑面积：7891m²

设计公司：Christensen & Co.architects

竣工时间：2016 年

班级数：7 班

布局形式：内院型

项目概况：

诺肯幼儿园的功能围绕着中心的室外活动场地呈"口"字形布局，建筑屋顶用折纸的方式形成瓦楞形的坡屋顶，减小了整体建筑的尺度感，在整个屋顶下房间布局较为灵活，空间多样，但用不同的颜色区分了不同功能，方便儿童辨认。

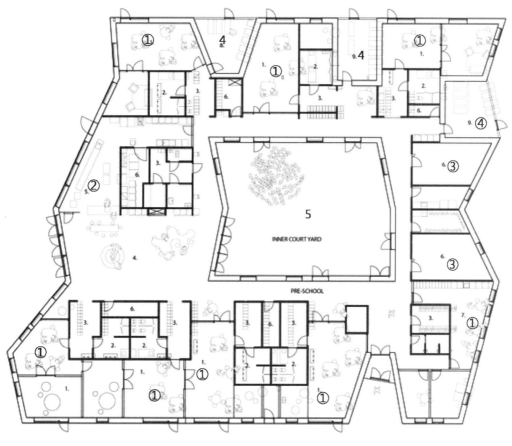

1 班级　2 公共活动室　3 办公　4 半室外活动室　5 中庭

图 16.1-26　丹麦诺肯幼儿园平面图[1]

---

[1]　本页图片均来自 https://www.gooood.cn/.

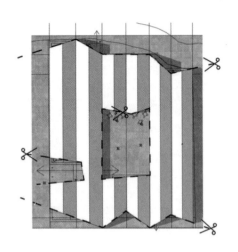 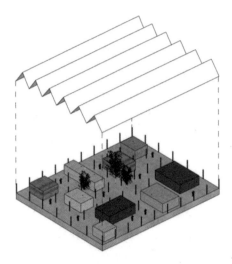

图 16.1-27 丹麦诺肯幼儿园分析图[1]

图 16.1-28 丹麦诺肯幼儿园实景图片[2]

[1][2] 本页图片均来自 https://www.gooood.cn/.

新江湾城中福会幼儿园

项目位置：上海杨浦新江湾城
设计单位：同济大学建筑设计研究院（集团）有限公司
建筑面积：8357m²

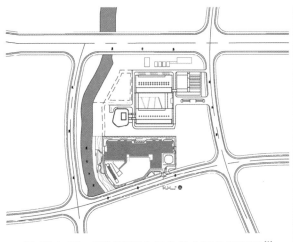

图 16.1-29　新江湾城中福会幼儿园总平面图[1]

立面[3]

沿河景观[2]

立面[4]

图 16.1-30　新江湾城中福会幼儿园实景照片

　　新江湾城 D2 地块位于整个社区的中心，是一个定位为社区教育服务的开放式街区。地块西南角是中福会幼儿园用地，其余为上海音乐学院附中用地。幼儿园基地南临国晓路，西面与政澄路隔河相望，沿西侧景观河道向南即为建设中的安徒生儿童文化公园。幼儿园建成后可容纳十五个日托班及两个亲子早教班的日常使用。

---

[1] ~ [4]　图片来源：http://www.ikuku.cn/post/65668.

为了回应中福会开放与互动相结合的教学模式并且充分利用场地条件整合建筑内外环境关系，我们从总体布局到空间规划都探讨了充分适应幼儿身心需要的环境模式。建筑主体在基地北侧一字排开，留出尽量充足的户外活动场地；三层高的主体分为上下两个耦合的体量，底层是一个容纳了幼儿公共活动及办公、后勤空间的伸出的平台，二、三层退缩的是十五个班的活动室，其中三层的六个班成为微微出挑在平台上的六个盒子。这样的布局方式既为底层的公共活动空间提供了最大的空间弹性及与户外空间联动的可能，又为二层以上的班级活动室提供了巨大的绿色活动平台。这个略有起伏的平台在西段有一个大台阶联系底层的户外活动场地，在东段伸出"T"字形的一端覆盖门厅空间及最南端两层高的办公及亲子班部分，将场地分为东西两个部分，东侧较小的是入口广场，西侧较大的是户外活动场地。

　　底层的众多公共活动空间由一条东西贯通的宽大中廊相联系，通过庭院以及半室外架空空间的设置，整个长廊空间有节奏地向南侧的室外空间延展，同时长廊北侧与庭院开口对应的位置设置带有天光的垂直的交通空间。长廊中段向南扩展形成一个开放的多功能活动展示空间，形成与周边各专题活动室、大活动室及游泳池相联系的弹性互动空间。以这一长廊为空间主干，将内外、上下串联成为有机的整体。

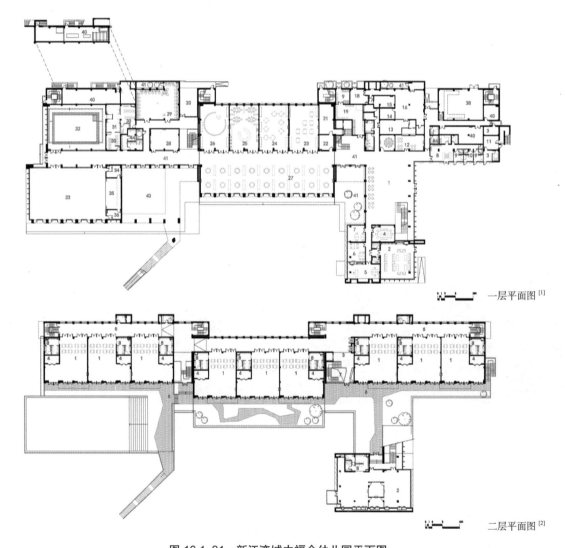

一层平面图[1]

二层平面图[2]

图 16.1-31　新江湾城中福会幼儿园平面图

[1][2]　图片来源：http://www.ikuku.cn/post/65668.

　　二、三层的班级活动室都能获得良好的南向采光与南北通风，活动室北面设置宽大的连续走廊，成为班级活动空间的延伸，满足各班级个性化的展示需要。建筑通过退台为每个班级留出了大面积的露台，为幼儿的室外活动提供多种可能。

　　建筑整体采用陶土面砖，在有限的造价内最求尽量高的品质感。通过底层和上层不同面砖色彩的使用，强调出一层灰色基座平台和上层浅米色主体的咬合关系。同时二、三层通过退台、出挑的处理，以及局部立面洞口侧壁的色彩运用，回应幼儿使用空间多变、好动、活泼的空间特色。这种既对比又协调的关系表达了中福会幼儿园的历史底蕴，以及幼儿使用主体的性格特征之间二元共生的关系。

室内[1]

庭院[2]

图 16.1-32　新江湾城中福会幼儿园实景照片

---

[1][2]　图片来源：http://www.ikuku.cn/post/65668.

泉州市机关幼儿园东海新园区

项目位置：福建省泉州市
设计单位：同济大学建筑设计研究院（集团）有限公司
学校规模：20 班
建筑面积：12500m²

鸟瞰图 [1]

鸟瞰图 [2]

图 16.1-33　泉州市机关幼儿园东海新园区鸟瞰图

---

[1][2]　图片来源：作者自绘。

16.1 设计案例·幼儿园

第十六章
设计案例
幼儿园
中小学校
特殊学校

1. 工程概况

泉州市机关幼儿园东海新园区项目位于福建省泉州市丰泽区新市政府大楼北侧，为20班幼儿园。

2. 建筑设计

本项目主要面临两个设计难点：一是建设用地为山丘地形，地势西北高东南低，东西两侧高差约15m。二是建设用地面积紧张，仅有12213m²，需满足6830m²的功能用房（不包括楼梯走道等公共空间），还需设置约8000m²的各类场地。

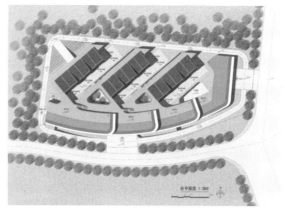

图 16.1-34 泉州市机关幼儿园东海新园区总平面图[1]

为解决以上难题，设计结合原始地形，将场地分为4个不同标高的台地，实现场地与城市道路的平接，建筑基本以2层的体量布置在各个台地之上，也自然形成了大量的屋顶平台，可布置活动场地，解决了用地不足的问题。为使建筑能与地形更加契合，3组教学活动单元采用北偏东50°的方位布置，既保证房间采光充足，又与西北高东南低的地势相吻合。

方案还创造性地在教学活动和办公用房之间设计了一个犹如"社区街道"一般的公共活动空间，使不同年龄的儿童都能在这个空间一起游戏，分享快乐。我们给这个空间取名"儿童街"。由于原始地形存在高差，设计便采用室内大台阶的形式来化解这种矛盾，使这条"儿童街"形成连续的活动空间，大台阶也成为了室内别具特色的儿童活动场所，比如临时的看台等。

图 16.1-35 泉州市机关幼儿园东海新园区透视图[3]

图 16.1-37 泉州市机关幼儿园东海新园区立面图[4]

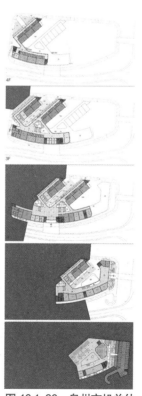

图 16.1-36 泉州市机关幼儿园东海新园区平面图[2]

[1] ~ [4] 图片来源：作者自绘。

　　为保证室内拥有充足的采光，设计还在"儿童街"当中大台阶的一侧穿插了两个采光中庭，辅以植物和木地板，成为街上的又一空间亮点。

　　建筑采用平坡结合的建筑形式，形态丰富。外立面采用净白玻璃、彩色玻璃、白色涂料和木色百叶，给人以活泼亲切的感受。

图 16.1-38　泉州市机关幼儿园东海新园区空间结构图 [1]

　　幼儿园犹如一个小型的社区，而"儿童街"便是社区的街道，将不同的单元组织起来，形成一个整体。不同年龄的儿童可以在这个趣味十足的公共空间中一起游戏，分享快乐。

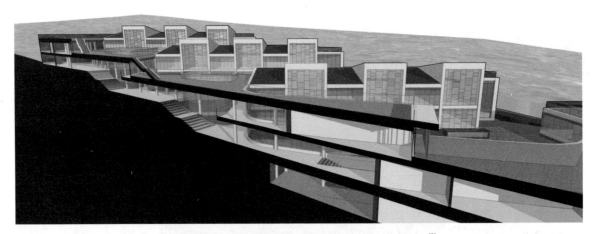

图 16.1-39　泉州市机关幼儿园东海新园区剖透视图 [2]

[1][2]　图片来源：作者自绘。

386

北京四中房山校区

项目位置：北京房山
设计单位：OPENArchitecture
学校规模：36 班
建筑面积：57773m²

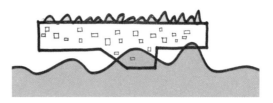

图 16.2-1 北京四中房山校区分析图[1]

该项目占地 4.5hm²，创造更多充满自然的开放空间是本设计的出发点。学校的功能空间分为上下两个部分，并在其中插入了各式的绿色景观。垂直并置的上部建筑和下部空间，及它们在架空层的各种连接方式，反映出设计者空间营造的策略。

室外主入口[2]

总平面[3]

室内空间[4]

室内空间[5]

室内空间[6]

图 16.2-2 北京四中房山校区实景照片

[1] ~ [6] 图片来源：OPEN Architecture

下部空间包含的是大体量，非重复性的校园使用功能空间，如食堂、礼堂、体育馆和游泳池等，每个不同的空间按照其高度，以山丘的形态与上部建筑相衔接。

上部建筑形态是根茎状的板楼，包含了功能重复的大量房间，如教室、实验室、学生宿舍和行政楼等。这些用房被树杈状的交通流线串联起来，同时，河流形态交通流线又被拓展出社会交往的复合功能。

教学楼的屋顶被设计成一个有机农场，为36个班级提供36块实验田，在给予师生学习耕种的机会的同时，也是对原有农田土地的暗示。

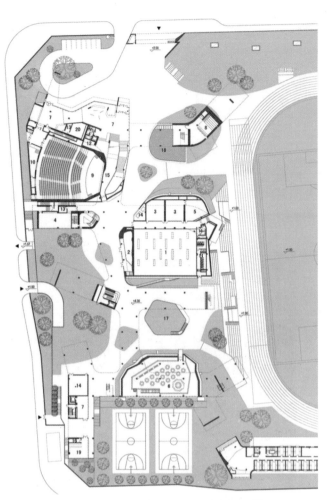

图 16.2-3 北京四中房山校区平面图[1]

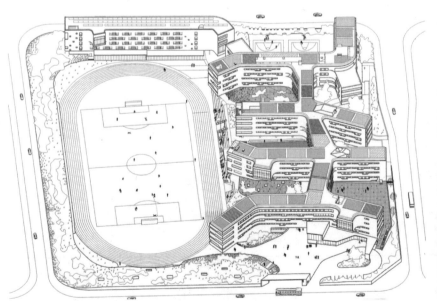

图 16.2-4 北京四中房山校区轴侧示意图[2]

图 16.2-5 北京四中房山校区楼梯[3]

[1][2][3] 图片来源：OPEN Architecture

388

孝泉镇民族小学

项目位置：四川，德阳市，孝泉镇
设计单位：TAO 迹·建筑事务所
学校规模：900 人
建筑面积：8800m²

图 16.2-6　孝泉镇民族小学概念模型[1]

在 5.12 大地震许多人的家园被毁掉，在社会各界的帮助下，灾区得以快速和高质量的恢复和重建。此项目是 TAO 迹建·筑事务所（主持设计师是毕业于耶鲁大学的华黎）为灾区做的公益设计，从概念到施工现场直至完成，事务所投入了巨大的人力物力。这是一个在低造价限制下完成的一充满活力，遍布欢乐，能够给予其中学生美好体验与回忆的"微型城市"。在这里向那些无私奉献自己才华及帮助的人们以最高的谢意和敬意。

5.12 汶川地震使德阳市旌阳区孝泉镇民族小学的教学楼变成了危房并且被拆除。学校迫切需要重建。学校的灾后重建得到包括江苏太仓红十字会，广东四会六祖寺慈善普济会，清华—香港中文大学金融 MBA 四川援建组，北大汇丰商学院私募股权 108 基金，侨爱协会及

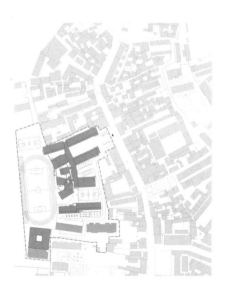

图 16.2-7　孝泉镇民族小学总平面图[2]

四川省光彩事业促进会等社会各方的爱心捐助。建设内容包括 18 个班的教学楼、各种活动室、学生宿舍、食堂等，共 8800 多平方米。校园占地面积 16826m²，需要容纳 900 多学生。

---

[1][2]　图片来源：TAO 迹建筑事务所

设计在满足校园基本教学功能的同时，更多从儿童的视角出发，尝试通过创造多样的、有趣的、平等的建筑空间去鼓励小学生的交流和多元的行为模式，一定程度改良传统被动式的教育方式。设计将校园按照秩序、兴趣、释放三种行为分为三个区域，分别是普通分班教室、音乐美术等多功能教室群和室外运动场。给课内课外间的多种活动提供不同的场所。

图 16.2-8　孝泉镇民族小学实景照片 [1]

设计将校园视为一个微型城市，在校园内创造出许多类似于城市空间的场所：街巷、广场、庭院、台阶。这些场所给孩子们提供了不同尺度的游戏角落和迷宫式的空间体验，试图在延续孝泉镇的城市空间记忆的同时，激发孩子们的好奇心和想象力，使他们在游戏中去自我发现和释放个性。我们希望基于自然生长而形成的城镇所特有的自下而上式的空间复杂性在建筑中得以呈现，并给予个体更多的环境选择。

设计中针对当地气候，对遮阳、通风、隔热做了仔细的考虑；并且充分运用当地材料和工艺，如页岩青砖、木材、竹子等，还包括地震后回收的旧砖，使其参与到重建中获得再生的意义。建筑结构采用现浇混凝土框架体系，外露的梁柱和部分混凝土墙面以清水方式处理，填充墙为外层清水砖墙和内层保温砌块的复合墙体，门窗采用实木门窗，固定扇为玻璃，开启扇为木头。上述元素在建筑立面上均清晰体现出其交接关系，反映出建构体系的逻辑。整个项目建筑工程造价在 1500 元 /m² 以下，很好地实现了整体预算控制。

建筑入口 [2]

室外连廊 [3]

建筑小品 [4]

室外景观 [5]

图 16.2-9　孝泉镇民族小学实景照片

[1] ~ [5]　图片来源：TAO 迹建筑事务所

江苏省苏州实验中学原址重建项目

项目位置：江苏，苏州市
设计单位：同济大学建筑设计研究院（集团）有限公司
学校规模：48 班
建筑面积：77603m²

苏州古城西畔，苏州高新技术开发区狮山片区，坐落着一所重点高中——江苏省苏州实验中学。本项目是该校的原拆原建工程。

如何在严格的中小学校建筑设计规范和教育模式的限制前提下通过一个新的书院模式的探索，释放出苏州独有的传统温度与活力是本项目的重点。

江南园林或书院中半开放的聚落式公共空间，与实体的建筑形成了一种相互交融与介入的状态，这与现代校园建筑对于半开放的活动空间的需求不谋而合。方案从建筑布局形态上汲取了江南书院式富于层次的空间体验，和围合式布局特点，并采用连续坡屋面呼应江南地区曲折连续的民居聚落形态。

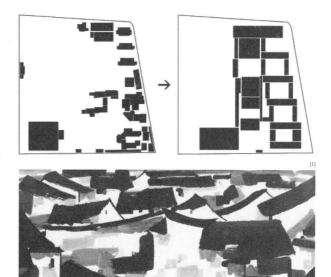

图 16.2-10　江苏省苏州实验中学原址重建项目分析图

图 16.2-11　江苏省苏州实验中学原址重建项目实景照片

[1] ~ [5]　图片来源：https://mp.weixin.qq.com/s/bKc8OB6j7NOxZ04AM33JVA?client=tim&ADUIN=1210683174&ADSESSION=1557019424&ADTAG=CLIENT.QQ.5603_.0&ADPUBNO=26882.

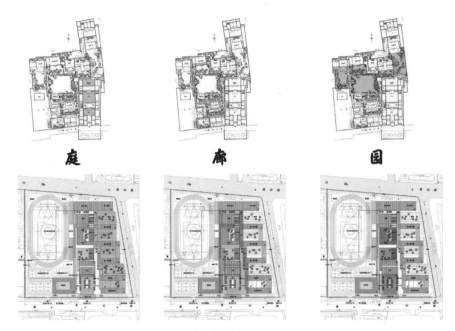

图 16.2-12 江苏省苏州实验中学原址重建项目概念分析 [1]

园林的空间精髓之一体现在庭、廊、园等空与半空的趣味空间塑造，校园中学生活动、嬉戏、交流等不同尺度的场所也同样需要类似的开放性和趣味性，这些场所可以被赋予与园林相似的体验。建筑方案将苏州园林中的这几类空间进行合理转译，将园林趣味性注入到校园之中，从而形成多层次的校园空间体系。

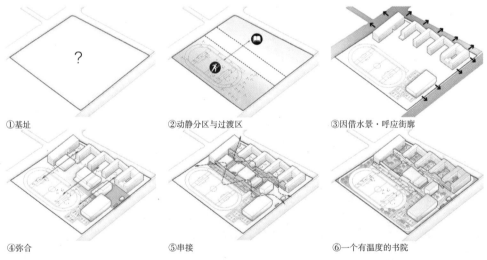

图 16.2-13 江苏省苏州实验中学原址重建项目形体分析 [2]

①基址：校区用地面积 6.2 万 m^2，基地两侧临水，主要道路为南侧金山路，邻近区域为初中和小学用地。

②动静分区与过渡区：根据本案教学区与西侧校园教学区间距确定操场最优位置，从而确定动静分区和过渡区。

[1][2] 图片来源：https://mp.weixin.qq.com/s/bKc8OB6j7NOxZ04AM33JVA?client=tim&ADUIN=1210683174&ADSESSION=15570194
24&ADTAG=CLIENT.QQ.5603_.0&ADPUBNO=26882.

16.2 设计案例·中小学校

第十六章
设计案例
幼儿园
中小学校
特殊学校

③因借水景·呼应街廊：根据基地周边的影响要素，将宿舍楼与教学楼面向水体景观布置，将体育馆与科技楼沿城市道路布置，同时呼应景观朝向和塑造沿街界面。

④弥合：在动静过渡区的南北中轴中置入图书馆、食堂、行政楼等体量，对布局的动静两区既是分隔又是联系。

⑤串接：在各功能体块的间隙加入廊道、庭院和下沉广场，通过对步行活动的组织有机地串接起校园各功能分区，加强了校园的整体性。

⑥一个有温度的书院：最终形成了利用地面庭院、屋顶平台、连廊、天桥等不同高度的公共空间，塑造丰富多彩的师生学习及课余活动场所的"有温度的"现代书院。

设计理念

根据项目所处的区位及定位，设计应既体现文化名城苏州的地域性特征，又充分展现高新区现代城市精神；既尊重学校的历史传承与文化积淀，又体现现代校园建筑应有的前瞻性；据此提出三大设计策略：

从建筑布局形态上，汲取传统书院围合式布局特点，并采用连续坡屋面呼应江南地区曲折连续的民居聚落形态；

从建筑空间上，将苏州园林中的"庭"、"廊"、"园"等空间进行合理转译，从而形成多层次的校园空间体系；

从校园活动上，利用地面庭院、屋顶平台、连廊、天桥等不同高度的公共空间，塑造丰富多彩的师生学习及课余活动场所。

[1]
[2]

[3]
[4]

图 16.2-14　江苏省苏州实验中学原址重建项目实景照片

[1] ~ [4]　图片来源：http://www.ikuku.cn/project/jiangsushengsuzhoushiyanzhongxueyuanzhizhongjianxiangmu.

总体布局

根据校园动静分区、沿街面塑造、公共空间、景观条件等方面进行综合考虑，确定了"一轴双廊五区"的整体布局：

"一轴"，以校园中心场地与建筑形成南北轴线，依次布置校门、礼仪广场、行政楼、图书馆、活动广场、食堂及生活区；

"双廊"，在主轴两侧辅以"观书廊"、"体艺廊"两条步行廊道，有机地串接起校园各功能分区，加强了校园的整体性并提高了校园的使用效率；

"五区"，根据校园功能要求及场地条件，我们将主要教学用房置于基地东侧，活动场地置于校园西侧，将校园分为五大功能区：行政办公区、教学院、运动区、生活区及休闲区，五个区域既互相独立又彼此紧密相连，动静结合、虚实对应。

立面设计

立面注重体现苏州地域性特征，旨在打造传统书院浓浓的文化气息。

主要墙面采用浅白色手抄漆，屋面采用深灰色瓦屋面，与苏州传统建筑青瓦白墙的意向相呼应；同时手抄漆也是对苏州传统精良建筑工艺的反映，与学校突出文化积淀的要求不谋而合。

公共廊道采用木格栅，从传统花窗尺度及形式出发，通过合理的抽象简化，既保留了传统木构的韵味同时又具有现代建筑的气息。

在体艺楼、图书馆及庭院局部采用预制混凝土空心砌块层层错叠，形成镂空墙体，营造隔而不断的园林空间效果。

图 16.2-15　江苏省苏州实验中学原址重建项目实景照片

[1] ~ [4]　图片来源：http://www.ikuku.cn/project/jiangsushengsuzhoushiyanzhongxueyuanzhizhongjianxiangmu.

16.2 设计案例·中小学校 ————

第十六章
设计案例
幼儿园
中小学校
特殊学校

青岛市金融区教育基地（青岛金家岭学校）

项目位置：山东，青岛市
设计单位：同济大学建筑设计研究院（集团）有限公司
学校规模：760人
建筑面积：109944m²

时钟 + 花生豆

作为一所九年一贯制学校，青岛金家岭学校的外形不太符合常规预期：四个大小高低不一的圆柱体组合在一起，东半个从空中看像是一座传统时钟，钟摆正在来回摆动；而西半个呢，被昵称为花生豆，不过这颗豆长近150m，宽也有100m，堪称超级豆了。

空中俯瞰图[1]　　　　延跑道透视图[2]

东侧透视图[3]　　　　主广场与下沉庭院[4]

图 16.2-16　青岛市金融区教育基地实景照片

[1] ~ [4]　图片来源：项目拍摄照片。

第十六章

设计案例
幼儿园
中小学校
特殊学校

　　基地外部紧临城市重要公共建筑群，内部则面对超过 2.0 的容积率要求，需要安排下 K-8 年级的各层次学习空间，以及报告厅、体育馆、游泳馆等较大空间，更有大型公共停车库和公交车首末站组合在地下层。内外要求的"夹击"之下，圆融坚实的圆柱体建筑群应运而生。

极致的纯净与跳跃的色彩

　　银色竖向铝格栅、银色穿孔铝板、浅灰色外墙涂料、浅灰色窗框与白色玻璃，这就是建筑所有的外立面主材类型。建筑形体直接从平面生成，减少形体穿插和切割，弱化立面的二次构图，放弃色彩的多元化。建筑追求的是极致的纯净，以浑然一体的银灰色消解庞大的体量，建筑隐去了，退向天空的方向。

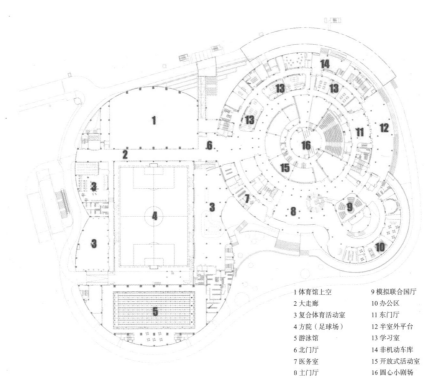

1 体育馆上空	9 模拟联合国厅
2 大走廊	10 办公区
3 复合体育活动室	11 东门厅
4 方院（足球场）	12 半室外平台
5 游泳馆	13 学习室
6 北门厅	14 非机动车库
7 医务室	15 开放式活动室
8 土门厅	16 圆心小剧场

图 16.2-17　青岛市金融区教育基地平面图 [1]

非正式学习空间

　　功能明确的教室、活动室之外，非正式学习空间体系也是金家岭学校空间营造的重点。不同类型的非正式学习空间对应于不同的空间尺度和围护类型，也对应着不同的固定和非固定家具的配置。根据本校的教学理念和学生年龄特点，主要布置的是"公共 - 共享"和"公共 - 独处"类型的非正式学习空间。

圆的感染力

　　由于教学理念的更新，以及班额减小带来人均使用面积的增加，教室的使用并没有任何不便，相反增加了空间的趣味性。而视觉焦点的不断移动和空间界面有节奏的变化，使得沿环形走廊行走变成富有探寻意味的活动。

---

[1]　图片来源：作者自绘。

16.2 设计案例·中小学校

第十六章
设计案例
幼儿园
中小学校
特殊学校

健身房[1]

综合区交流厅[2]

模拟联合国厅[3]

主门厅和办公区之间的休息厅[4]

图 16.2-18 青岛市金融区教育基地实景照片

地下藏着什么

金家岭学校不是一个单纯的学校建筑，而是与城市公共服务设施结合设置。青岛地铁 R1 线与学校同时建设，以圆弧切过基地东南角，与地下室底板竖向净距刚刚满足规范要求的最小值 8m。而地铁 M10 线沿基地西侧边界布线，需要预留地铁站出入口。在地面空间非常紧张的情况下，经主管部门协调，在地下设置 3 线公交车首末站，占有一层半空间以满足需求。地下二层的大型公共车库提供机动车位 703 个，人防地下室防护面积约 3.6 万 m²，包括 1500m² 的人防医疗救护站。

基地西侧临云岭路中段，两条供公交车进出的坡道在此交错，由于场地极度紧张，两者之间几近碰撞。它们与公交车首末站之间形成的梯形半室外地下广场承担的是首末站与地铁站的人流聚散功能。

地下一层则是学校使用的空间。为了节约造价，并获得良好的物理环境，地下一层抬升 1.8m，同时设置南北两个下沉庭院，沿办公区也设置了环形采光侧院。因此综合区的食堂与学习中心、办公区和体育区的主要房间都拥有自然采光通风。体育区方院地下在地下室腹地位置，设计为校内机动车库。

圆的感染力

金家岭学校是一所不走平常路的学校，纯粹的圆形轴网带来扇形的教室和环形的走廊。由于教学理念的更新，以及班额减小带来人均使用面积的增加，教室的使用并没有任何不便，相反增加了空间的趣味性。而视觉焦点的不断移动和空间界面有节奏的变化，使得沿环形走廊行走变成富有探寻意味的活动。特别是一层走廊，顶部设连续天窗引入天光，两侧连接主门厅、小剧场门厅和开放式活动室，丰富的空间效果吸引着孩子在其中撒欢玩耍。圆形舞台下层的戏剧排练厅拥有完美的圆形空间。在当下，浸入式演出渐成中小学戏剧演出的主力形式，它必将受到欢迎。

---

[1] ~ [4] 图片来源：项目拍摄照片。

奔跑往复的快乐

不同于当下大部分学校对学生行为的过分约束，金家岭学校的室内外空间可以用于奔跑玩耍。各色上上下下的路径被设计出来，用以引导学生的探索行为，或者仅仅是无目的的漫游。他们在此培养对人造物和大自然的好奇心，在活动中调整个体行为的适宜度，在与同伴的自发性互动中收获真实的友谊。

沐浴在晨光中的金家岭学校 [1]

南广场看建筑主入口 [2]

北侧无障碍入口和北侧下沉庭院 [3]

南侧主入口广场 [4]

图 16.2-19　青岛市金融区教育基地实景照片

---

[1] ~ [4]　图片来源：项目拍摄照片。

16.2 设计案例·中小学校

第十六章
设计案例
幼儿园
中小学校
特殊学校

图 16.2-20 青岛市金融区教育基地圆环结构[1]

戏剧排练厅[2]

一层环绕小剧场的开放活动室[3]

抬高的小剧场屋面具有仪式感[4]

沿圆庭屋面楼梯可达小剧场屋面[5]

图 16.2-21 青岛市金融区教育基地实景照片

[1] ~ [5] 图片来源：项目拍摄照片。

泉州东海学园（晋光小学）

项目位置：福建泉州

设计单位：同济大学建筑设计研究院（集团）有限公司

学校规模：48班

建筑面积：32561m²

建设"花园式"现代城市花园

晋光小学老校址原为清代靖海侯琅将军的后花园，"清源书院"的遗址所在。

"高绿化率"是"花园式"校区的必备条件。在紧张的用地内通过建筑的集约化集中布局、底层架空、地上地下空间复合等形式减少建筑的基地面积。扩大绿地与活动空间。

主入口透视图[1]

鸟瞰图[2]

图 16.2-22　泉州东海学园实景照片

---

[1][2]　图片来源：项目拍摄图片。

16.2 设计案例·中小学校

第十六章
设计案例
幼儿园
中小学校
特殊学校

采用自然草坪、垂直（斜坡）绿化、运动场地人工草坪、道路旁种植／林荫步道等多种绿化形式、达到绿草如茵、绿树如盖的绿化效果。在小学主楼之前布置"夏园池"一层澄圃轩凌驾于水面之上。可芭蕉听雨、夏日赏荷，重现清源书院的神韵。

晋光小学的"书院"历史与东海新区的城市大环境是校区建设的关键所在，也是项目的主要出发点。

现代与历史的碰撞、自然与人文的荟萃、城市与校园的融合、园林与教育的交汇，为此，提出建设"花园式城市现代书院"的总体设计理念。

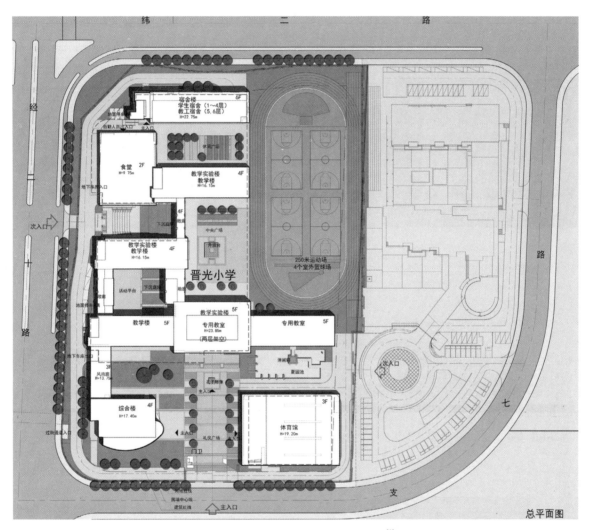

图 16.2-23　泉州东海学园总平面图[1]

设计策略一：从城市设计角度出发，规划与城市相融合的校园布局，强调校园对城市开放空间的积极贡献，重点关注主入口。

设计策略二：重现书院整体关系，构想"一轴多园，前厅后院"的规划结构。

设计策略三：因地制宜，充分结合坡地空间的道路交通体系。

设计策略四：展现泉州独特城市身份的建筑风格，"红砖白石"的三段式古典立面划分，虚实分明，比例和谐。

---

[1]　图片来源：作者自绘。

体育馆透视图[1]　　　　　　　　　　　　体育馆透视图[2]

综合楼透视图[3]　　　　　　　　　　　　综合楼透视图[4]

图 16.2-24　泉州东海学园实景照片

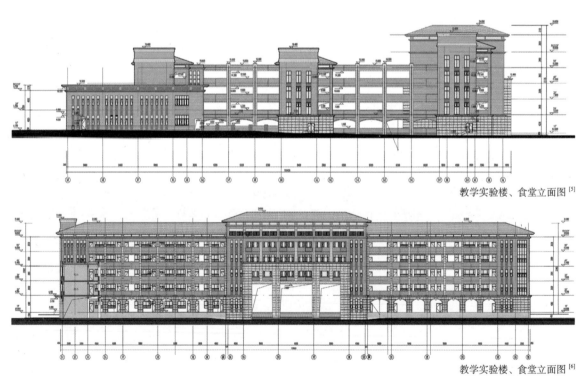

教学实验楼、食堂立面图[5]

教学实验楼、食堂立面图[6]

图 16.2-25　泉州东海学园立面图

[1] ~ [4]　图片来源：项目拍摄图片。
[5][6]　图片来源：作者自绘。

滁州明湖中学

项目位置：安徽省滁州市

设计单位：同济大学建筑设计研究院（集团）有限公司

学校规模：90 班

建筑面积：139576m²

古典书院

本方案总平面规划的南区作为面向城市的校园形象，通过入口广场、综合楼、雕塑广场营造出严整的校园中轴线，南区的校园空间展现出形同"岳麓书院"的传统的学院空间特质。

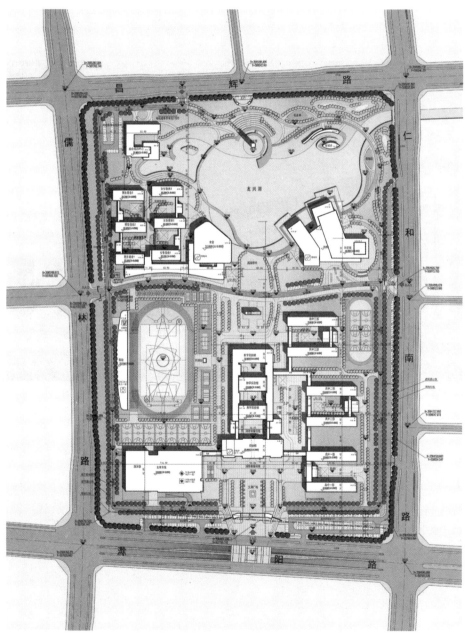

图 16.2-26　滁州明湖中学总平面图[1]

---

[1]　图片来源：作者自绘。

山水校园

本方案北区是一个以湖区为核心的建筑群，建筑形象在面向湖体方向形成建筑与环境的互动分散在湖体周边的建筑通过环湖的道路形成一个有机的整体，好像一群小朋友手拉手联系在一起。

环湖的空间复合有休憩、游艺、教学（动植物园）、运动（环湖跑道）等多种功能，形成一个活跃的"后花园"。

山水亭城

本方案综合楼结合了"醉翁亭"的反宇曲线的飘逸灵动和面向校园主轴线的"门户"的形象，既反映了明湖中学面向学子展现未来、开启智慧宝库的开放形象，又不失对于滁州传统精神文化的隐喻。

图 16.2-27　滁州明湖中学主楼透视图[1]

乐园

本方案总平面规划强调湖区作为本案规划最大的特色，扩大了湖区景观对于校园整体空间环境营造的影响，校园的主入口广场即可透过主楼两侧的连廊眺望到湖区的景观。湖区的环形景观带延伸到校园南区，将校园打造成与环境共生的整体，既是学子们获取知识的"学园"，又是拥有优美校园环境的"花园"，更是学子们健康成长的"乐园"。

---

[1]　图片来源：作者自绘。

鸟瞰图 [1]

食堂及宿舍楼透视图 [2]

教学楼东侧透视图 [3]

体育馆透视图 [4]

教学楼西侧庭院透视图 [5]

科艺楼透视图 [6]

图 16.2-28 滁州明湖中学透视图

[1] ~ [6] 图片来源：作者自绘。

青岛中学（中学部和九年一贯部）

项目位置：山东省青岛市
中学部学校规模：120班
九年一贯部学校规模：72班
设计单位：同济大学建筑设计研究院（集团）有限公司
中学部建筑面积：192482m²
九年一贯部建筑面积：67276m²

设计理念

"慧海岛礁"——珊瑚礁群落，是大洋带鱼类的幼鱼生长地。

本案中的建筑形态犹如智慧海洋之中的珊瑚岛礁，多种灵活的空间形态契合了青少年活泼自由的天性，青岛中学，将是一代代青岛孩子快乐成长的乐园，从童年到青年。

中学部（含国际部）西北侧鸟瞰 [1]

中学部（含国际部）体育馆鸟瞰图 [2]

图 16.2-29 青岛中学透视图

[1][2] 图片来源：作者自绘。

功能集约化设置

集约化设置不是停留在二维的合理排布，在垂直方向上进行功能的叠加和组合，并对地下空间进行合理而充分地利用，视线三维功能空间组合，达到使用的便捷和用地的集约化。

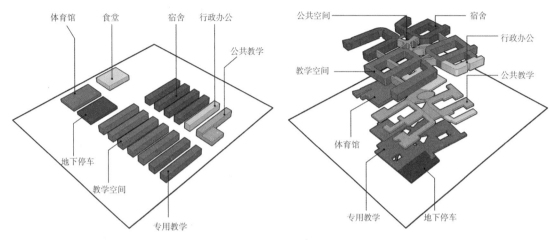

图 16.2-30　青岛中学分析图[1]

九年一贯制部西侧鸟瞰图[2]　　　　总平面图[3]

九年一贯制部东南侧透视图[4]

中学部（含国际部）西南侧透视图[5]

图 16.2-31　青岛中学透视图

---

[1] ~ [5]　图片来源：作者自绘。

中学部

由 72 班高中、24 班高中国际课程、24 班初中、公共办公区、医技体育生活区组成，分区中靠近校园礼仪入口的为教学区和办公区部分，生活体育部分通过次级景观轴线区分与前者分开，功能分区合理，动静分区明确。

九年一贯部

一贯部主要由 48 班小学、24 班初中以及体育生活区组成，分区中位于北侧靠近校园礼仪性入口的为教学区和办公区部分，食堂和体育馆位于南侧，形成独立的体量分区。

图 16.2-32　青岛中学透视图 [1]

"三明治"式功能结构

——上层（二至五层）：布置基本教学、宿舍等核心功能单元，保证最佳日照、通风与景观条件；

——中层（一层）：布置公共教学、体育馆和食堂等相对公共的功能，做到功能、空间和交通流线三方面的中介层；

——下层（地下一层）：布置专用教学、游泳馆和及体育室等对外部条件要求不高的功能，集约式布局带来对用地面积的极大节约。

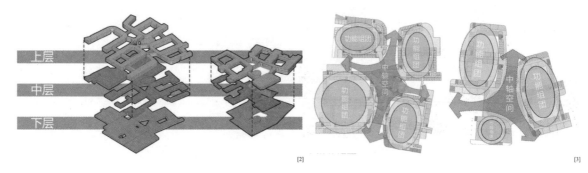

[2]　　　　　　　　　　　　　　　　　　[3]

图 16.2-33　青岛中学分析图

[1] ~ [3]　图片来源：作者自绘。

16.2 设计案例·中小学校

第十六章

设计案例
幼儿园
中小学校
特殊学校

开放式生长结构

两个教学组团都由各个功能组团和联系各组团的中轴空间组成。

——中轴空间的可生长性：体现在联系空间的延伸，和开放视线的延续。

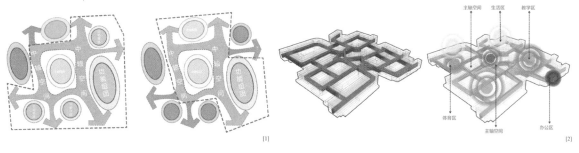

图 16.2-34　青岛中学分析图

开放式生长结构

——对用地变化的可适应性

网格状组合方式面对不同形态的用地可以方便地增减功能组团，并且在每个阶段保持形态和功能的相对完整性。

便捷交通和密点交流空间的结合

双向网格状交通结构，使得教学区和生活区、生活区和体育区、教学区与体育区、三大分区和主空间、教学区与办公区以及各分区内部形成快捷、直接的交通联系。

图 16.2-35　青岛中学透视图 [3]

---

[1] ~ [3]　图片来源：作者自绘。

潍坊北辰中学

项目位置：山东省潍坊市

设计单位：同济大学建筑设计研究院（集团）有限公司

学校规模：96 班

建筑面积：181776m²

规划布局

1）教学资源共享区——位于校区中心，供各分区师生共享的教育资源。

2）教学区——呈半围合状紧密围绕教学资源共享区，布置在其南北侧和西侧，每个教学区内部设置相对完整的教学空间。

3）生活区——分为南北两区布置在外围，与相邻的教学区形成对应关系。

4）运动区——包括体育场、馆两大部分。体育馆和游泳馆整合设计布置在教学资源共享区的西北侧，与之形成多功能的资源核心。体育场地分布在基地西北角和东南角，结合教学区形成及生活区形成便捷的三角联系。

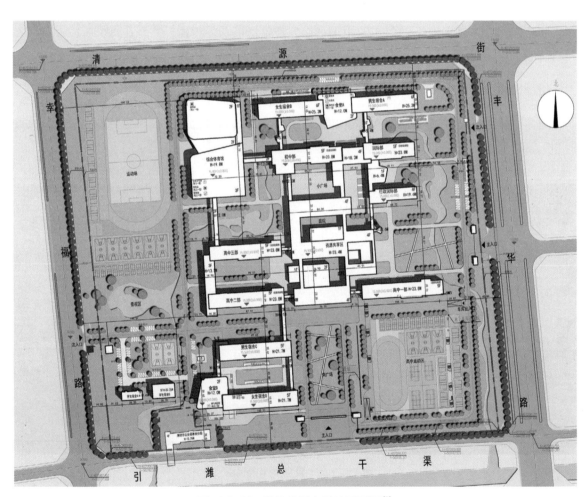

图 16.2-36 潍坊北辰中学总平面图[1]

---

[1] 图片来源：作者自绘。

鸟瞰图 [1]

综合体育馆透视图 [2]

高中教学区透视图 [3]

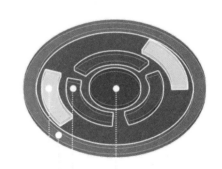

东侧主入口透视图 [4]

生活区　基础教学区　资源共享区

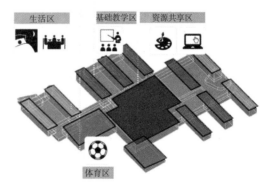

体育区

图 16.2-37　潍坊北辰中学透视图

图 16.2-38　潍坊北辰中学分析图 [5]

[1] ～ [5]　图片来源: 作者自绘。

411

第十六章
设计案例
幼儿园
中小学校
特殊学校

潍坊特殊教育中心（潍坊盲童学校）

项目位置：山东省潍坊市
设计单位：同济大学建筑设计研究院（集团）有限公司
学校规模：30 班
建筑面积：29057m²

基地周边现状

潍坊盲童学校规划项目基地位于潍坊市高铁新城片区，基地南侧为规划潍坊聋哑学校，西侧为规划北辰中学，现状用地地势平坦，周边规划道路交通便利，环境优越。

基地北邻清源东街，南邻镜湖街，西为丰华路，东临滨水路。

基地周围规划建筑类型主要为居住用地、零售商业用地、商住混合用地。

项目用地现状

本项目用地呈平行四边形，东西宽约 380m，南北长约 220m。地块原地貌为农田和苗圃，已基本移除植栽，遗有零星树木，整个地块相对平坦。

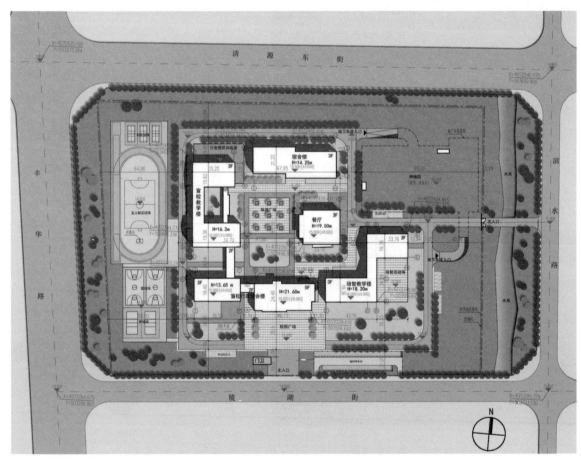

图 16.3-1　潍坊盲童学校总平面图[1]

---

[1]　图片来源：作者自绘。

设计理念

花园、学园、乐园——潍坊盲童学校的设计理念，是让孩子们在校区内感受到大自然的美好，学习知识的美好，快乐玩耍的美好。

图 16.3-2 潍坊盲童学校西南角鸟瞰图 [1]

平面与空间

潍坊盲童学校内部由公共交流长廊连接，为学生创造良好的社会交流环境。使之形成"聚中有散，散中有聚"的建筑形态。采取"水榭折庭，风竹曲苑"这一富有中式哲学的理念。以浅轴线、多院落的手法打造自然，灵动的园林化校园。

贯穿全校的廊道体系将校园各个功能紧密联系，形成室内交通体系，同时与院落景观星湖渗透，形成看与被看的联系，从空间上充分考虑特殊孩子的生理心理要求。

功能布局分析

盲童学校在整体布局上分为三大功能区，即盲校、培智学校、体育运动区。

体育运动区在场地西侧靠近丰华路，结合公共绿化带形成噪音的天然屏障，减少主干道噪音对校园的影响。

行政综合楼靠近南侧主入口广场，与北侧的盲校教学楼通过连廊紧密联系，结合学生宿舍及餐厅整体形成盲校学生闭合生活圈。

培智教学楼靠近东侧次入口，形成相对独立的区域，方便两校学生的适当隔离与管理。餐厅靠近次入口方便物品运送，同时位于校园中心便于两校公用。整体布局形成大环套小环的结构，盲校与培智学校紧密联系又相对独立。

---

[1] 图片来源：作者自绘。

立面与造型

"砖是建筑的诗"，红砖建筑端庄、厚重，具有古典气质和浓厚的文化气息，历来是校园建筑文化重要的组成部分。全国乃全世界范围内红砖建筑广泛被应用于校园建筑中。坡顶、柱廊这些美丽的建筑元素打造着一座又一座充满学术气息的学府。作为现代建筑、建筑也应符合时代特质，重新解读经典。

整体化造型

校园整体采用红砖、坡顶为基本建筑语言，在不同的校园、不同的建筑功能灵活处理各自造型，形成和谐统一而富有变化的立面。潍坊盲童学校建筑尺度较小，室外空间丰富，形成多变、活泼的立面造型。

西侧小鸟瞰图 [1]

行政综合楼透视图 [2]

盲校教学楼透视图 [3]

培智教学楼透视图 [4]

宿舍、餐厅透视图 [5]

中心庭院透视图 [6]

图 16.3-3　潍坊盲童学校透视图

[1] ~ [6]　图片来源：作者自绘。

潍坊特殊教育中心（潍坊聋哑学校）

项目位置：山东省潍坊市

设计单位：同济大学建筑设计研究院（集团）有限公司

学校规模：30 班

建筑面积：25710m²

基地周边现状

潍坊聋哑学校规划项目基地位于潍坊市高铁新城片区，基地南侧为引潍总干渠景观带，西侧为规划北辰中学，现状用地地势平坦，周边规划道路交通便利，环境优越。

基地北邻清源东街，南邻运河东街，西为丰华路，东临滨水路。

基地周围规划建筑类型主要为居住用地、零售商业用地、商住混合用地。

用地为平行四边形，东西宽 330m，南北长约 219m。

设计理念

聋校设计规划呈园林化灵活布局。西南角布置社区康复区，东南角为语训康复区。教学区布置在中部偏南，分为综合行政教学楼 abc 三部分，由连廊相接。生活区布置在中部偏北，东侧为两栋舍楼，西侧为食堂。实训区与体育区布置在学校西面。体育场地下布置车库。

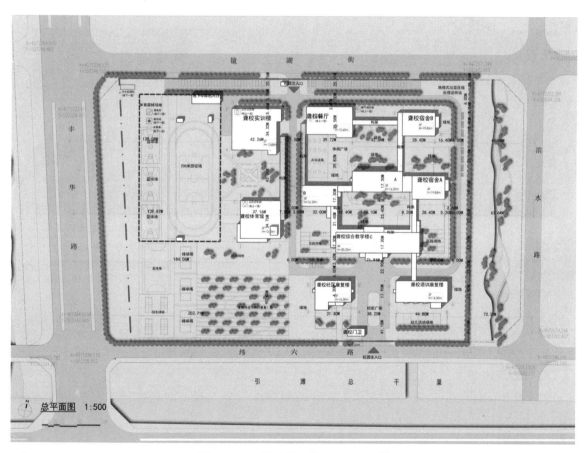

图 16.3-4　潍坊聋哑学校总平面图[1]

———————

[1]　图片来源：作者自绘。

功能布局分析

聋校设计规划呈园林化灵活布局。西南角布置社区康复区，东南角为语训康复区。教学区布置在中部偏南，分为综合行政教学楼 abc 三部分，由连廊相接。生活区布置在中部偏北，东侧为两栋舍楼，西侧为食堂。实训区与体育区布置在学校西面。体育场地下布置车库。

教学区透视图 [1]

社区康复楼 & 语训康复楼、综合行政教学楼南侧透视图 [2]

图 16.3-5　潍坊聋哑学校透视图

空间特色

地块由建筑围合形成景观中心，西侧景观中心以教学生活区用房与矮墙为合成错落有致的五个庭院空间。东侧则以一个景观花园为中心，实训楼与体育馆掩映其中。

潍坊聋校内部由公共交流长廊相连，为学生创造良好的社会交流环境。使之形成"聚中有散，散中有聚"的建筑形态。采取"水榭折庭，风竹曲苑"这一富有中式哲学的理念，以浅轴线、多院落的手法打造自然，灵动的园林化校园。

贯穿全校的廊道体系将校园各个功能紧密联系，形成室内交通体系，同时与院落景观星湖渗透，形成看与被看的关系，从空间上充分考虑特殊孩子的生理心理需求。

---

[1][2]　图片来源：作者自绘。

16.3 设计案例·特殊学校

第十六章
设计案例
幼儿园
中小学校
特殊学校

图 16.3-6 潍坊聋哑学校西南角鸟瞰图 [1]

社区康复楼透视图 [2]

实训楼、体育馆西侧透视图 [3]

餐厅南侧透视图 [4]

综合行政教学楼庭院透视图 [5]

综合行政教学楼西南侧透视图 [6]

图 16.3-7 潍坊聋哑学校透视图

[1] ~ [6] 图片来源: 作者自绘。

政府报告国家规范地方条例

1.《关于基础教育改革与发展的决定》2001 年国务院

2.《关于统一城乡中小学教职工编制标准的通知》2014 年中央编办、教育部、财政部

3.《中华人民共和国民办教育促进法实施条例》2004 年国务院

4.《上海民办中小学的办学主体类型》上海市教育局

5.《交通、社会生活噪声源与校园卫生间距》（送审稿）

6.《中小学校设计规范》GB50099-2011

7.《中小学校场地与用房》国家建筑标准设计图集 11J934-2

8.《体育建筑设计规范》JGJ31-2003

9.《中小学校体育设施技术规程》JGJT280-2012

10.《中小学建筑设计规范》GB50099-2011

11.《2009 年中国残疾人事业发展统计公报》[残联发（2018）24 号]

12.《建筑采光设计标准》GB50033-2013

13.《建筑隔声与吸声构造》08J931

14.《民用建筑热工设计规范》GB50176-9

15.《托儿所、幼儿园建筑设计规范》JGJ39-2016

16.《全纳教育指南：确保全民教育的通路》2005 年联合国教科文组织

17.《中华人民共和国防震减灾法》2008

18.《建筑工程抗震设防分类标准》GB50223-2008

19.《工程结构可靠性设计统一标准》GB50153-2008

20.《建筑抗震设计规范》GB50011-2010

21.《砌体结构设计规范》GB50003-2011

22.《建筑结构荷载规范》GB50009-2012

23. 甘肃省关于印发《关于加强"5.12"汶川地震后我省城乡规划编制及房屋建筑和市政基础设施抗震设防工作的意见》的通知甘建设 [2008]249 号

24.《关于本市建设工程钢筋混凝土结构楼梯间抗震设计的指导意见》上海市建筑业管理办公室 2012

25.《住房和城乡建设部关于房屋建筑工程推广应用减隔震技术的若干意见（暂行）》建质 [2014]25 号

26.《关于全面加强预防和处置地震灾害能力建设的十项重大措施》云政发 [2008]103 号

27.《关于进一步加快推进我省减隔震技术发展与应用工作的通知》云建震 [2012]131 号

28.《山东省住房和城乡建设厅关于积极推进建筑工程减隔震技术应用的通知》鲁建设函 [2015]12 号

29. 甘肃省住房和城乡建设厅关于转发《住房和城乡建设部关于房屋建筑工程推广应用减隔震技术的若干意见（暂行）》及进一步做好我省减震隔震技术推广应用工作的通知甘建设 [2014]260 号

30.《关于加快推进自治区减隔震技术应用的通知》新建抗 [2014]2 号

31.《山西省住房和城乡建设厅关于积极推进建筑工程减隔震技术应用的通知》晋建质字 [2014]115 号

32. 四川省住房和城乡建设厅关于转发《住房和城乡建设部关于房屋建筑工程推广应用减隔震技术的若干意见（暂行）》的通知 . 川建勘设科发 [2014]137 号

33. 河南省住房和城乡建设厅关于转发《住房和城乡建设部关于房屋建筑工程推广应用减隔震技术的若干意见（暂行）》的通知 . 豫建 [2014]64 号

34.《省住房和城乡建设厅关于在房屋建筑工程中进一步推广应用减隔震技术的通知》苏建抗 [2015]610 号

35. 海南省住房和城乡建设厅转发《住房和城乡建设部关于房屋建筑工程推广应用减隔震技术的若干意见

（暂行）》的通知 . 琼建质 [2014]84 号

36.《甘肃省建筑隔震减震应用技术导则》2014

37.《新疆维吾尔自治区建筑隔震技术应用导则》2015

38.《教育建筑电气设计规范》JGJ310-2013

39.《全国民用建筑工程设计技术措施 - 电气》2009JSCS-5

40.《建筑照明设计标准》GB50034-2013

41.《建筑给水排水设计规范》GB50015-2003

42.《民用建筑节水设计标准》GB50555-2010

43.《城市给水生活用水定额选用表工程规划规范》GB50282-2016

44.《二次供水工程技术规程》CJJ140-2010

学术专著

1.《中国基础教育改革发展研究》2008 年主编叶澜

2.《特殊教育概论》2008 年主编刘春玲江琴娣

3.《建筑设计资料集成——教育·图书编》天津大学出版社 [日] 日本建筑学会

4.《建筑设计资料集（第三版）》第四分册教科·文化·宗教·博览·观演中国建筑工业出版社

5.《建筑设计指导丛书：幼儿园建筑设计》中国建筑工业出版社黎志涛

6.《中小学建筑设计》中国建筑工业出版社（第二版）张宗尧李志民

7.《图书馆建筑设计手册》中国建筑工业出版社鲍家声主编

8.《现代图书馆建筑设计》中国建筑工业出版社鲍家声

9.《新时代中小学建筑设计案例与评析》中国建筑工业出版社米祥友主编

10.《学校与幼儿园建筑设计手册》华中科技大学出版社 [德] 马克·杜德克贾秀海时秀梅（译）

11.《日本新建筑 No.4》大连理工大学出版社 [日] 日本株式会社新建筑社

12.《盲·聋·养护学校ことも病院院内学级》建筑思潮研究所

13.《国外建筑设计详图图集 10- 教育设施》中国建筑工业出版社 [日] 长泽悟，中村勉编著

14.《新版简明无障碍建筑设计资料集成》中国建筑工业出版社 [日] 日本建筑学会

15.《建筑设计师和建筑经理手册无障碍设计》[英] 詹姆斯·霍姆斯 - 西德尔赛尔温·哥德史密斯孙鹤译

16.《无障碍建筑设计手册》中国建筑工业出版社 [日] 高桥仪平

论文杂志

1.《现代幼儿园室内外活动空间设计研究——郑州航空港第八安置区 L 地块幼儿园方案设计》东南大学硕士学位论文唐秋萍

2.《城市中小学校园空间集约化设计策略研究》华南理工大学硕士学位论文杜宇昂

3.《中小学建筑设计安全性研究》建筑知识周金凤

4.《城市高密度下的中小学校园规划设计》天津大学硕士毕业论文王欢

5.《教育革命带来的英国教育建筑设计转变》建筑学报 [英] 休·安德森高强（译）

6.《城市建筑》期刊东南大学出版社编辑陈颖张红梅高雪衣风梅

7.《信息时代大学图书馆建筑设计研究》西安建筑科技大学硕士学位论文牛丽文

8.《阅读介质转型背景下的高校图书馆设计业研究》南京工业大学硕士学位论文刘峰

9.《非正式学习图景的规划策略》住区（杂志）[美] 雪莉·杜格代尔李苏萍（译）

10.《深圳中小学环境适应性设计策略研究》深圳大学硕士学位论文苏笑悦

11.《非正式学习场所—常被遗忘但对学生学习非常重要是时候做新的设计思考》住区（杂志）[美] 伦尼·史葛特·韦伯

12.《超大规模高中生活空间计划设计研究》西安建筑科技大学硕士学位论文陈雅兰

13.《高校学生食堂的设计与认识》华中建筑王丽娜高冀生

14.《高校学生生活区的空间环境研究》湖南大学硕士学位论文欧丽霞

15.《高校学生宿舍设计研究》合肥工业大学硕士学位论文魏薇

16.《特殊教育学校交往空间设计研究》华南理工大学硕士学位论文牟彦茗

17.《论特殊教育学校规划之特殊性》西安美术学院硕士学位论文王炜锋

18.《特殊教育学校教学生活一体化单元设计研究》华南理工大学硕士学位论文王晓瑄

19.《聋哑盲校无障碍设计研究》齐鲁工业大学硕士学位论文杜芹芹

20.《盲校规划及建筑设计研究》华南理工大学硕士学位论文陈明扬

21.《夏热冬冷地区中小学教学楼建筑节能设计研究》西安科技大学硕士学位论文李颖

22.《基于九年制素质教育模式下中小学教育空间设计研究》湖南大学硕士学位论文杨建锋

23.《在华公立＋私立＋国际学校都绕不开的流程》BEED 必达亚洲微信公众号

24.《建筑减震隔震技术原理及应用》减震隔震技术推广与应用专题培训葛庆子

25.《关于中小学采暖空调设计的几点思考》暖通空调樊燕徐征

26.《特殊教育学校交往空间设计研究》华南理工大学硕士学位论文牟彦茗